高等职业教育精品示范教材（电子信息课程群）

数据结构（Java 版）

主　编　李云平

副主编　梁　平　张　扬　曹　燕

参　编　许　博　纪　全　孙成昊

中国水利水电出版社
www.waterpub.com.cn
·北京·

内 容 提 要

本书涵盖了各种数据结构的基础知识及其算法设计和 Java 代码实现，并辅之以大量的理论习题和实训任务，以此增进读者对数据结构的理解与掌握。全书共分为 8 个模块，内容包括概述，线性表，栈和队列，数组、串和广义表，树和二叉树，图，排序，查找。

本书按照“实例引入－逻辑结构－存储结构－基本运算的实现－典型应用举例－知识巩固”的顺序对各种数据结构进行介绍。每章均由实例引入，并配备一定数量的应用实例供学生进行上机练习，有助于理解理论知识、提高编程能力。

本书适合作为高职高专计算机及相关专业的“数据结构”课程教材，也可作为计算机应用系统开发人员及相关人员学习数据结构知识的参考书或培训教材。

图书在版编目（CIP）数据

数据结构 : Java版 / 李云平主编. -- 北京 : 中国水利水电出版社, 2017.1（2020.8 重印）
高等职业教育精品示范教材. 电子信息课程群
ISBN 978-7-5170-4933-3

Ⅰ. ①数… Ⅱ. ①李… Ⅲ. ①数据结构－高等职业教育－教材②JAVA语言－程序设计－高等职业教育－教材
Ⅳ. ①TP311.12②TP312.8

中国版本图书馆CIP数据核字(2016)第294133号

策划编辑：祝智敏　责任编辑：李　炎　加工编辑：郭继琼　封面设计：梁　燕

书　　名	高等职业教育精品示范教材（电子信息课程群） 数据结构（Java 版）　SHUJU JIEGOU
作　　者	主　编　李云平 副主编　梁　平　张　扬　曹　燕
出版发行	中国水利水电出版社 （北京市海淀区玉渊潭南路 1 号 D 座　100038） 网址：www.waterpub.com.cn E-mail：mchannel@263.net（万水） 　　　　sales@waterpub.com.cn 电话：（010）68367658（营销中心）、82562819（万水）
经　　售	全国各地新华书店和相关出版物销售网点
排　　版	北京万水电子信息有限公司
印　　刷	三河市鑫金马印装有限公司
规　　格	184mm×240mm　16 开本　19.25 印张　426 千字
版　　次	2017 年 1 月第 1 版　2020 年 8 月第 3 次印刷
印　　数	5001—8000 册
定　　价	39.00 元

高等职业教育精品示范教材（电子信息课程群）

丛书编委会

I

序

为贯彻落实国务院印发的《关于加快发展现代职业教育的决定》，加快发展现代职业教育，形成适应发展需求、产教深度融合、中职高职衔接、职业教育与普通教育相互沟通的现代职业教育体系，在围绕中国职业技术教育学会研究课题的基础上联合大批的一线教师和技术人员，共同组织出版“高等职业教育精品示范教材（电子信息课程群）”职业教育系列教材。

职业教育在国家人才培养体系中有着重要位置，以“服务发展”为宗旨，以“促进就业”为导向，适应技术进步和生产方式变革以及社会公共服务的需要，从而培养数以亿计的高素质劳动者和技术技能人才。紧紧围绕国家发展职业教育的指导思想和基本原则，编委会在调研、分析、实践等环节的基础上，结合社会经济发展的需求，设计并打造电子信息课程群的系列教材。本系列教材配合各职业院校专业群建设的开展，涵盖软件技术、移动互联、网络系统管理、软件与信息管理等专业方向，有利于建设开放共享的实践环境，有利于培养“双师型”教师团队，有利于学校创建共享型教学资源库。

本次精品示范系列教材的编写工作遵循以下几个基本原则：

（1）体现以就业为导向、产学结合的发展道路。学科和专业同步加强，按企业需要和岗位需求来对接培养内容。既反映学科的发展趋势，又能结合专业教育的改革，及时反映教学内容和教学体系的调整更新。

（2）采用项目驱动、案例引导的编写模式。打破传统的以学科体系设置课程体系和以知识点为核心的框架，更多地考虑学生所学知识与行业需求及相关岗位、岗位群的需求相一致，坚持“工作流程化”“任务驱动式”，突出“走向职业化”的特点，努力培养学生的职业素养和职业能力，实现教学内容与实际工作的高仿真对接，真正以培养技术技能型人才为核心。

（3）专家、教师共建团队，优化编写队伍。由来自于职业教育领域的专家、行业企业专家、院校教师、企业技术人员协同组合编写队伍，跨区域、跨学校进行交叉研究、协调推进，把握行业发展和创新教材发展的方向，融入专业教学的课程设置与教材内容。

（4）开发课程教学资源，推进专业信息化建设。从充分关注人才培养目标、专业结构布局等入手，开发补充性、更新性和延伸性教辅资料，开发网络课程、虚拟仿真实训平台、工作过程模拟软件、通用主题素材库以及名师讲义等多种形式的数字化教学资源，建立动态、共享的课程教材信息化资源库，服务于系统培养技术技能型人才。

电子信息类教材建设是提高电子信息领域技术技能型人才培养质量的关键环节，是深化职业教育教学改革的有效途径。为了促进现代职业教育体系建设，使教材建设全面对接教学改革和行业需求，更好地服务区域经济和社会发展，我们殷切希望各位职教专家和老师提出建议，并加入到我们的编写队伍中来，共同打造电子信息领域的系列精品教材！

丛书编委会

2014 年 6 月

前　言

“数据结构”是计算机及相关专业的重要专业基础课程。通过本门课程的学习，学生不仅要掌握基本的理论知识，更重要的是要提高自身的实践能力。本书就是以计算机软件相关工作岗位员工必须掌握的知识为核心，以高职教育所培养的学生应具备的能力为依据，以突出实践性和实用性为目的进行设计编写的。

全书共分为 8 个模块，内容包括概述，线性表，栈和队列，数组、串和广义表，树和二叉树，图，排序，查找。并附有配套源代码、教学 PPT、教学实施案例、教学设计大纲、习题答案等教学资源。

本书是根据高职高专教育的特点进行组织和编写的，参加本书编写的人员均为一线项目研发人员且又都是多年教授数据结构和 Java 系列课程的教学一线骨干教师。本书主要特色有：

（1）对各类数据结构的分析按照“实例引入－逻辑结构－存储结构－基本运算的代码实现－典型应用实例－知识巩固”的顺序进行讲述。

（2）内容选取合理，组织得当。理论部分以够用为度，突出实践内容。每章都由实例引入，并且配套一定数量的应用实例（配有完整代码）进行上机练习，有助于对理论知识的理解，并提高学生的 Java 编程能力。

（3）每章知识巩固部分为学生提供了理论知识、真题在线、实训任务三个方面的练习题。“理论知识”部分的习题都是精挑细选的，有加强概念理解的选择题、判断题，有帮助理解算法思想的简答题，也有培养算法设计能力的算法设计题；“真题在线”部分提供了历年计算机等级考试、程序员考试涉及到的真题；“实训任务”部分提供了完整的、可运行的程序上机实验供读者参考，以加深读者对所学知识的理解和应用。

本书适合作为高职高专计算机及相关专业的“数据结构”课程教材，也可作为计算机应用系统开发人员及相关人员学习数据结构知识的参考书或培训教材。

本书由李云平任主编，梁平、张扬、曹燕任副主编，参加编写的有许博、纪全、孙成昊老师，也为本书的校对和资源建设做了大量细致的工作，中国水利水电出版社的有关负责同志对本书的出版给予了大力支持。在本书编写过程中参考了大量国内外计算机网络文献资料，在此，谨向这些著作者以及为本书出版付出辛勤劳动的同志深表感谢。

由于作者水平所限，书中难免有不足与疏漏之处，敬请广大读者批评指正。

编　者

2016 年 10 月

III

目　录

1 概述

主要内容

- 数据结构的基本概念和术语。
- 数据的逻辑结构。
- 数据的存储结构。
- 数据类型和抽象数据类型。
- 算法的概念。
- 算法的性能分析。

学习目标

重点：

- 理解数据结构的各种基本概念和术语。
- 理解线性结构、层次（树）结构和网状（图）结构的结构特点。
- 理解数据的逻辑结构、存储结构及运算三方面的概念及相互关系。

难点：

- 掌握算法性能（时间和空间）的分析方法。

程序设计的过程是一个“分析问题、建立数学模型、设计算法、编写代码”的过程。学会一两门编程语言不等于就学会了编程。著名的计算机科学家尼古拉斯•沃斯（Niklaus Wirth）提出一个经典的公式：

算法+数据结构=程序

程序操作的对象是数据，据统计，当今计算机 90%以上的时间都在处理非数值计算问题，这类问题涉及的数据元素之间的关系较为复杂，一般无法用数学方程式这种数学模型加以解决，而是要设计出合适的数据结构，才能更高效地解决问题。算法是对数据运算的描述，算法的效率对程序开发起着至关重要的作用，同时算法也是“数据结构”课程研究的重要内容之一。

由此看出，学习“数据结构”课程，对提高编程能力和设计高效率的程序是至关重要的，对于学习计算机专业的其他课程，如“操作系统”“编译原理”“数据库管理系统”“软件工程”“人工智能”等也是十分有益的。

1.1 什么是数据结构

【学习任务】了解学习数据结构的必要性。

1.1.1 数据结构的起源及发展状况

早期人们都把计算机理解为数值计算工具，可现实中，我们更多的是解决非数值计算的问题，需要一些更科学有效的手段（比如表、树和图等数据结构）的帮助，才能更好地处理问题。所以**数据结构是一门研究非数值计算程序设计问题中的操作对象，以及它们之间的关系和操作等相关问题的学科。**

1968 年，美国的唐•欧•克努特教授在其所著的《计算机程序设计技巧（第一卷）——基本算法》中，较系统地阐述了数据的逻辑结构和存储结构及其操作，开创了“数据结构”的课程体系。同年，“数据结构”作为一门独立的课程出现。

从 20 世纪 60 年代末到 70 年代初，出现了大型程序，软件也开始相对独立，结构化程序设计成为程序设计方法学的主要内容，人们越来越重视“数据结构”，认为程序设计的实质是对确定的问题选择一个好的结构，加上设计一个好的算法。

从 20 世纪 70 年代中期到 80 年代，各种版本的数据结构著作相继出现。目前，数据结构的发展并未终结。一方面，面向各专门领域中特殊问题的数据结构得到研究和发展，如多维图形数据结构等；另一方面，从抽象数据类型和面向对象的观点来讨论数据结构已成为一种新的趋势，越来越被人们所重视。

1.1.2 数据结构的 3 种基本结构

1．线性结构

【例 1.1】学生信息管理系统。

要求能对学生的信息进行插入、删除、查询、修改、浏览等管理。

分析：该系统处理的数据是学生信息，如表 1.1 所示。表中每行代表一个学生的信息，作为一个数据元素（记录）处理，如果用学号的后两位对数据元素进行编码的话，那么数据元素之间的逻辑关系如图 1.1 所示。

从图中可以看到，第一个数据元素没有直接前驱，最后一个元素没有直接后继，除此之外，其余元素都有一个直接前驱和一个直接后继。这种数据结构称为线性结构，数据元素之间的关系是一对一的线性关系。

诸如此类的系统还有电话自动查号系统、考试查分系统、仓库库存管理系统等。在这类以文档管理的数学模型中，计算机处理的对象之间通常存在一种简单的线性关系，这类数学模型可称为线性的数据结构。

表 1.1 学生信息表

学号	姓名	性别	出生日期	政治面貌
150001	张思琪	男	1995/3/28	团员
150002	李 娜	女	1996/5/23	群众
150003	王 静	女	1995/5/28	群众
150004	宋小磊	男	1994/3/8	团员
150005	王 起	男	1996/7/29	团员
150006	张 一	女	1995/5/17	群众

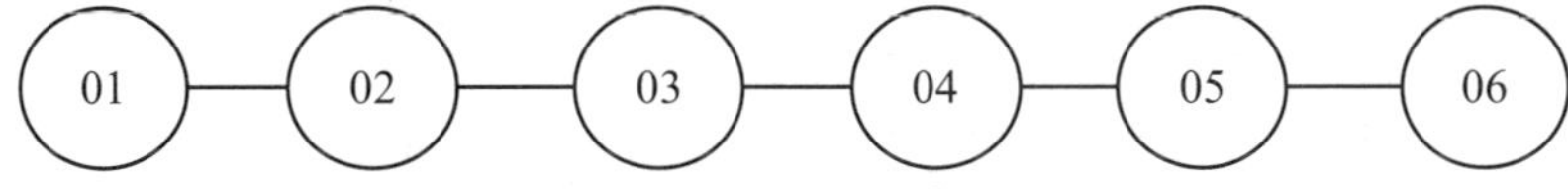

图 1.1 学生信息的逻辑关系

2. *层次结构（树结构）*

【例 1.2】八皇后问题。

八皇后问题是一个以国际象棋为背景的问题：如何能够在 8×8 的国际象棋棋盘上放置八个皇后，使得任何一个皇后都无法直接吃掉其他的皇后？为了达到此目的，任两个皇后都不能处于同一条横行、纵行或斜线上。

在八皇后问题中，处理过程不是根据某种确定的计算法则，而是利用试探和回溯的探索技术求解。为了求得合理布局，在计算机中要存储布局的当前状态。从最初的布局状态开始，一步步地进行试探，每试探一步形成一个新的状态，整个试探过程形成了一棵隐含的状态树，如图 1.2 所示（为了描述方便，这里将八皇后问题简化为四皇后问题）。回溯法求解过程实质上就是一个遍历状态树的过程。在这个问题中所出现的树也是一种数据结构，它可以应用在许多非数值计算问题中。

诸如此类的还有家族族谱信息问题、组织部门架构问题、人机对弈问题等。在这类问题的数学模型中，计算机处理的数据元素之间的关系已经不是一对一的关系，而是一对多的关系，这类数据结构模型称为树。

3. *网状结构（图结构）*

【例 1.3】田径赛的时间安排问题。

假设某校的田径选拔赛共设六个项目的比赛，即跳高、跳远、标枪、铅球、100 米和 200 米，规定每个选手至多参加三个项目的比赛。现有五名选手报名参加，选手所选择的项目如表 1.2 所示。要求设计一个竞赛日程安排表，使得在尽可能短的时间内安排完比赛。

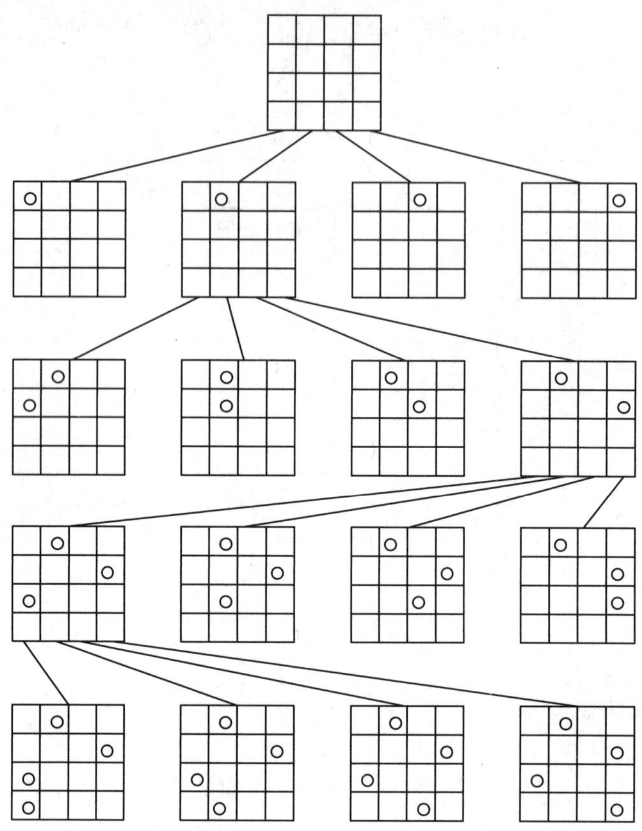

图 1.2　四皇后问题的数据结构模型

表 1.2　参赛选手比赛项目表

姓名	项目 1	项目 2	项目 3
张三	跳高	跳远	100 米
李四	标枪	铅球	……
王五	标枪	100 米	200 米
赵六	铅球	200 米	跳高
田七	跳远	200 米	……

（1）为了能较好地解决这个问题，首先应该选择一个合适的数据结构来表示它。表示该问题的数据结构模型如图 1.3 所示（图中顶点代表竞赛项目，在所有不能同时进行比赛的两个项目之间连上一条边）。显然同一个选手选择的几个项目是不能在同一时间比赛的，因此该选手选择的项目应该两两有边相连。

（2）竞赛项目的时间安排问题可以抽象为对无向图进行“着色”操作：即用尽可能少的

颜色去给图中每个顶点着色，使得任意两个有边连接的相邻顶点着上不同的颜色。每一种颜色表示一个比赛时间，着上同一种颜色的顶点是可以安排在同一时间内竞赛的项目。由此可得：只要安排 4 个不同的时间即可。时间 1 内可以比赛跳高（A）和标枪（C），时间 2 内可以比赛跳远（B）和铅球（D），时间 3 和时间 4 内分别比赛 100 米（E）和 200 米（F）。

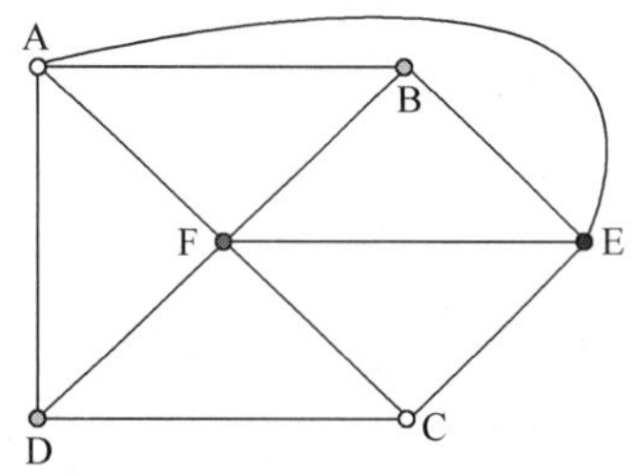

图 1.3　安排竞赛项目的数据结构模型

诸如此类的问题还有教学计划编排问题、旅游交通路线的最短路径问题、通信线路网络问题等。在这类问题的数据结构模型中，数据元素之间的关系是多对多的关系，这类数据结构模型称为图。

由以上三个例子可知，描述这类非数值计算问题的数学模型不再是数学方程，而是诸如表、树、图之类的数据结构。因此，可以说“数据结构”课程主要是研究非数值计算的程序设计问题中所出现的计算机操作对象以及它们之间的关系和操作的学科。

1.2　数据结构的相关概念和术语

【学习任务】了解数据结构的基本术语。

1. 数据

数据（data）是计算机可以操作的对象，是能被计算机识别并处理的描述客观事物的符号集合。数据不仅仅包括整数、实数等数值类型，还包括字符、文字、图形图像、视频、声音等非数值类型。

对于数值数据类型，可以进行数值计算。对于字符数据类型，就需要进行非数值的处理。而声音、图像、视频等可以通过编码的手段变成字符数据来处理。

2. 数据元素

数据元素（data element）是组成数据的基本单位，是计算机程序加工处理的基本单位，在计算机中通常作为一个整体进行考虑和处理。

3. 数据项

数据项（data item）是有独立含义的最小单位。一个数据元素可由一个或多个数据项组成，此时的数据元素通常称为记录（record）。例如：表 1.1 所示学生信息表是数据，一行表示一个学生的记录，每一条记录就是一个数据元素，每一个数据元素都是由学号、姓名、性别、出生日期、政治面貌 5 个数据项组成。

注意：解决实际应用问题时，数据元素才是数据结构中建立数据模型的着眼点。

4. 数据对象

数据对象（data object）是性质相同的数据元素的集合，是数据的一个子集。例如：整数数据对象是集合 N={0，±1，±2…}，字母字符数据对象是集合 C={'A'，'B'，…，'Z'}，表 1.1

中的学生信息表也可看作一个数据对象。由此可知，不论数据元素集合是无限集（如整数集），有限集（如字符集），还是由多个数据项组成的复合数据元素集合，只要性质相同，都是同一个数据对象。

5. 数据结构

数据结构（data structure）是指相互之间存在一种或多种特定关系的数据元素的集合。在实际问题中，数据元素并不是孤立、杂乱无序的，而是具有内在联系的数据集合。如表结构（表 1.1 学生信息表）、树结构（图 1.2 四皇后问题的数据结构模型）、图结构（图 1.3 安排竞赛项目的数据结构模型）。

由此可见，想要编写出一个好的程序，必须分析待处理对象的特性及各处理对象之间存在的关系。这也就是研究数据结构的意义所在。

1.3 数据结构的研究内容

【学习任务】理解数据的逻辑结构、存储结构、运算集合及其之间的关系。

数据元素间的相互关系具体应包括三个方面：数据的逻辑结构、数据的存储结构、数据的运算集合。数据结构的研究内容如图 1.4 所示。

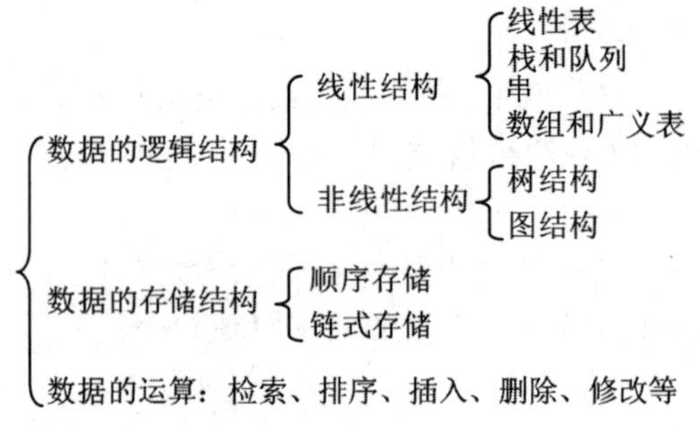

图 1.4 数据结构的研究内容

1.3.1 逻辑结构

逻辑结构是指数据对象中数据元素之间的逻辑关系。数据的逻辑结构是从逻辑关系上描述数据的，与数据的存储无关，是独立于计算机的。逻辑结构是针对具体问题的，是为了解决某个问题，在对问题充分理解的基础上，选择一个合适的数据结构表示数据元素之间的逻辑关系。

数据的逻辑结构可以采用一个二元组表示：Data_Structure=(D,R)，其中 D 是数据元素的有限集，R 是 D 上关系的有限集。根据数据元素之间关系的不同特性，通常有四类基本的结构，如图 1.5 所示。

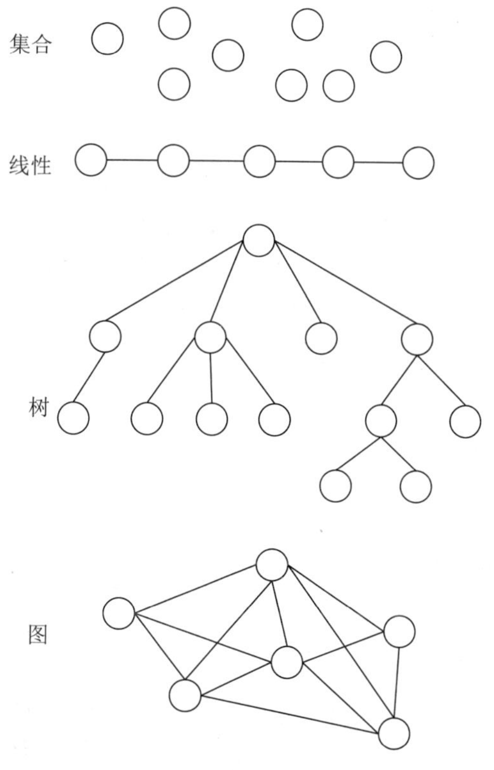

图 1.5　四种基本数据结构关系图

（1）集合结构：结构中的数据元素之间除了同属于一个集合的关系外，无其他任何关系。

注意：集合是数据元素之间关系极为松散的一种结构，因此可以用其他结构来表示。

（2）线性结构：结构中的数据元素之间存在着一对一的线性关系。

（3）树结构：结构中的数据元素之间存在着一对多的层次关系。

（4）图结构：结构中的数据元素之间存在着多对多的任意关系。

1.3.2　存储结构

存储结构（物理结构）是指数据的逻辑结构在计算机中的存储形式。实际上就是如何把数据元素存储到计算机的存储器中，并正确反映数据元素之间的逻辑关系。数据的存储结构主要有以下四种。

1. 顺序存储结构

顺序存储结构把逻辑上相邻的结点存储在物理位置相邻的存储单元里，结点间的逻辑关系由存储单元的邻接关系来体现。通常借助程序设计语言的数组来实现。

2. 链式存储结构

链式存储结构不要求逻辑上相邻的结点在物理位置上亦相邻，结点间的逻辑关系由附加的指针字段表示。

链式存储结构是基于指针来实现的。不同的程序设计语言实现指针的方法不同，在 Java 中使用“对象引用”来实现指针。

3. 索引存储结构

索引存储结构在存储结点信息的同时，还建立附加的索引表。索引表由若干索引项组成。若每个结点在索引表中都有一个索引项，则该索引表称为稠密索引（dense index）。若一组结点在索引表中只对应一个索引项，则该索引表称为稀疏索引（spare index）。索引项的一般形式是：(关键字、地址)。关键字是能唯一标识一个结点的那些数据项。稠密索引中索引项的地址指示结点所在的存储位置；稀疏索引中索引项的地址指示一组结点的起始存储位置。

4. 散列存储结构

散列存储结构通过构造散列函数来确定数据存储地址或查找地址。

四种基本存储方法既可单独使用，也可组合起来对数据结构进行存储映像。同一逻辑结构采用不同的存储方法，可以得到不同的存储结构。选择何种存储结构来表示相应的逻辑结构，视具体要求而定，主要考虑运算方便及算法的时空要求。

1.3.3 运算

运算是指对数据进行的操作，是计算机解决问题的最终目的。最常用的运算有检索、插入、删除、修改、排序等操作。在逻辑结构上定义的运算是抽象的运算，是指人们只知道这些操作是“做什么”的，而无须考虑“如何做”。只有确定了存储结构之后，才考虑如何具体实现这些运算。

1.3.4 数据结构三方面的关系

数据的逻辑结构、数据的存储结构及数据的运算三方面是一个整体，只孤立地去理解一个方面，而不注意它们之间的联系是不可取的。

存储结构是数据结构不可缺少的一个方面，同一逻辑结构的不同存储结构可冠以不同的数据结构名称来标识。例如：线性表是一种逻辑结构，若采用顺序存储结构，可称其为顺序表；若采用链式存储结构，则可称其为链表；若采用散列存储结构，则可称其为散列表。

数据的运算也是数据结构不可分割的一个方面。在给定了数据的逻辑结构和存储结构之后，按定义的运算集合及其运算性质的不同，也可能导致完全不同的数据结构。例如：若将线性表上的插入、删除运算限制在表的一端进行，则称该线性表为栈；若将插入限制在表的一端进行，而删除限制在表的另一端进行，则称该线性表为队列。更进一步，若线性表采用顺序表或链表作为存储结构，则对插入和删除运算做了上述限制之后，可分别得到顺序栈或链栈，顺序队列或链队列。

1.4　数据类型与抽象数据类型

【学习任务】了解数据类型和抽象数据类型的概念。

1.4.1　数据类型

数据类型（data type）是指一组性质相同的值的集合以及在此集合上定义的一组操作的总称。

通常数据类型可以看作是程序设计语言中已实现的数据结构。数据类型是按照值的不同进行划分的。在高级语言中，每个变量、常量和表达式都有各自的取值范围，类型就用来说明变量或表达式的取值范围和所能进行的操作。

按“值”是否可分解，可将数据类型划分为两类。

（1）原子类型：其值不可分解，通常是由语言直接提供，如 Java 语言的整型、实型、字符型等基本类型。

（2）结构类型：其值可分解为若干个成分（或分量），是用户借助于语言提供的描述机制自己定义的，它通常是由标准类型派生的，故也是一种导出类型，如 Java 语言的数组。

1.4.2　抽象数据类型

抽象数据类型（Abstract Data Type，ADT）是指一个数学模型及定义在该模型上的一组操作。抽象数据类型可以看作是数据的逻辑结构及其在逻辑结构上定义的操作，而与其在计算机内部如何表示和实现无关。

抽象数据类型可以看作是描述问题的模型，它独立于具体实现，优点是将数据和操作封装在一起，使得用户程序只能通过在 ADT 里定义的某些操作来访问其中的数据，从而实现了信息隐藏。在 Java 中，我们可以用类的说明来表示 ADT，用类的实现来实现 ADT。因此，Java 中实现的类相当于是数据的存储结构及在存储结构上实现的对数据的操作。

ADT 和类的概念实际上反映了程序或软件设计的两层抽象：ADT 相当于是在概念层（或称为抽象层）上描述问题，而类相当于是在实现层上描述问题。此外，Java 中的类只是一个由用户定义的普通类型，可用它来定义变量（称为对象或类的实例）。因此，在 Java 中，最终是通过操作对象来解决实际问题的，所以我们可将该层次看作是应用层。例如，main 程序就可看作是用户的应用程序。

1.5　算法及其性能分析

【学习任务】理解算法的相关概念及掌握算法的简单性能分析方法。

1.5.1 数据结构与算法的关系

数据结构解决的问题：如何高效地组织数据，确定其逻辑结构和存储结构。

算法解决的问题：数据的运算通过算法来描述。

著名的计算机科学家尼古拉斯·沃斯给出了一个著名的公式：算法+数据结构=程序。该公式说明数据结构和算法是程序的两大要素，二者相辅相成，缺一不可。

1.5.2 算法的概念及特点

1. 算法

算法（algorithm）是对解决特定问题求解步骤的描述，在计算机中表现为指令的有限序列，并且每条指令表示一个或多个操作。

2. 算法的特性

（1）有穷性：有限步骤之内正常结束，不能形成无穷循环，并且每一个步骤在可接受的时间内完成。这里有穷的概念并不是纯数学意义的，而是在实际应用当中合理的、可以接受的"有边界"。

（2）确定性：算法中的每一个步骤必须有确定含义，无二义性。

（3）输入：有多个或 0 个输入。

（4）输出：至少有一个或多个输出。

（5）可行性：算法的每一步操作可通过已经实现的基本运算执行有限次而完成。

3. 算法的描述

算法可以使用各种不同的方法来描述。最简单的方法是使用自然语言，用自然语言描述算法的优点是简单且便于人们阅读，缺点是不够严谨。可以使用程序流程图、N-S 图等算法描述工具，其特点是描述过程简洁、明了。用以上两种方法描述的算法不能够直接在计算机上执行，若转换成可执行的程序还存在一个编程的问题。还可以直接使用某种程序设计语言来描述算法，不过直接使用程序设计语言并不容易，而且不太直观，常常需要借助注释才能使人看明白。

为了解决理解与执行这两者之间的矛盾，人们常常使用一种称为伪码语言的描述方法来进行算法描述。伪码语言介于高级程序设计语言和自然语言之间，比自然语言更接近程序设计语言，它忽略高级程序设计语言中一些严格的语法规则与描述细节，因此比程序设计语言更容易描述和被人理解，它虽然不能直接执行但很容易转换成高级语言。

4. 算法、语言、程序的关系

先分析数据结构中算法、语言、程序的关系：

（1）算法：描述数据对象的元素之间的关系，包括数据的逻辑关系、存储关系。

（2）语言：描述算法的工具，包括自然语言、框图或高级程序设计语言。

算法可用自然语言、框图或高级程序设计语言描述，自然语言简单但易产生二义；框图直观但不擅长表达数据组织结构；而高级程序设计语言较为准确严谨。

（3）程序：算法在计算机中的实现，与所用计算机及所用语言有关。

5. 设计实现算法的步骤

先找出与求解有关的数据元素之间的关系（建立结构关系），确定在某一数据对象上所施加的运算，考虑数据元素的存储结构，然后选择描述算法的语言，最后设计实现求解的算法，并用程序设计语言加以描述。

1.5.3 算法的设计要求

一个好的算法，一般应该具有以下几个基本特征。

1. 正确性

算法的执行结果应当满足预先规定的功能和性能要求。其中“正确”的含义大体上可以分为四个层次：

（1）算法程序没有语法错误。

（2）算法程序对于合法的输入数据能够得出满足要求的结果。

（3）算法程序对于非法的输入数据能够得出满足规格说明的结果。

（4）算法程序对于精心选择的，典型、苛刻而带有刁难性的几组输入数据能够得到满足要求的结果。

对于这四层含义，能达到第四层含义下的正确性是极为困难的。一般情况下，以达到第三层含义的正确性作为衡量一个程序是否正确的标准。

2. 可读性

一个好的算法首先应该便于人们理解和相互交流，其次才是机器可执行。可读性好的算法有助于人们对算法的理解，难懂的算法易于隐藏错误且难于调试和修改。

3. 健壮性

一个好的算法，当输入的数据非法时，也能适当地做出正确的反应或进行相应的处理，而不会产生一些莫名其妙的输出结果。

4. 高效率和低存储量

好的算法还应该具备时间效率高和存储量低的特点。时间效率指的是算法的执行时间，对于一个具体的问题通常可以有多个算法，算法执行时间短，其效率就高。存储量需求指的是算法在执行过程中所需要的最大存储空间。这两者都与问题的规模有关。

1.5.4 算法的性能分析

1. 评价算法好坏的标准

求解同一计算问题可能有许多不同的算法，究竟如何评价这些算法的好坏以便从中选出较好的算法呢？

选用的算法首先应该是“正确”的。此外，还应考虑如下三点：

（1）执行算法所耗费的时间。

（2）执行算法所耗费的存储空间，其中主要考虑辅助存储空间。

（3）算法应易于理解，易于编码，易于调试等等。

2. 算法性能选择

一个占存储空间小、运行时间短、其他性能也好的算法是很难设计的。原因是上述要求有时相互抵触：节约算法的执行时间往往要以牺牲更多的空间为代价；而为了节省空间可能要耗费更多的计算时间。因此，我们只能根据具体情况有所侧重：

（1）若该程序使用次数较少，则力求算法简明易懂。

（2）对于反复多次使用的程序，应尽可能选用快速的算法。

（3）若待解决的问题数据量极大，机器的存储空间较小，则相应算法主要考虑如何节省空间。

3. 算法性能分析

（1）算法耗费的时间和语句频度

一个算法所耗费的时间等于算法中每条语句的执行时间之和。每条语句的执行时间等于语句的执行次数，即频度（frequency count），乘语句执行一次所需的时间。算法转换为程序后，每条语句执行一次所需的时间取决于机器的指令性能、速度以及编译所产生的代码质量等难以确定的因素。

若要独立于机器的软、硬件系统来分析算法的时间耗费，则设每条语句执行一次所需的时间均是单位时间，一个算法的时间耗费就是该算法中所有语句的频度之和。

【例 1.4】两个 n 阶矩阵相乘，算法如下：


```
(1)    for(i=0;i<n;i++)
(2)        for(j=0;j<n;j++){
(3)            c[i][j]=0;
(4)            for(k=0;k<n;k++)
(5)                c[i][j]=c[i][j]+a[i][k]*b[k][j];
           }
```

该算法中所有语句的频度之和（即算法的时间耗费）为：

$$T(n)=2n^3+3n^2+2n+1$$

分析：语句(1)的循环控制变量 i 增加到 n，测试到 i=n 成立才会终止，故它的频度是 n+1，但是它的循环体却只能执行 n 次；语句(2)作为语句(1)循环体内的语句应该执行 n 次，但语句(2)本身要执行 n+1 次，所以语句(2)的频度是 n(n+1)；同理可得语句(3)、(4)和(5)的频度分别是 n^2、$n^2(n+1)$和 n^3，算法的时间耗费 T(n)是矩阵阶数 n 的函数。

（2）算法的时间复杂度

在进行算法分析时，语句总的执行次数 T(n)是关于问题规模 n 的函数，进而分析 T(n)随 n 的变化情况并确定 T(n)的数量级。算法的时间复杂度记作：T(n)=O(f(n))。它表示随问题规模 n 的增大，算法执行时间的增长率和 f(n)的增长率相同，称作算法的渐进时间复杂度，简称为时间复杂度。其中 f(n)是问题规模 n 的某个函数。

用大写 O()来体现算法时间复杂度的记法，我们称为大 O 记法。一般情况下，随 n 的增大，T(n)增长较慢的算法为最优的算法。

【例 1.5】求 1+2+3+⋯+100 的三种算法分析。

算法 1：

```
int i, sum = 0, n = 100;                         //执行 1 次
for (i = 1; i <= n; i++) {                       //执行 n+1 次
    sum = sum + i;                               //执行 n 次
}
System.out.println("1+2+3+...+n=" + sum);        //执行 1 次
```

算法 2：

```
int sum=0,n=100;                                 //执行 1 次
    sum=(1+n)*n/2;                               //执行 1 次
System.out.println("1+2+3+...+n=" + sum);        //执行 1 次
```

算法 3：

```
int i, j, x = 0, sum = 0, n = 10;                //执行 1 次
for (i = 1; i <= n; i++) {
    for (j = 1; j <= n; j++) {
        x++;                                     //执行 n*n 次
        sum = sum + x;
    }
}
System.out.println("1+2+3+...+n=" + sum);        //执行 1 次
```

算法 1 的时间复杂度为 O(n)，我们称之为线性阶。算法 2 的时间复杂度为 O(1)，我们称之为常量阶。算法 3 的时间复杂度为 $O(n^2)$，我们称之为平方阶。由此可以看出同一问题可以用多种算法解决，但算法的效率不一样。

常用的时间复杂度所消耗的时间从小到大依次为：

$$O(1)< O(\log_2{}^n) < O(n) < O(n\log_2{}^n) < O(n^2) < O(n^3) < O(2^n)$$

（3）算法的空间复杂度

算法的存储空间需求类似于算法的时间复杂度，我们采用空间复杂度作为算法所需存储空间的量度，记作：S(n)=O(f(n))。其中 n 为问题的规模。一般情况下，一个程序在机器上执行时，除了需要寄存本身所用的指令、常数、变量和输入的数据外，还需要一些对数据进行操作的辅助存储空间。其中对于输入数据所占的具体存储量只取决于问题本身，与算法无关，这样我们只需要分析该算法在实现时所需要的辅助空间单元个数就可以了。若算法执行时所需要的辅助空间相对于输入数据量而言是个常数，则称这个算法为原地工作，辅助空间为 O(1)。

算法执行时间的耗费和所需存储空间的耗费是矛盾的，难以兼得。即算法执行时间上的节省一定是以增加空间存储为代价的，反之亦然。不过，就一般情况而言，常常以算法执行时间作为算法优劣的主要衡量指标。

1.6　小结

数据结构是指数据及数据之间的联系和这种联系在计算机中的存储表示，包括数据的逻辑结构和存储结构。数据的逻辑结构是指各数据元素之间的逻辑关系，是用户按需要建立起来的，并呈现给用户的数据元素的结构形式。数据的存储结构是指数据在计算机内实际的存储形式。算法的设计取决于数据的逻辑结构，算法的实现依赖于数据的存储结构。

算法是求解问题的步骤，它是指令的有限序列，其中一条指令表示一个或者多个操作。算法具有有穷性、确定性、可行性、有零个或多个输入和有一个或多个输出等特性。一个“好的”算法应达到正确性、易读性、健壮性和高效率与低存储量等目标。衡量一个算法的效率用时间复杂度来实现。

1.7　知识巩固

1.7.1　理论知识

一、填空题

1．数据的逻辑结构通常有________、________、________和________四种类型。

2．存储结构是逻辑结构的________实现。

3．数据结构是相互之间存在一种或多种关系的数据元素的集合，它包括三个方面的内容：________、________和________。

4．算法设计要达到的目标：________、________、________、________。

5．抽象数据类型是指一个________以及定义在该模型上的一组操作。

二、选择题

1．数据结构中，与所使用的计算机无关的是数据的（　　）结构。

A．存储　　B．物理
C．逻辑　　D．物理和存储

2．算法分析的目的是（　　）。

A．找出数据结构的合理性　　B．研究算法中的输入和输出的关系
C．分析算法的效率以求改进　　D．分析算法的易懂性和文档性

3．算法分析的两个主要方面是（　　）。

A．空间复杂度和时间复杂度　　B．正确性和简明性
C．可读性和文档性　　D．数据复杂性和程序复杂性

4. 计算机算法指的是（　　）。

A．计算方法　　B．排序方法

C．解决问题的有限运算序列　　D．调度方法

5. 计算机算法必须具备输入、输出和（　　）等 5 个特性。

A．可行性、可移植性和可扩充性　　B．可行性、确定性和有穷性

C．确定性、有穷性和稳定性　　D．易读性、稳定性和安全性

三、简答题

1. 简述下列概念：数据、数据元素、数据类型、数据结构、逻辑结构、存储结构。
2. 基本的存储结构有几种？
3. 算法的时间复杂度仅与问题的规模相关吗？

1.7.2 实训任务

【实训任务 1】举一个数据结构的例子，叙述其逻辑结构、存储结构、运算三个方面的内容。

【实训任务 2】设 n 为正整数，利用大 O 记法将下列程序段的执行时间表示为 n 的函数。

```
(1)int i=1,k=0;
   while(i<n){
        k=k+5*i;
        i++;
   }
(2)int i=0,k=0;
   do{
       k=k+10*i;
       i++;
     }
  while(i<n);
```

2 线性表

主要内容

- 线性表的定义。
- 线性表的基本运算。
- 顺序表和链表的基本概念。
- 顺序表的设计、实现和应用。
- 单链表的设计、实现和应用。
- Java 类库中顺序表与链表的相关类。

学习目标

重点：

- 掌握顺序表和链表的逻辑描述和存储实现。

难点：

- 顺序表和单链表的实现和应用。

线性结构是最简单且最常用的数据结构。接下来要讨论的线性表、栈、队列、串、数组和广义表都是典型的线性结构。

在数据元素的非空有限集中，线性结构中的数据元素是有序的，排在某个数据元素 b 之前的数据元素 a 称为 b 的直接前驱，而数据元素 b 称为 a 的直接后继。线性结构具有如下特点：

（1）存在唯一的被称为“第一个”的数据元素。

（2）存在唯一的被称为“最后一个”的数据元素。

（3）除第一个之外，集合中的每个数据元素均只有一个直接前驱。

（4）除最后一个之外，集合中的每个数据元素均只有一个直接后继。

2.1 实例引入

【学习任务】通过生活实例初步了解线性表的特征，从感性上认识线性表及其简单操作。

【实例 1】银行办理业务时顾客的队列、26 个英文字母表、班级同学的点名册、12 生肖列表等都是线性结构。

【实例 2】某学校成立了移动互联社团，今天招募社团成员，假设我们是社团负责记录报名信息的人员，我们需要做什么呢？首先，需要准备若干张白纸，根据纳新人数而定，然后就等待报名同学的到来。张三第一个报名，他是计算机应用系移动 S12-1 班的同学；接着李四，王五，赵六等人都来报名了，此时纸上的记录内容如下：

1	张三	计算机应用系	移动 S12-1 班
2	李四	软件技术系	软件 S12-2 班
3	王五	软件技术系	软件 S11-1 班
4	赵六	计算机网络技术系	网络 S12-1 班
…	…	…	…

第二天，我们对报名参加社团的同学进行了一个选拔考试，经考试，李四同学不及格，那么李四同学的信息就要从纸上划去，此时纸上的内容变为：

1	张三	计算机应用系	移动 S12-1 班
~~2~~	~~李四~~	~~软件技术系~~	~~软件 S12-2 班~~
3	王五	软件技术系	软件 S11-1 班
4	赵六	计算机网络技术系	网络 S12-1 班
…	…	…	…

经过两天的报名和选拔，社团的人员已经确定了，记录信息的这张纸可以存档或销毁了。

张三、李四、王五等人的报名信息就构成了一个线性表，而社团负责记录报名信息的人员的工作就是对线性表的操作。

对于报名信息这个线性表，我们需要做的工作包括：创建一个空的线性表（准备白纸），插入一个新的元素（书写一个新社员的信息），删除一个元素（划掉一个社团考试不合格的同学信息），查找指定的元素（在划掉“李四”信息之前，需要查找“李四”的信息是否存在），清空线性表（将纸张销毁或存档）

这样的例子无处不在，例如学生管理系统中的学生基本信息表、成绩登记表、健康状况表，电话查询系统中的电话号码表等，下面将对线性表进行详细介绍。

2.2 线性表的逻辑结构

【学习任务】理解线性表的定义，熟练掌握线性表的相关概念及基本运算。

2.2.1 线性表的定义

定义：线性表（Linear List）是由 n（n≥0）个性质相同的数据元素（结点）a_1，a_2，…，a_n 组成的有限序列，记作：（a_1，a_2，…，a_i，a_{i+1}，…，a_n）。

注意："结点"和"元素"并无不同，只是习惯对顺序表使用"元素"，对链表使用"结点"。

线性表的相关术语：

（1）长度：线性表中结点的个数 n（n≥0）（n=0 时称为空表）。

（2）位序：非空表中的每个结点 a_i（1≤i≤n）都有一个确定的位置 i，我们称 i 为结点 a_i 在线性表中的位序。

结点 a_i 只是一个抽象的符号，其含义在不同的情况下各不相同，它可以是单个数据，也可以是由若干数据项组成的一条记录等复杂的信息。举例如下：

【例 2.1】某班前五名学生语文成绩（99，98，97，95，90）是线性表，表中每个数字是一个结点。

【例 2.2】一年四季（春，夏，秋，冬）是一个线性表，表中的结点是一个字符。

【例 2.3】学生成绩表（见表 2.1）是一个线性表，表中每一行（一条记录）是一个结点。一条记录是由学号、姓名、性别、数学成绩和语文成绩 5 个数据项组成。

表 2.1　学生成绩表

学号	姓名	性别	数学成绩	语文成绩
20121101	陈曦	男	95	92
20121102	李晓红	女	86	98
20121103	魏海燕	女	99	88
…	…	…	…	…

综合上述三个例子可以看出，线性表中的结点可以是各式各样的，但同一线性表中的结点必定具有相同特性，即属于同一数据对象，且结点之间存在一定的先后次序。

线性表的逻辑结构如图 2.1 所示。对于非空的线性表：

（1）有且仅有一个起始结点 a_1，没有直接前趋，有且仅有一个直接后继 a_2。

（2）有且仅有一个终结结点 a_n，没有直接后继，有且仅有一个直接前趋 a_{n-1}。

（3）其余的内部结点 a_i（1＜i＜n）都有且仅有一个直接前趋 a_{i-1} 和一个直接后继 a_{i+1}。

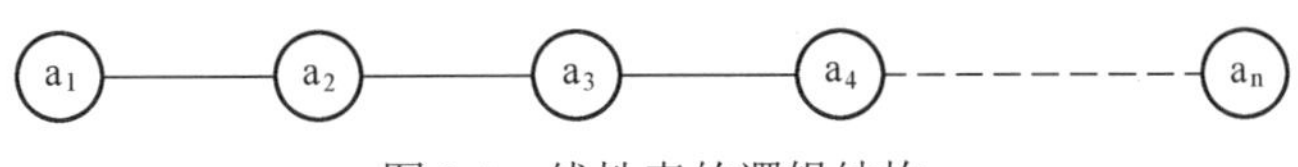

图 2.1　线性表的逻辑结构

2.2.2　线性表的基本运算

（1）初始化 initList(L)：构造一个空的线性表 L，即表的初始化。

（2）求表长 listLength(L)：求线性表 L 中的结点个数。

（3）取值 getNode(L, i)：取线性表 L 中的第 i 个结点（1≤i≤listLength(L)）。

（4）定位 locateNode(L, e)：在线性表 L 中查找值为 e 的结点，并返回该结点在线性表 L 中的位序。若线性表 L 中有多个结点的值和 e 相同，则返回首次找到的结点的位序；若线性表 L 中没有结点的值为 e，则返回 0，表示查找失败。

（5）插入 insert(L,e,i)：在线性表 L 的第 i 个元素之前插入新的元素 e，线性表 L 的长度增 1。

（6）删除 delete(L, i)：删除线性表 L 的第 i 个结点，表 L 的长度减 1。

对于实际问题中涉及的其他更为复杂的运算，可以用基本运算的组合来实现。

注意：*以上所提及的运算是逻辑结构上定义的运算。只能给出这些运算的功能是“做什么”，至于“如何做”、编码等实现细节，待确定了存储结构之后才考虑。在 Java 中可以用接口定义操作集合。*

【例 2.4】写出两个集合的归并算法。

分析：设两个集合 A 和 B 分别由两个线性表 LA 和 LB 表示，要求将 LB 中存在但在 LA 中不存在的数据元素插入到表 LA 中。

算法思想：

（1）依次从 LB 中取出一个数据元素；　　// 使用 getNode(L, i)

（2）判断该数据元素在 LA 中是否存在；　　// 使用 locateNode(L, e)

（3）若不存在，则插入到 LA 中。　　// 使用 insert(L, e,i)

算法实现：

```
void merge (List LA, List LB)
{
    LA_len = listLength(LA);                    //求线性表 LA 的长度
    LB_len = listLength(LB);                    //求线性表 LB 的长度
    for (i = 1; i <= LB_len; i++)
    {                                           //LA 和 LB 均非空
        e=getNode(LB, i);                       //取 LB 中第 i 个数据元素赋给 e
        if (!locateNode(LA,e)= =0);
        insert(LA,e,++LA_len);                  //LA 中不存在和 e 相同的数据元素，则插入之
    }
}
```

上述归并算法是利用基本操作完成的，那么每一种基本操作如何实现？这要涉及存储结

构，只有确定了存储结构才能实现基本算法。

线性表的主要存储结构有两种：顺序存储结构和链式存储结构。

2.3 线性表的顺序存储结构及运算实现

【学习任务】理解线性表在顺序存储结构下的特点，掌握顺序表的表示、相关算法及程序实现。

2.3.1 顺序表的定义

定义：线性表的顺序存储是指把线性表的各个结点按逻辑次序依次存储在一组地址连续的存储单元里。用这种方法存储的线性表简称为顺序表。

结点的存储地址：假设线性表中所有结点的类型相同，设表中每个结点占用 L 个存储单元，并以所占的第一个单元的存储地址作为该结点的存储地址。则线性表中第 i+1 个结点的存储地址 $LOC(a_{i+1})$和第 i 个结点的存储地址 $LOC(a_i)$之间满足下列关系：

$$LOC(a_{i+1})= LOC(a_i)+L$$

一般来说，线性表的第 i 个数据元素 a_i 的存储地址为：

$$LOC(a_i)= LOC(a_1)+(i-1)*L$$

式中 $LOC(a_1)$是线性表第一个结点的存储地址，通常称作线性表的起始地址或基地址。

顺序表的特点：以元素在计算机中的物理位置相邻来表示线性表中数据元素之间的逻辑关系，如图 2.2 所示。在顺序表中，每个结点 a_i 的存储地址是该结点在表中的位置 i 的线性函数。只要知道基地址和每个结点的大小，就可在相同时间内求出任一结点的存储地址，从而实现对顺序表中数据元素的随机存取。

存储地址	数据元素	位序
LOC (a_1)	a_1	1
LOC (a_1)+L	a_2	2
LOC (a_1)+2*L	a_3	3
⋮	⋮	⋮
LOC (a_1)+(i−1)*L	a_i	i
⋮	⋮	⋮
LOC (a_1)+(n−1)*L	a_n	n

图 2.2 线性表的顺序存储结构

顺序存储结构通常利用高级程序设计语言中的一维数组来表示。顺序表的类定义如下：

```
public class LineList {
    private int[] data;
    private int length;
    public LineList(int size) {
        data=new int[size];
    }
    public int[] getData() {
        return data;
    }
    public void setData(int[] data) {
        this.data = data;
    }
    public int getLength() {
        return length;
    }
    public void setLength(int length) {
        this.length = length;
    }
}
```

说明：该类定义的是整型数组，在实际应用中，可根据具体情况而定。

注意： 定义的数组的下标是从零开始的，为算法简便，不使用零下标单元存放数据元素，即线性表的第 i 个存储单元存放第 i 个数据元素，这样线性表的逻辑序号和物理序号就一致了。

2.3.2 顺序表的基本运算实现

顺序表的基本操作包括初始化、求表长、取值、查找、插入、删除等，下面重点说明插入、删除操作的算法实现。

1. 插入操作及程序实现

（1）插入运算的逻辑描述

线性表的插入运算是指在表的第 i（1≤i≤n+1）个位置上插入一个新结点 e，使长度为 n 的线性表

$$(a_1, a_2, \cdots, a_i, a_{i+1}, \cdots, a_n)$$

变成长度为 n+1 的线性表

$$(a_1, a_2, \cdots, a_i, e, a_{i+1}, \cdots, a_n)$$

（2）顺序表插入操作过程

在顺序表中，结点的物理顺序必须和结点的逻辑顺序保持一致，因此必须将表中位置为 n，n-1，…，i 上的结点，依次后移到位置 n+1，n，…，i+1 上，空出第 i 个位置，然后在该位置上插入新结点 e。仅当插入位置 i=n+1 时，才无须移动结点，直接将 e 插入表的末尾。顺序表的插入操作示意图如图 2.3 所示。

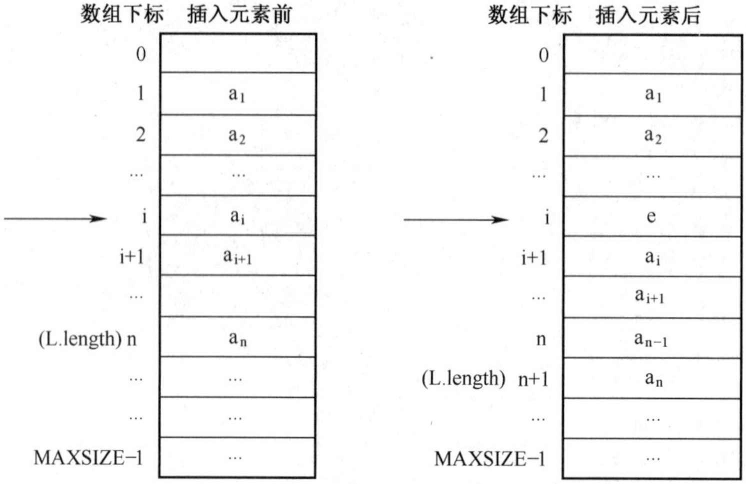

数组下标	插入元素前
0	
1	a_1
2	a_2
…	…
i	a_i
i+1	a_{i+1}
…	
(L.length) n	a_n
…	…
…	…
MAXSIZE−1	…

数组下标	插入元素后
0	
1	a_1
2	a_2
…	…
i	e
i+1	a_i
…	a_{i+1}
n	a_{n-1}
(L.length) n+1	a_n
…	…
MAXSIZE−1	…

图 2.3　顺序表的插入操作示意图

注意：

- 由于数组空间大小在声明时确定，当 L.length≥data.length 时，表空间已满，不可再做插入操作。
- 当插入位置 i > L.length+1 或 i < 1 时为非法位置，不可做正常插入操作。

（3）在整型顺序表的某位置上插入一个值为 e 的整型元素

具体算法描述如下：

```
public class LineList {
    ……
    public boolean insert(int i, int e) {
        int j;
        if (length >= data.length) { //表空间已经满，不能插入
            System.out.println("The table is overflow.");
            return false;
        }
        if (i < 1 || i > length+1) { //检查插入位置是否正确
            System.out.println("The position is mistake.");
            return false;
        }
        for (j = length - 1; j >= i; j--)
            data[j + 1] = data[j];
        data[i] = e;
        length++;
        return true;
    }
}
```

（4）算法时间复杂度

算法的时间主要花费在 for 循环中的结点后移语句上，该语句的执行次数是 n-i+1。

当 i=n+1 时，移动结点次数为 0，即算法在最好的情况下时间复杂度是 O(1)。

当 i=1 时，移动结点次数为 n，即算法在最坏的情况下时间复杂度是 O(n)。

假设 p_i 表示在表中第 i 个位置上插入一个结点的平均概率，则在长度为 n 的线性表中插入一个元素时需移动元素次数的平均值为：

$$E_{is}(n)=\sum_{i=1}^{n+1}P_i(n-i+1)$$

不失一般性，假设在表中任何合法位置（1≤i≤n+1）上插入结点的机会是均等的，则 $P_i=1/(n+1)$。因此，在等概率插入的情况下

$$E_{is}(n)=\sum_{i=1}^{n+1}(n-i+1)/(n+1)=n/2$$

即在顺序表上进行插入运算，平均要移动一半的结点，平均时间复杂度是 O(n)。

2. 删除操作及程序实现

（1）删除运算的逻辑描述

线性表的删除运算是指将表中的第 i（1≤i≤n）个结点删去，使长度为 n 的线性表

（a_1，…，a_{i-1}，a_i，a_{i+1}，…，a_n）

变成长度为 n-1 的线性表

（a_1，…，a_{i-1}，a_{i+1}，…，a_n）

（2）顺序表删除操作过程

在顺序表上实现删除运算必须移动结点，才能反映出结点间逻辑关系的变化。若 i=n，则只要简单地删除终端结点，无须移动结点；若 1≤i≤n-1，则必须将表中位置为 i+1，i+2，…，n 的结点，依次前移到位置 i，i+1，…，n-1 上，以填补删除操作造成的空缺。其删除过程如图 2.4 所示。

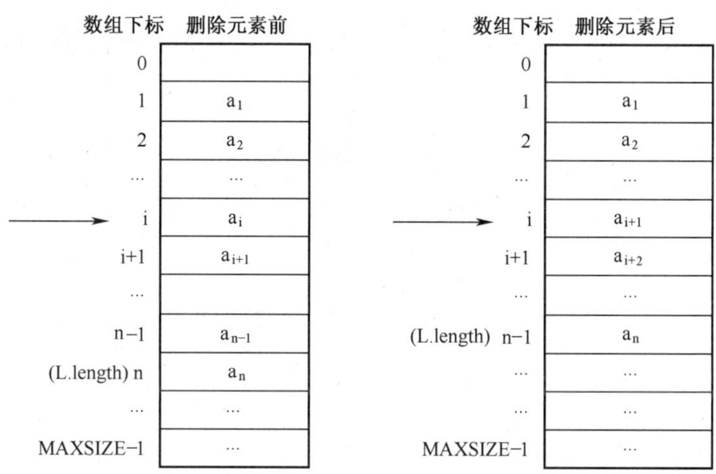

图 2.4　顺序表的删除操作示意图

注意：

- 当 L.length≤0 时，表为空，不可做删除操作。
- 当要删除元素的位置 i 不在表长范围（即 i<1 或 i>L.length）时，为非法位置，不能做正常的删除操作。

（3）在整型顺序表中删除某位置上的元素

具体算法描述如下：

```java
public class LineList {
    ……
    public boolean delete(int i){
        int j;
        if(length<0){                  //表为空，不能删除
            System.out.println("The table is null");
            return false;
        }
        if(i<1||i>length){      //检查删除位置是否存在
            System.out.println("The position is mistake.");
            return false;
        }
        for(j=i;j<length;j++){
            data[j] = data[j+1];
        }
        length --;
        return true;
    }
}
```

（4）算法时间复杂度

算法的时间主要花费在 for 循环中的结点前移语句上，该语句的执行次数是 n-i。

i=n 时，结点的移动次数为 0，即为 O(1)。

i=1 时，结点的移动次数为 n-1，算法时间复杂度为 O(n)。

假设 p_i 表示在表中第 i 个位置上删除一个结点的平均概率，则在长度为 n 的线性表中删除一个元素时需移动元素次数的平均值为：

$$E_{DE}(n)=\sum_{i=1}^{n}P_i(n-i)$$

不失一般性，假设在表中任何合法位置（1≤i≤n）上删除结点的机会是均等的，则 P_i=1/n。因此，在等概率删除的情况下

$$E_{DE}(n)=\sum_{i=1}^{n}(n-i)/n=(n-1)/2$$

即在顺序表上做删除运算，平均要移动表中约一半的结点，平均时间复杂度也是 O(n)。

2.3.3 顺序表在 Java 类库中的实现

Java 类库中的 java.util.ArrayList 类实现了顺序表的功能，顺序表的基本运算都可以通过该

类提供的成员方法实现，具体方法如下：

（1）构造方法

- public ArrayList() //默认的构造方法，构造一个初始容量为 10 的空列表
- public ArrayList(int initialCapacity) //构造一个具有指定初始容量的空列表

（2）常用成员方法

- public boolean add(Object obj) //将指定的元素添加到此列表的尾部
- public void add(int index,Object obj) //将指定的元素插入到此列表中的指定位置。此时，index 位置开始处的所有元素逐个向右移动一个位置
- public boolean remove(Object obj) //删除此列表中首次出现的指定元素，如果此列表包含指定的元素，则返回 true
- public Object remove(int index) //删除指定位置的元素，向左移动所有后续元素（将其索引减 1）
- public void removeRange(int fromIndex,int toIndex) //删除列表中索引在 fromIndex（包括）和 toIndex（不包括）之间的所有元素
- public void clear() //删除此列表中的所有元素
- public int size() //返回此列表中的元素个数
- public boolean isEmpty() //如果此列表中没有元素，则返回 true
- public boolean contains(Object obj) //如果列表中包含指定的元素，则返回 true
- public int indexOf(Object obj) //返回此列表中第一次出现指定元素的索引，如果列表不包含该元素，则返回-1
- public int lastIndexOf(Object obj) //返回此列表中最后一次出现指定元素的索引，如果列表不包含该元素，则返回-1
- public Object get(int index) //获取指定位置的元素
- public Object set(int index,Object obj) //用指定的元素替代此列表中指定位置上的元素
- public Object[] toArray() //把此列表中的元素复制到一个新的数组中

2.4 线性表的链式存储结构及运算实现

【学习任务】理解线性表在链式存储结构下的特点，掌握链表的表示、相关算法及程序实现。

线性表顺序存储结构的特点是逻辑关系上相邻的两个元素在物理位置上也相邻，因此，可以随机地、快速地存取表中任一元素。然而，顺序存储结构在插入和删除运算中可能需要大量移动元素，而且需要在程序编译前就规定好数组元素的多少（即数组长度），事先难以估计，多了会造成存储空间浪费，少了不够用。为了解决这些困难，本节将讨论线性表的另外一种存储结构——链式存储结构。

线性表的链式存储结构是指用一组任意的存储单元（可以连续，也可以不连续）存储线性表的数据元素。用链式结构存储的线性表简称为链表（linked list）。根据链表结点的不同结构，链表分为单链表、循环链表和双链表。

链式存储是最常用的存储方式之一，它不仅可用来表示线性表，而且可用来表示各种非线性的数据结构。

2.4.1 单链表

1. 单链表的存储结构

由于链式存储不要求逻辑上相邻的元素在物理上也相邻，因此，在线性表的链式存储结构中为了表示数据元素间的逻辑关系，除了存储数据元素自身信息外，还必须存放指示其后继元素的“信息”，这一信息部分通常称为指针或链，其实质为直接后继元素的存储位置，这两部分信息组成了一个结点。因为每个结点中只有一个指向后继的指针，所以称为单链表。

单链表的结点结构如图 2.5 所示。

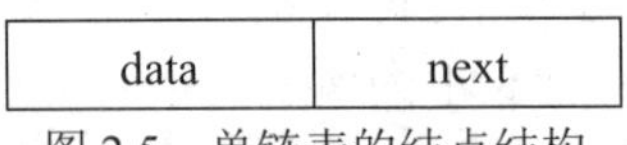

data	next

图 2.5 单链表的结点结构

data 域——存放结点值的数据域。

next 域——存放结点直接后继的地址（位置）的指针域（链域）。

单链表中每个结点的存储地址都存放在其前趋结点的 next 域中，而开始结点无前趋，故应设头指针 head 指向开始结点。终端结点无后继，故指针域为空，用∧或 null 表示。

注意：

- 链表由头指针唯一确定，单链表可以用头指针的名字来命名。
- 链表通过每个结点的指针域将线性表的 n 个结点按其逻辑顺序链接在一起。

单链表的类定义如下：

```
public class LinkedList {
    private int data; //数据域，可根据实际情况修改
    private LinkedList next; //指针域，存放当前元素直接后继元素的地址
    private LinkedList head; //链表头指针
    public LinkedList() { //构造方法
    }
    //成员方法
    public int getData() {
        return data;
    }
    public void setData(int data) {
        this.data = data;
    }
    public LinkedList getNext() {
        return next;
```

```
        }
        public void setNext(LinkedList next) {
            this.next = next;
        }
}
```

说明：该类定义的数据域是整数，在实际应用中，可根据具体情况而定。

【例 2.5】线性表（a_1，a_2，a_3，a_4，a_5，a_6）的单链表存储结构示意图如图 2.6 所示。

	头指针	存储地址	数据域	指针域
		⋮	⋮	⋮
		110	a_5	200
		⋮	⋮	⋮
		150	a_2	190
head	160	160	a_1	150
		⋮	⋮	⋮
		190	a_3	210
		200	a_6	null
		210	a_4	110
		⋮	⋮	⋮

图 2.6　单链表存储结构示意图

由于我们常常只注重结点间的逻辑顺序，而不关心每个结点的实际位置，可以用箭头来表示链域中的指针，线性表（a_1，a_2，a_3，a_4，a_5，a_6）的单链表就可以表示为图 2.7 的形式。

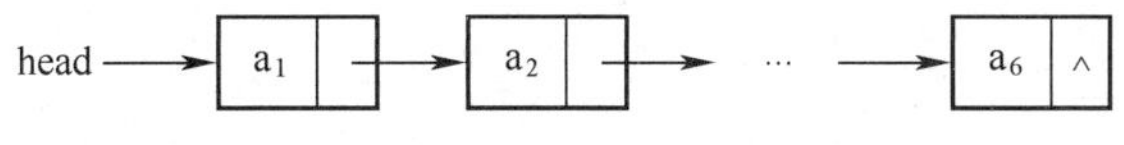

图 2.7　单链表的一般图示法

不同的程序设计语言实现指针的方法不同，在 Java 中，使用“对象引用”来实现指针，同时，Java 语言提出了利用 java.util.LinkedList 类库提供的链表类来供编程者使用，用户可以通过该类库简单地实现指针操作。

2. 单链表的基本运算

和顺序表的操作类似，单链表的操作也有很多，如单链表的建立、插入、删除，元素的查找、替换等。下面以单链表的插入、删除操作为例进行说明。

链表分为带头结点和不带头结点两种。为了简化程序，下面主要讨论带头结点的单链表。

（1）插入运算

- 算法分析

插入运算是将值为 e 的新结点插入到表的第 i 个位置上，即插入到 a_{i-1} 与 a_i 之间。具体操作如图 2.8 所示。

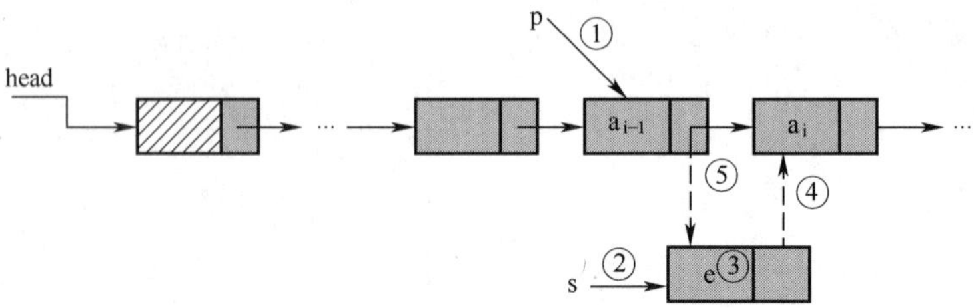

图 2.8　单链表插入操作示意图

具体步骤：

①找到 a_{i-1} 存储位置 p。

②创建一个新结点对象 s。

③将值 e 赋值给新结点 s 的数据域。

④新结点 s 的指针域指向结点 a_i。

⑤修改结点 a_{i-1} 的指针域，使其指向新结点 s。

- 算法实现

```
public class LinkedList {
    ……
    boolean insert ( LinkedList newNode, int i ) {
    //在带头结点链表第 i 个结点处插入新元素 newNode
        LinkedList p = head;
        int k = 0;
        while ( p != null && k < i -1   ) {   //找第 i-1 个结点
            p = p.next;
            k++;
        }
        if ( p = = null) {
            System.out.println ( "无效的插入位置!\n" ); //终止插入
            return false;
        }
        newNode.next= p.next;
        p.next = newNode;
        return true;
    }
}
```

- 时间复杂度

算法的时间主要耗费在查找操作上，故时间复杂度为 O(n)。

（2）删除运算

- 算法分析

删除运算是将表的第 i 个结点删去，具体操作如图 2.9 所示。

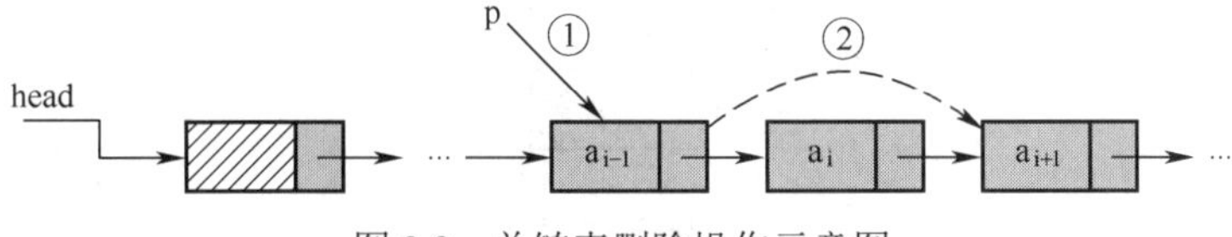

图 2.9　单链表删除操作示意图

具体步骤：

①找到 a_{i-1} 的存储位置 p。

②令 p.next 指向 a_i 的直接后继结点。

- 算法实现

```
public class LinkedList {
    ……
    boolean delete(int i) {
        //在带头结点链表中删除第 i 个结点
        LinkedList p, q;
        p = head;
        int k = 0;
        while (p != null && k < i - 1) {
            p = p.next;
            k++;
        } //找第 i-1 个结点
        if (p = = null|| p.next= = null) {//i 值不合理
            System.out.println("无效的删除位置!\n");
            return false;
        }
        else {      //删除元素
            q = p.next;
            p.next = q.next;
            return true;
        }
    }
}
```

- 时间复杂度

算法的时间主要耗费在查找操作上，故时间复杂度亦为 O(n)。

注意：链表上实现的插入和删除运算，无须移动结点，仅需修改指针。

2.4.2　双向链表

1. 双向链表的存储结构

在单链表中，任何一个结点都可以找到它的后继结点，但是寻找它的前趋结点，就需要从表头开始顺序查找。我们可以用双向链表来克服单链表的这种缺点，在双向链表中，每一个结点除了数据域外，还包含两个指针域，一个指针（next）指向该结点的后继结点，另一个指针（prior）指向它的前驱结点。

双向链表结点结构及一般表示法如图 2.10 所示。

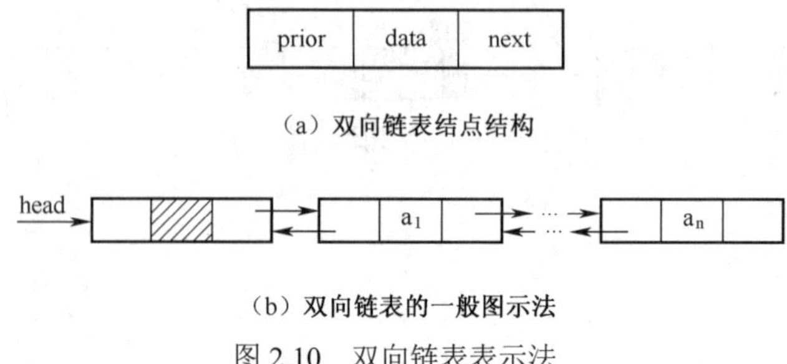

（a）双向链表结点结构

（b）双向链表的一般图示法

图 2.10　双向链表表示法

双向链表的类定义如下：

```
public class DbLinkedList {
    private int data; //数据域，可根据实际情况修改
    private DbLinkedList prior; //指针域，存放当前元素直接前驱元素的地址
    private DbLinkedList next; //指针域，存放当前元素直接后继元素的地址
    private DbLinkedList head; //链表头指针
    public DbLinkedList () { //构造方法
    }
    //成员方法
    public int getData() {
        return data;
    }
    public void setData(int data) {
        this.data = data;
    }
    public DbLinkedList getPrior () {
        return prior;
    }
    public void setPrior (DbLinkedList prior) {
        this. prior = prior;
    }
    public DbLinkedList getNext() {
        return next;
    }
    public void setNext(DbLinkedList next) {
        this.next = next;
    }
}
```

2. 双向链表的基本运算

在双向链表中，有些操作仅需涉及一个方向的指针，如 getNode、locateNode 等，它们和

单链表的操作相同。双向链表和单链表不同的是插入和删除。在单链表中进行插入和删除操作只需要修改后继指针，而双向链表中需同时修改前驱和后继两个方向的指针。图 2.11 显示了插入一个结点 s 后，需要修改四个指针域，分别是新结点 s 的前驱和后继域、p 结点的后继的前驱域、p 结点的后继域。图 2.12 显示了双向链表删除结点的指针修改情况。

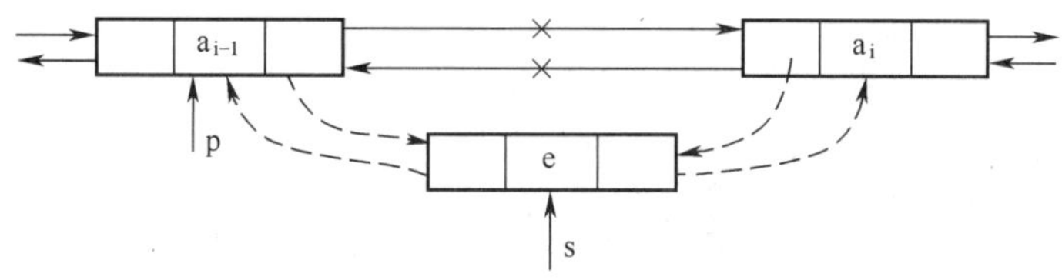

图 2.11　双向链表中插入结点示意图

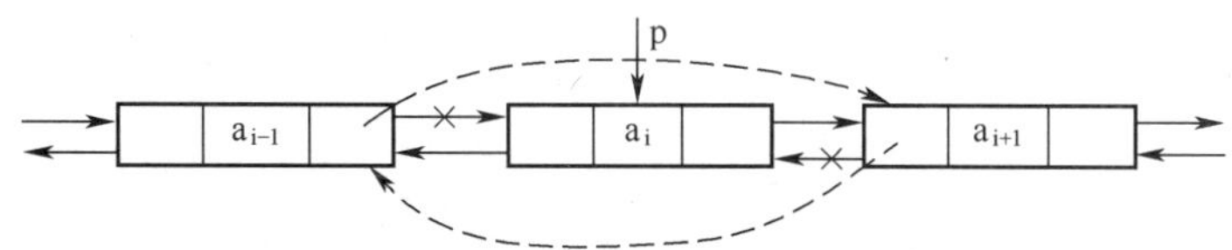

图 2.12　双向链表中删除结点示意图

（1）插入运算算法实现

```
public class DbLinkedList {
    ……
    boolean insert (DbLinkedList newNode, int i ) {
    //在带头结点的双向链表第 i 个结点处插入新元素 newNode
        DbLinkedList p = head;
        int k = 0;
        while ( p != null && k < i -1   ) {   //找第 i-1 个结点
            p = p.next;
            k++;
        }
        if ( p = = null) {
            System.out.println ( "无效的插入位置!\n" ); //终止插入
            return false;
        }
        newNode.next= p.next;
        newNode. prior = p;
        p.next. prior = newNode;
        p.next = newNode;
        return true;
    }
}
```

（2）删除运算算法实现

```
public class DbLinkedList {
    ……
```

```
    boolean delete(int i) {
        //删除带头结点的双向链表 head 上的第 i 个结点
        DbLinkedList p;
        p = head;
        int k =0;
        while (p != null && k < i) {
            p = p.next;
            k++;
        } //找第 i 个结点
        if (p = = null|| p.next= = null) {//i 值不合理
            System.out.println("无效的删除位置!\n");
            return false;
        }
        else {       //删除元素
             p.next.prior = p.prior;
             p.prior.next = p.next;
             return true;
        }
    }
}
```

2.4.3 循环链表

1. 单循环链表

在单链表中，将终端结点的指针域 null 改为指向表头结点或开始结点，使链表头、尾结点相连，就构成了单循环链表，如图 2.13 所示。

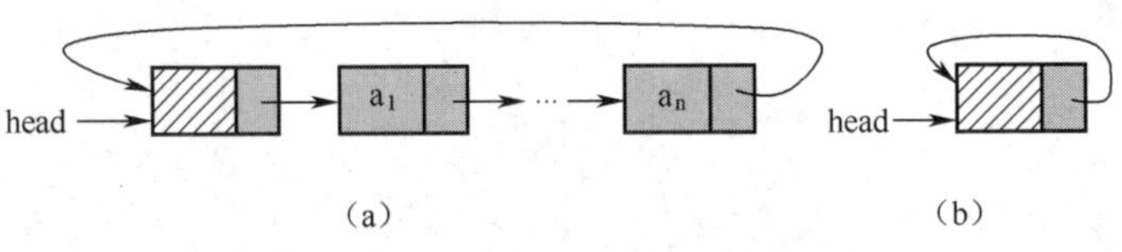

图 2.13 带头结点的单循环链表

注意： 判断空链表的条件是 head==head.next。

在单循环链表上的操作基本上与非循环链表相同，只是将原来判断指针是否为 null 变为判断是否是头指针或尾指针而已，其他没有较大的变化。

对于单链表只能从头结点开始遍历整个链表，而对于单循环链表则可以从表中任意结点开始遍历整个链表。表的操作常常在表的首尾位置上进行，此时可以修改链表的标识方法，不用头指针而是设置一个尾指针 rear，用尾指针表示的单循环链表对开始结点 a_1 和终端结点 a_n 的查找时间都是 O(1)。因此，实际应用中多采用尾指针表示单循环链表。带尾指针的单循环链表如图 2.14 所示。

注意： 判断空链表的条件是 rear==rear.next。

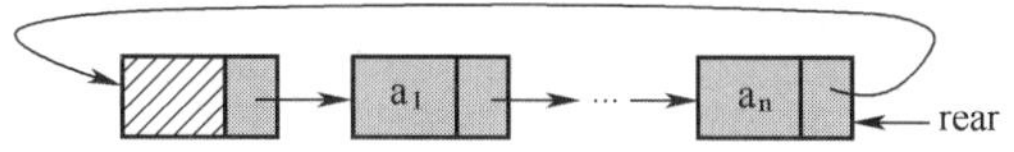

图 2.14　仅设尾指针的单循环链表

【例 2.6】将两个单循环链表 L1（a_1，a_2，…，a_n）和 L2（b_1，b_2，…，b_n）进行合并。

分析：若在单链表或头指针表示的单循环链表上做这种链接操作，都需要遍历第一个链表，找到结点 a_n，然后将结点 b_1 链接到 a_n 的后面，其执行时间是 O(n)。若在尾指针表示的单循环链表上实现，则只需修改指针，无须遍历，其执行时间是 O(1)。链接操作如图 2.15 所示。

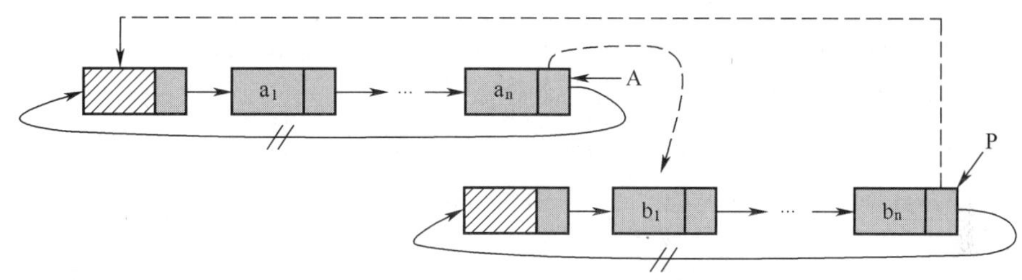

图 2.15　两个单循环链表的链接操作示意图

2. 双循环链表

与单循环链表类似，对双链表也可以利用头、尾结点的前驱、后继指针域链接成头尾相接的形式，称为双循环链表，如图 2.16 所示。双循环链表的定义及插入、删除等操作与一般双链表相同。

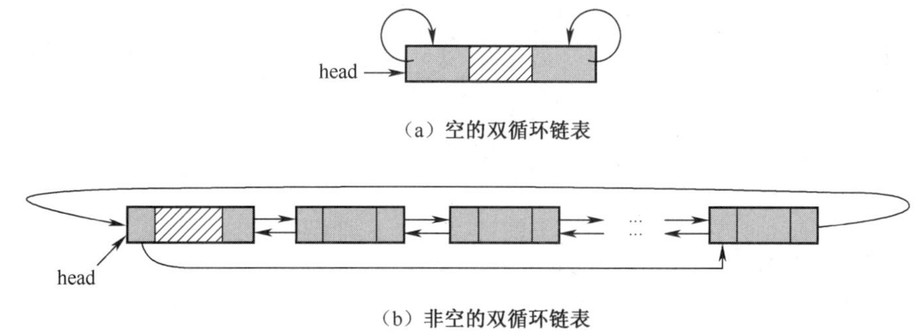

（a）空的双循环链表

（b）非空的双循环链表

图 2.16　双循环链表示意图

2.4.4　链表在 Java 类库中的实现

Java 类库中的 java.util.LinkedList 类实现了链表的功能，链表的基本运算都可以用该类的成员方法实现，具体方法如下：

（1）构造方法

- public LinkedList() //用来创建一个单链表对象。

（2）常用成员方法

- public boolean add(Object obj)//在表尾添加一个元素
- public boolean add(int index,Object obj)//在此列表中指定的位置插入指定的元素
- public boolean addFirst(Object obj)//在表头添加一个元素
- public boolean addLast(Object obj)//在表尾添加一个元素
- public boolean remove(Object obj)//从此列表中删除首次出现的指定元素
- public Object removeFirst()//删除并返回表头元素
- public Object removeLast()//删除并返回表尾元素
- public Object remove (int index)//删除此列表中指定位置处的元素
- public int size()//获取此列表中的元素个数
- public Object get(int index)//获取指定位置的元素
- public Object getFirst()//获取表头元素
- public Object getLast()//获取表尾元素
- public Object set(int index,Object obj)//将此列表中指定位置的元素替换为指定的元素
- public boolean contains(Object obj) //如果列表中包含指定的元素，则返回 true
- public void clear() //删除此列表中的所有元素
- public int indexOf(Object obj) //获取某个元素的位置
- public int lastIndexOf(Object obj) //返回此列表中最后出现的指定元素的索引，如果列表不包含该元素，则返回-1

2.5 应用举例

【学习任务】在学习线性表基础知识的前提下，掌握线性表在顺序存储结构和链式存储结构下的应用实例和程序实现。

2.5.1 使用顺序表实现教师电话管理系统

【问题描述】

编程实现对教师电话信息的管理，要求可以对教师电话信息记录进行添加、删除、查询、浏览等操作，并采用顺序存储结构存储数据。

【算法思想】

- 教师电话信息表是一个线性表，应建立一个顺序表存储教师电话信息，使用数组来实现。
- 数据元素是一条记录，不是整数、实数等基本数据类型，因此，应定义一个类表示数据元素类型。

【算法实现】

```
import java.io.*;
class TeacherTel {    //定义顺序表中的数据元素类型
        // 属性定义
        private String name;
        private int teacherNo;
        private String telphone;
        public TeacherTel() {
        }
        // 构造方法
        public TeacherTel(int teacherNo, String name, String telphone) {
                this.name = name;
                this.teacherNo = teacherNo;
                this.telphone = telphone;
        }
        // 成员方法
        public void setName(String name) {
                this.name = name;
        }
        public void setTeacherNo(int teacherNo) {
                this.teacherNo = teacherNo;
        }
        public void setTelphone(String telphone) {
                this.telphone = telphone;
        }
        public String getName() {
                return name;
        }
        public int getTeacherNo() {
                return teacherNo;
        }
        public String getTelphone() {
                return telphone;
        }
        public String toString() {
                return teacherNo + "," + name + "," + telphone;
        }
}

interface TeacTelOPeration {   // 此接口定义了顺序表的数据操作
        int getCounts(); // 获取记录个数
        void add(TeacherTel node); // 在顺序表的尾部添加一个教师电话记录
        void listAll(); // 遍历顺序表中所有教师电话记录
        void search(int index); // 根据教师编号查询记录
        void search(String name); // 根据教师姓名查询记录
        void delete(int index); // 根据教师编号删除记录
        void delete(String name); // 根据教师姓名删除记录
```

```
}

class ArrTeacTel implements TeacTelOPeration {// 实现接口中的操作
    private TeacherTel[] teacTel;// 顺序表，存放教师电话信息
    private int count = 0;// 记录计数器，当前顺序表中的记录个数
    ArrTeacTel(int initialCapacity) {// 创建指定容量的顺序表
        teacTel = new TeacherTel[initialCapacity];
    }
    public int getCounts() {// 获取教师电话记录个数
        return count;
    }
    public void add(TeacherTel node) {// 在顺序表添加一个教师电话信息记录，并且在添加时按教师编号从小到大的顺序插入结点
        if (count == 0) {
            int i = count;
            teacTel[i] = node;
            count++;
        } else {
            int flag = 0;
            for (int i = 0; i < count; i++) {
                if (node.getTeacherNo() < teacTel[i].getTeacherNo()) {
                    for (int j = count - 1; j >= i; j--)
                        teacTel[j + 1] = teacTel[j];
                    teacTel[i] = node;
                    count++;
                    flag = 1;
                    break;
                }
            }
            if (flag == 0) {
                teacTel[count] = node;
                count++;
            }
        }
        if (count == teacTel.length)
            System.out.println("存储空间已满");
    }
    public void listAll() {// 遍历顺序表中所有教师电话记录
        if (count == 0)
            System.out.println("没有记录！");
        for (int i = 0; i < count; i++) {
            System.out.print(teacTel[i].toString());
            System.out.println();
        }
    }
    public void search(int teacherNo) { // 根据教师编号查询记录
        int flag = 0;
        for (int i = 0; i < count; i++) {
```

模块 2

```
            if (teacTel[i].getTeacherNo() == teacherNo) {
                System.out.println("您查找信息是：" + teacTel[i].toString());
                flag = 1;
                break;
            }
        }
        if (flag == 0)
            System.out.println("输入的编号无效!");
    }
    public void search(String name) { // 根据教师姓名查询记录
        int flag = 0;
        for (int i = 0; i < count; i++) {
            if (teacTel[i].getName().equals(name)) {
                System.out.println("您要查找的信息为：" + teacTel[i].toString());
                flag = 1;
                break;
            }
        }
        if (flag == 0)
            System.out.println("查无此人");
    }
    public void delete(int teacherNo) { // 根据教师编号删除记录
        int flag = 0;
        for (int i = 0; i < count; i++) {
            if (teacTel[i].getTeacherNo() == teacherNo) {
                for (int j = i; j < count - 1; j++)
                    teacTel[j] = teacTel[j + 1];
                flag = -1;
                count--;
                System.out.println("删除成功！");
                break;
            }
        }
        if (flag == 0)
            System.out.println("查无此人");
    }

    public void delete(String name) { // 根据教师姓名删除记录
        int flag = 0;
        for (int i = 0; i < count; i++) {
            if (teacTel[i].getName().equals(name)) {
                for (int j = i; j < count - 1; j++)
                    teacTel[j] = teacTel[j + 1];
                flag = -1;
                count--;
                System.out.println("删除成功！");
                break;
            }
```

```
			}
			if (flag == 0)
				System.out.println("查无此人！");
		}
}

class ArrTeacherTelUser {    // 完成教师电话信息的管理
	public static void main(String args[]) throws IOException {
		ArrTeacTel teacTel = new ArrTeacTel(20); // 根据实际情况初始化数组的大小
		BufferedReader br = new BufferedReader(new InputStreamReader(System.in));
		while (true) {
			System.out.print("********教师电话管理系统**********\n");
			System.out.print("1  增加记录\n");
			System.out.print("2  显示所有信息\n");
			System.out.print("3  根据教师编号查找记录\n");
			System.out.print("4  获取教师电话信息记录个数\n");
			System.out.print("5  根据编号删除记录\n");
			System.out.print("6  根据教师姓名查找记录\n");
			System.out.print("7  根据教师姓名删除记录\n");
			System.out.print("0  退出\n\n");
			System.out.print("请输入你的选择：");
			int choice = Integer.parseInt(br.readLine());
			switch (choice) {
			case 0:
				System.exit(0);
			case 1:
				System.out.print("\n 请输入教师编号：");
				int TeacNum = Integer.parseInt(br.readLine());
				System.out.print("请输入姓名：");
				String TeacName = br.readLine();
				System.out.print("请输入电话号码：");
				String TeacTelphone = br.readLine();
				TeacherTel Teacnode = new TeacherTel(TeacNum, TeacName,
						TeacTelphone);
				teacTel.add(Teacnode);
				System.out.println();
				break;
			case 2:
				teacTel.listAll();
				System.out.println();
				break;
			case 3:
				System.out.print("\n 请输入教师编号:");
				int teacherNo = Integer.parseInt(br.readLine());
				teacTel.search(teacherNo);
				System.out.println();
				break;
```

模块 2

```
                case 4:
                    System.out.println("教师电话记录个数为：" + teacTel.getCounts());
                    break;
                case 5:
                    System.out.println("请输入要删除记录的教师编号");
                    int teacherId = Integer.parseInt(br.readLine());
                    teacTel.delete(teacherId);
                    System.out.println();
                    break;
                case 6:
                    System.out.println("请输入要查询记录的教师姓名");
                    String name1 = br.readLine();
                    teacTel.search(name1);
                    System.out.println();
                    break;
                case 7:
                    System.out.println("请输入要删除的教师姓名");
                    String name = br.readLine();
                    teacTel.delete(name);
                    System.out.println();
                    break;
                }
            }
        }
    }
```

2.5.2 使用链表实现教师电话管理系统

【问题描述】

编程实现对教师电话信息的管理，要求可以对教师电话信息记录进行添加、删除、查询、浏览等操作，并采用链式存储结构存储数据。

【算法思想】

- 教师电话信息表是一个线性表，如果采用链式存储结构存储数据，就要建立一个链表，链表中的结点是教师电话信息记录。
- 数据元素是一条记录，不是整数、实数等基本数据类型，因此，应定义一个类表示数据元素类型。

【算法实现】

```
import java.io.*;
class TeacherTel { // 定义链表中的数据元素类型
    // 属性定义
    private String name;
    private int teacherNo;
    private String telphone;
    private TeacherTel next;
    public TeacherTel() {
```

```
    }
    // 构造方法
    public TeacherTel(int teacherNo, String name, String telphone) {
        this.name = name;
        this.teacherNo = teacherNo;
        this.telphone = telphone;
    }
    // 成员方法
    public void setName(String name) {
        this.name = name;
    }
    public void setTeacherNo(int teacherNo) {
        this.teacherNo = teacherNo;
    }
    public void setTelphone(String telphone) {
        this.telphone = telphone;
    }
    public void setNext(TeacherTel node) {
        this.next = node;
    }
    public String getName() {
        return name;
    }
    public int getTeacherNo() {
        return teacherNo;
    }
    public String getTelphone() {
        return telphone;
    }
    public TeacherTel getNext() {
        return next;
    }
    public String toString() {
        return teacherNo + "," + name + "," + telphone;
    }
}

interface TeacTelOPeration { // 此接口定义了链表的数据操作
    int getCounts(); // 获取记录个数
    void add(TeacherTel node); // 在链表添加一个教师电话信息记录，并且在添加时按教师编号从小到大的
                               // 顺序插入结点
    void listAll(); // 遍历链表中所有教师电话记录
    void search(int index); // 根据教师编号查询记录
    void search(String name); // 根据教师姓名查询记录
    void delete(int index); // 根据教师编号删除记录
    void delete(String name); // 根据教师姓名删除记录
}
class LinkTeacTel implements TeacTelOPeration {// 实现接口中的操作
```

```
    private TeacherTel head;   // 链表的头
    private int count;   // 记录数计数器
    // 构造方法，创建一个空链表
    LinkTeacTel() {
        head = null;
        count = 0;
    }
    public int getCounts() {// 获取教师电话记录个数
        return count;
    }
    public void add(TeacherTel node) {
        // 在链表添加一个教师电话信息记录，并且在添加时按教师编号从小到大的顺序插入结点
        TeacherTel prior = head, current = head;
        if (head == null)// 空表
            head = node;
        else {// 非空表
            // 寻找插入位置
            while (current != null) {
                if (node.getTeacherNo() < current.getTeacherNo())   // 查找 node 的插入位置，将 node 插入
                                                                    // 到 current 前
                    break;
                prior = current;
                current = current.getNext();
            }
            // 插入结点 node
            if (current == head) {// 在表头结点前插入 node
                node.setNext(head);
                head = node;
            } else {// 在表中和表尾某处插入 node
                prior.setNext(node);
                node.setNext(current);
            }
        }
        count++;
    }
    public void listAll() {
        // 遍历链表中所有教师电话记录
        TeacherTel current = head;
        while (current != null) {
            System.out.println(current);
            current = current.getNext();
        }
        System.out.println("共有记录" + count + "条");
    }
    public void search(int teacherNo) {
        // 根据教师编号查询记录
        int flag = 0;
        TeacherTel current = head;
```

```
        while (current != null) {
            if (current.getTeacherNo() == teacherNo) {
                System.out.println("您要查找的信息为：" + current);
                flag = 1;
                break;
            }
            current = current.getNext();
        }
        if (flag == 0)
            System.out.println("输入的编号无效!");
    }
    public void search(String name) {
        //根据教师姓名查询记录
        TeacherTel current = head;
        int flag = 0;
        while (current != null) {
            if (current.getName().equals(name)) {
                System.out.println("您要查找的信息为：" + current);
                flag = 1;
            }
            current = current.getNext();
        }
        if (flag == -1)
            System.out.println("查无此人");
    }

    public void delete(int teacherNo) {
        //根据教师编号删除记录
        TeacherTel pre = null;
        TeacherTel current = head;
        pre = current;
        int flag = 0;
        while (current != null) {
            if (current.getTeacherNo() == teacherNo) {
                flag = 1;
                if (current == head)
                    head = current.getNext();
                else
                    pre.setNext(current.getNext());
            }
            pre = current;
            current = current.getNext();
        }
        if (flag == 0)
            System.out.println("查无此人！");
        else {
            System.out.println("删除成功！");
            count--;
```

```
        }
    }
    public void delete(String name) {
        //根据教师姓名删除记录
        TeacherTel pre = null;
        TeacherTel current = head;
        pre = current;
        int flag = 0;
        while (current != null) {
            if (current.getName().equals(name)) {
                flag = 1;
                if (current = = head)
                    head = current.getNext();
                else
                    pre.setNext(current.getNext());
            }
            pre = current;
            current = current.getNext();
        }
        if (flag == 0)
            System.out.println("查无此人！ ");
        else {
            System.out.println("删除成功！ ");
            count--;
        }
    }
}
class LinkTeacTelUser {
    public static void main(String args[]) throws IOException {
        LinkTeacTel linkTeacTel = new LinkTeacTel();
        BufferedReader br = new BufferedReader(new InputStreamReader(System.in));
        while (true) {
            System.out.print("********教师电话管理系统**********\n");
            System.out.print("1  增加记录\n");
            System.out.print("2  显示所有信息\n");
            System.out.print("3  根据教师编号查找记录\n");
            System.out.print("4  获取教师电话信息记录个数\n");
            System.out.print("5  根据编号删除记录\n");
            System.out.print("6  根据教师姓名查找记录\n");
            System.out.print("7  根据教师姓名删除记录\n");
            System.out.print("0  退出\n\n");
            System.out.print("请输入你的选择：");
            int choice = Integer.parseInt(br.readLine());
            switch (choice) {
            case 0:
                System.exit(0);
            case 1:
                System.out.print("\n 请输入教师编号：");
```

```
                int TeacNum = Integer.parseInt(br.readLine());
                System.out.print("请输入姓名： ");
                String TeacName = br.readLine();
                System.out.print("请输入电话号码： ");
                String TeacTelphone = br.readLine();
                TeacherTel Teacnode = new TeacherTel(TeacNum, TeacName,
                        TeacTelphone);
                linkTeacTel.add(Teacnode);
                System.out.println();
                break;
            case 2:
                linkTeacTel.listAll();
                System.out.println();
                break;
            case 3:
                System.out.print("\n 请输入教师编号:");
                int teacherNo = Integer.parseInt(br.readLine());
                linkTeacTel.search(teacherNo);
                System.out.println();
                break;
            case 4:
                System.out.println("教师电话记录个数为： " + linkTeacTel.getCounts());
                break;
            case 5:
                System.out.println("请输入要删除记录的教师编号");
                int teacherId = Integer.parseInt(br.readLine());
                linkTeacTel.delete(teacherId);
                System.out.println();
                break;
            case 6:
                System.out.println("请输入要查询记录的教师姓名");
                String name1 = br.readLine();
                linkTeacTel.search(name1);
                System.out.println();
                break;
            case 7:
                System.out.println("请输入要删除的教师姓名");
                String name = br.readLine();
                linkTeacTel.delete(name);
                System.out.println();
                break;
            }
        }
    }
}
```

2.6 小结

本模块介绍了线性表的逻辑结构及它的两种存储结构：顺序表和链表。通过对它们的讨论可知顺序存储有三个优点：

（1）方法简单，各种高级语言中都有数组，容易实现。

（2）不用为表示结点间的逻辑关系而增加额外的存储开销。

（3）顺序表具有按元素序号随机访问的特点。

但它也有两个缺点：

（1）在顺序表中做插入、删除操作时，平均移动大约表中一半的元素，因此 n 较大的顺序表效率低。

（2）需要预先分配足够大的存储空间，估计过大，可能会导致顺序表后部大量闲置；分配过小，又会造成溢出。

链表的优缺点恰好与顺序表相反。那么在实际中怎样选取存储结构呢？通常考虑以下几点：

1. 基于存储的考虑

顺序表的存储空间是静态分配的，在程序执行之前必须明确规定它的存储规模，也就是说事先对“MaxSize”要有合适的设定，过大造成浪费，过小造成溢出。可见对线性表的长度或存储规模难以估计时，不宜采用顺序表；链表不用事先估计存储规模，但链表的存储密度较低，存储密度是指一个结点中数据元素所占的存储单元和整个结点所占的存储单元之比。显然链表存储结构的存储密度是小于 1 的。

2. 基于运算的考虑

在顺序表中按序号访问 a_i 的时间性能为 O(1)，而链表中按序号访问的时间性能为 O(n)，所以如果经常做的运算是按序号访问数据元素，显然顺序表优于链表。而在顺序表中做插入、删除时平均要移动表中一半的元素，当数据元素的信息量较大且表较长时，这一点是不应忽视的。在链表中做插入、删除，虽然也要找插入位置，但主要是比较操作，从这个角度考虑显然后者优于前者。

3. 基于环境的考虑

顺序表容易实现，任何高级语言都有数组类型，而链表的操作是基于指针的，相对来讲前者简单些，这也是用户要考虑的一个因素。

总之，两种存储结构各有长短，选择哪一种由实际问题中的主要因素决定。通常“较稳定”的线性表选择顺序存储，而频繁做插入、删除等“动态性”较强的线性表宜选择链式存储。

2.7 知识巩固

2.7.1 理论知识

一、判断题

1．线性表的逻辑顺序与物理顺序总是一致的。（ ）

2．线性表的顺序存储表示优于链式存储表示。（ ）

3．线性表采用链式存储表示时所有结点之间的存储单元地址可连续也可不连续。（ ）

4．线性表中的每个结点最多只有一个前驱和一个后继。（ ）

5．单链表从任何一个结点出发，都能访问到所有结点。（ ）

6．线性表的顺序存储结构通过数据元素的存储地址直接反映数据元素的逻辑关系。（ ）

7．用一组地址连续的存储单元存放的元素一定构成线性表。（ ）

8．非空线性表中任意一个数据元素都有且仅有一个直接后继元素。（ ）

9．若频繁地对线性表进行插入和删除操作，该线性表采用顺序存储结构更合适。（ ）

10．若线性表采用顺序存储结构，每个数据元素占用 4 个存储单元，第 12 个数据元素的存储地址为 144，则第 1 个数据元素的存储地址是 101。（ ）

11．若长度为 n 的线性表采用顺序存储结构，删除表的第 i 个元素之前需要移动表中 n-i+1 个元素。（ ）

12．符号 p.next 出现在表达式中表示 p 所指的那个结点的内容。（ ）

13．要将指针 p 移到它所指的结点的下一个结点执行语句 p=p.next。（ ）

14．线性链表中各个结点之间的地址不一定要连续。（ ）

15．线性表只能采用顺序存储结构或者链式存储结构。（ ）

16．线性表的链式存储结构是通过指针来间接反映数据元素之间的逻辑关系的。（ ）

17．已知指针 p 指向链表 L 中的某结点，执行语句 p=p.next 不会删除该链表中的结点。（ ）

18．在非空线性单链表中在由 p 所指的结点后面插入一个由 q 所指的结点的过程是依次执行语句：q.next=p.next;p.next=q。（ ）

19．非空双向循环链表中在由 q 所指的结点后面插入一个由 p 所指的结点的动作依次为：p.prior=q, p.next=q.next,q.next=p,q.prior.next=p。（ ）

20．顺序表结构适用于进行顺序存取，而链表适用于进行随机存取。（ ）

二、填空题

1．若频繁地对线性表进行插入与删除操作，该线性表应采用________存储结构。

2．在非空线性表中除第一个元素外，集合中每个数据元素只有一个________；除最后一个元素之外，集合中每个数据元素均只有一个________。

3．________链表从任何一个结点出发，都能访问到所有结点。

4．链式存储结构中的结点包含________域和________域。

5．在双向链表中，每个结点含有两个指针域，一个指向________结点，另一个指向________结点。

6．某带头结点的单链表的头指针为 head，判定该单链表非空的条件________。

7．已知指针 p 指向单链表中某个结点，则语句 p.next=p.next.next 的作用是________。

8．顺序表中逻辑上相邻元素的物理位置________相邻。单链表中逻辑上相邻元素的物理位置________相邻。

9．若要在单链表结点 p 后插入一结点 s，执行的语句是________。

10．在一个长度为 n 的向量的第 i 个元素（1≤i≤n+1）之前插入一个元素时，需向后移动________个元素。

三、选择题

1．在双向链表存储结构中，删除 P 所指的结点时需修改指针（　　）。

A．P.next.prior=P.prior; P.prior.next=P.next;

B．P.next=P. next. next; P. next. prior=P;

C．P.prior.next=P; P.prior=P.prior.prior;

D．P. prior=P.next.next; P.next=P.prior.prior;

2．循环链表的主要优点是（　　）。

A．不再需要头指针

B．已知某结点位置后能容易找到其直接前趋

C．在进行插入、删除运算时能保证链表不断开

D．从表中任意结点出发都能扫描整个链表

3．在具有 n 个结点的有序单链表中插入一个新结点并使链表仍然有序的时间复杂度是（　　）。

A．O(1)　　B．O(n)

C．O(nlogn)　　D．$O(n^2)$

4．在一个单链表 HL 中，若要删除由指针 q 所指向结点的后继结点，则执行（　　）。

A．p=q.next; p.next=q.next;　　B．p=q.next; q.next=p.next;

C．p=q.next; q.next=p;　　D．q.next=q.next.next; q.next=q;

5．在 n 个结点的顺序表中，算法的时间复杂度是 O(1)的操作是（　　）。

A．访问第 i 个结点（1≤i≤n）和求第 i 个结点的直接前驱（2≤i≤n）

B．在第 i 个结点后插入一个新结点（1≤i≤n）

C．删除第 i 个结点（1≤i≤n）

D．将 n 个结点从小到大排序

6．将长度为 n 的单链表链接在长度为 m 的单链表之后的算法的时间复杂度为（　　）。

A．O(1)　　B．O(n)　　C．O(m)　　D．O(m+n)

7．设单链表中结点的结构为(data, link)。已知指针 q 所指结点是指针 p 所指结点的直接前驱，若在 q 与 p 之间插入结点 s，则应执行下列哪一个操作（　　）。

A．s.link=p.link; p.link=s;　　B．p.link=s; s.link=q;

C．p.link=s.link; s.link=p;　　D．q.link=s; s.link=p;

8．线性链表不具有的特点是（　　）。

A．随机访问　　B．不必事先估计所需存储空间大小

C．插入与删除时不必移动元素　　D．所需空间与线性表长度成正比

9．向一个有 127 个元素的顺序表中插入一个新元素并保持原来顺序不变，平均要移动（　　）个元素。

A．8　　B．63.5　　C．63　　D．7

10．在一个单链表 HL 中，若要向表头插入一个由指针 p 指向的结点，则执行（　　）。

A．HL=p; p.next=HL;　　B．p.next=HL; p=HL;

C．p.next=HL; HL=p;　　D．p.next=HL.next; HL.next=p;

2.7.2　真题在线

一、选择题

1．与单向链表相比，双向链表（　　）。（2007 年下半年程序员试题）

A．需要较小的存储空间

B．遍历元素需要的时间较短

C．较易于访问相邻结点

D．较易于插入和删除元素

2．线性表采用顺序存储结构，若表长为 m，且在任何一个合法插入位置上进行插入操作的概率相同，则插入一个元素平均移动（　　）个元素。（2008 年下半年程序员试题）

A．$\frac{m}{2}+1$　　B．$\frac{m}{2}$　　C．m-1　　D．m

3．对具有 n 个元素的顺序表（采用顺序存储的线性表）进行（　　）操作，其耗时与 n 的大小无关。（2009 年下半年程序员试题）

A．在第 i（1≤i≤n）个元素后插入一个新元素

B．删除第 i（1≤i≤n）个元素

C．对顺序表中的元素进行排序

D．访问第 i（1≤i≤n）个元素的前驱和后继

4．若在单向链表上，除访问链表中所有结点外，还需在表尾频繁插入结点，那么采用（　　）最节省时间。（2010 年上半年程序员试题）

A．仅设尾指针的单向列表　　　　B．仅设头指针的单向列表

C．仅设尾指针的单向循环列表　　D．仅设头指针的单向循环列表

5．下列叙述中正确的是（　　）。（全国计算机等级考试二级 2011-3）

A．有一个以上根结点的数据结构不一定是非线性结构

B．只有一个根结点的数据结构不一定是线性结构

C．循环链表是非线性结构

D．双向链表是非线性结构

6．下列关于线性链表的叙述中，正确的是（　　）。（全国计算机等级考试二级 2011-9）

A．各数据结点的存储空间可以不连续，但它们的存储顺序与逻辑顺序必须一致

B．各数据结点的存储顺序与逻辑顺序可以不一致，但它们的存储空间必须连续

C．进行插入与删除时，不需要移动表中的元素

D．以上三种说法都不对

7．下列叙述中正确的是（　　）。（全国计算机等级考试二级 2010-9）

A．线性表的链式存储结构与顺序存储结构所需要的存储空间是相同的

B．线性表的链式存储结构所需要的存储空间一般要多于顺序存储结构

C．线性表的链式存储结构所需要的存储空间一般要少于顺序存储结构

D．上述三种说法都不对

8．下列叙述中正确的是（　　）。（全国计算机等级考试二级 2008-9）

A．顺序存储结构的存储一定是连续的，链式存储结构的存储空间不一定是连续的

B．顺序存储结构只针对线性结构，链式存储结构只针对非线性结构

C．顺序存储结构能存储有序表，链式存储结构不能存储有序表

D．链式存储结构比顺序存储结构节省存储空间

二、填空题

1．在长度为 n 的顺序存储的线性表中插入一个元素，最坏情况下需要移动表中________个元素。（全国计算机等级考试二级 2011-9）

2．在长度为 n 的线性表中，寻找最大项至少需要比较________次。（全国计算机等级考试二级 2010-9）

2.7.3 实训任务

【实训任务 1】顺序表的链接。

【问题描述】

有两个顺序表 A 和 B，其元素均按从小到大的升序排列，编写一个算法将它们合并成一个顺序表 C，要求 C 的元素也是按从小到大的升序排列。

【实训任务 2】字符串的逆转算法。

【问题描述】

假设有如下字符串“SMILE”，利用单链表存储该字符串，并实现将其逆转，即原字符串变为“ELIMS”。

3 栈和队列

主要内容

- 栈和队列的概念及其结构特点。
- 栈和队列的基本运算。
- 栈和队列的两种主要存储结构及其基本运算算法实现。
- 栈和队列的应用。
- Java 类库中栈和队列的相关类。

学习目标

重点：

- 栈和队列的特点。
- 栈和队列的进出运算。
- 循环队列的特点及基本运算。

难点：

- 栈和队列的相关运算。
- 使用栈和队列解决实际应用问题。

栈和队列是两种特殊并且非常重要的线性表，在算法设计中应用非常广泛。它们的逻辑结构和线性表相同，只是其插入、删除运算的位置较线性表有更多的限制。

栈的主要操作特点：元素的插入和删除操作只能在栈顶进行。

队列的主要操作特点：元素的插入操作在队尾进行，删除操作在队头进行。

3.1 实例引入

【学习任务】通过生活实例初步了解栈和队列的特征，从感性上认识栈和队列及其简单操作。

【实例 1】栈的实例

栈是用来保存一些尚未处理而又等待处理的数据项，这些数据项的使用顺序与保存数据相反。

栈在日常生活中几乎随处可见，如枪支上的子弹匣，后压入的子弹总是先射出；餐馆中餐盘的堆叠和使用；浏览器中后退功能的实现；各种应用软件中撤销操作的实现等。在程序设计中，经常需要栈这样的数据结构，例如，在 for 循环嵌套执行过程中，开始执行时，外层循环先开始，内层循环后开始，在结束时，内层循环先结束，外层循环后结束，这就形成了一个栈。函数和过程调用也都是栈的具体应用。

【实例 2】队列实例

队列在现实生活中无处不在，例如，去火车站、银行、医院等服务行业办理业务都存在排队问题；在生产管理中，也存在生产任务的排队计划和管理问题。队列在计算机系统中的应用也非常广泛，例如，操作系统中的作业排队，在允许多道程序运行的计算机系统中，同时有几个作业运行，如果运行的结果都需要通过通道输出，那就要按请求输出的先后次序排队，每当通道传输完毕可以接受新的输出任务时，排在前面的作业先从队列中退出完成输出操作，凡是申请输出的作业都是从队尾进入队列。

3.2 栈

3.2.1 栈的概念及基本运算

【学习任务】理解栈的定义，熟练掌握栈的相关概念及基本运算。

1. 基本概念

栈（stack）是限制在表的一端进行插入和删除的线性表。

- 允许插入、删除的一端称为**栈顶（top）**。
- 无法进行数据操作的固定端称为**栈底（bottom）**。
- 当表中没有元素时称为**空栈**。
- **栈上溢（full）**是指在栈内空间已存满数据时，如果仍希望能做进栈操作，就会产生“上溢出”，这是一种空间不足的出错状态。
- **栈下溢（empty）**是指在栈内空间已无数据时，如果仍希望能做出栈操作，就会产生“下溢出”，这是一种数据不足的出错状态。

2. 栈的特点

由于栈的插入和删除操作都是在栈顶进行，所以先进栈的元素后出栈，后进栈的元素先出栈，基于这个特点，栈又称为后进先出（Last In First Out）的线性表，简称为 LIFO 表。如图 3.1 所示，元素是以 a_1，a_2，…，a_n 的顺序进栈，出栈的次序却是 a_n，…，a_2，a_1。

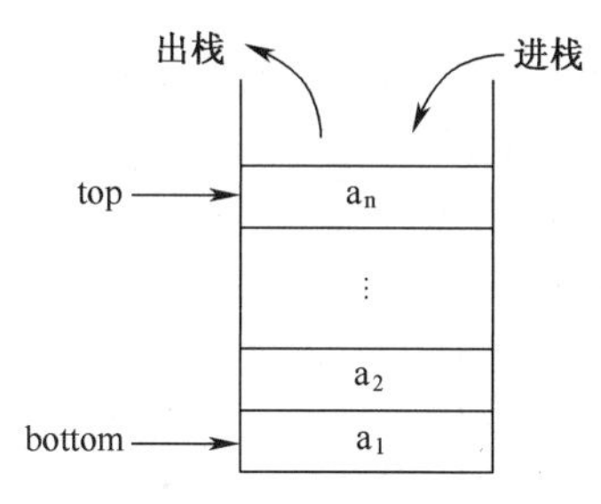

图 3.1 栈操作示意图

注意：栈用于临时保存数据，其初始状态和终止状态都应该为空。

3. 进栈、出栈的变化形式

思考：最先进栈的元素就只能最后出栈吗？

答案是不一定。栈对线性表的插入和删除的位置进行了限制，并没有对元素进出的时间进行限制。也就是说，在不是所有元素都进栈的情况下，事先进去的元素也可以先出栈，只要保证是栈顶元素出栈即可。

例如：现有 a_1，a_2，a_3 三个元素依次进栈，会有哪些出栈次序呢？

第一种：a_1，a_2，a_3 进，a_3，a_2，a_1 出，出栈序列为 a_3，a_2，a_1。

第二种：a_1 进，a_1 出，a_2 进，a_2 出，a_3 进，a_3 出，出栈序列为 a_1，a_2，a_3。

第三种：a_1，a_2 进，a_2，a_1 出，a_3 进，a_3 出，出栈序列为 a_2，a_1，a_3。

第四种：a_1 进，a_1 出，a_2，a_3 进，a_3，a_2 出，出栈序列为 a_1，a_3，a_2。

第五种：a_1，a_2 进，a_2 出，a_3 进，a_3 出，a_1 出，出栈序列为 a_2，a_3，a_1。

4. 栈的基本运算

（1）initStack(S)初始化。构造一个空栈 S。

（2）stackEmpty(S)判栈空。若 S 为空栈，则返回 true，否则返回 false。

（3）stackFull(S)判栈满。若 S 为满栈，则返回 true，否则返回 false。

注意：该运算只适用于栈的顺序存储结构。

（4）push(S,e)进栈。若栈 S 不满，则将元素 e 插入 S 的栈顶。

（5）pop(S)出栈。若栈 S 非空，则将 S 的栈顶元素删去。

3.2.2 栈的顺序存储结构及其算法实现

【学习任务】理解栈在顺序存储结构下的特点，掌握顺序栈的表示、相关算法及程序实现。

由于栈是运算受限的线性表，因此线性表的存储结构对栈也是适用的，只是操作不同而已。类似于线性表，栈的存储结构也有两种：顺序栈和链栈。

1．顺序栈的基本概念

顺序栈即栈的顺序存储结构，是利用一组地址连续的存储单元依次存放自栈底到栈顶的数据元素。

通常用一维数组 stack[0..stackSize-1]来实现栈的顺序存储，大小 stackSize 预先定义。stack[0]表示栈底，设一个整型指针 top 指向栈顶元素，top=-1 时为空栈；每进栈一个元素，指针 top 加 1；每出栈一个元素，指针 top 减 1；top=stackSize-1 时表示栈满。图 3.2 表示了顺序栈中数据元素和栈顶指针之间的对应关系。

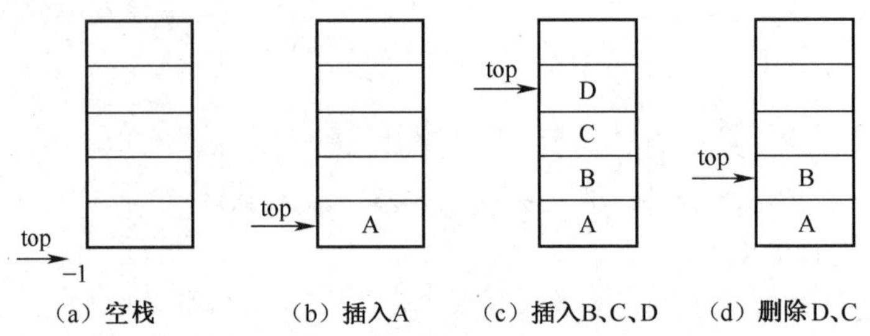

图 3.2　栈顶指针 top 与栈中数据元素的关系

注意：

①当栈满时，再做进栈运算产生空间上溢。

②当栈空时，再做出栈运算产生空间下溢。

③top=-1 表示栈空。

2．顺序栈的类定义

```
public class ArrStack { //定义顺序栈
    private int[] stack;
    private int top;
    public ArrStack(int size) { //构造方法
        stack = new int[size];
        top = -1;
    }
    //成员方法
    public final int[] getStack() {
        return stack;
    }
    public final void setStack(int[] stack) {
        this.stack = stack;
    }
    public final int getTop() {
        return top;
    }
```

```
        public final void setTop(int top) {
                this.top = top;
        }
}
```

说明：该类定义的是整型数组，在实际应用中，可根据具体情况而定。

3. 顺序栈的基本运算

（1）初始化

```
public void initStack() {
        // 将顺序栈置空
        top = -1;
}
```

（2）判栈空

```
public boolean stackEmpty() {
        //判断一个栈是否为空，若空，返回 true，否则返回 false
        return (top == -1);
}
```

（3）判栈满

```
public boolean stackFull() {
        // 判断一个栈是否已满，若满，返回 true，否则返回 false
        if (top == stack.length-1)
                return true;
        else
                return false;
}
```

（4）进栈

```
public void push(int e) {
        //入栈操作
        if (stackFull()) { //判栈满
                System.out.println("栈满");//返回出错信息，退出运行
                return;
        }
        stack[++top] = e; //栈顶指针加 1 后将 e 入栈
}
```

（5）出栈

```
public void pop(){
        //出栈操作
        if (stackEmpty())   //判栈空
                System.out.println("空栈");//返回出错信息，退出运行
        else
                int stackTop=stack[top--]; //栈顶元素放到变量 stackTop，栈顶指针减 1
}
```

以上运算都没有涉及任何循环语句，因此，时间复杂度均是 O(1)。

4. 共享同一数组空间的双栈结构

当程序中同时使用两个栈时，可以将两个栈的栈底设在数组空间的两端，两个栈顶指针

分别向中间延伸，如图 3.3 所示。当一个栈里的元素较多，超过数组空间的一半时，只要另一个栈的元素不多，那么前者就可以占用后者的部分存储空间。

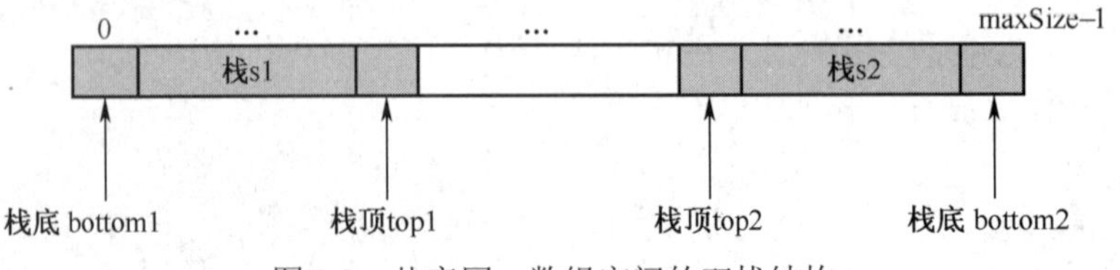

图 3.3　共享同一数组空间的双栈结构

这样，左右两个栈可以相互调节空间，逻辑上可以使用整个数组空间，只有当整个数组空间被两个栈占满（即两个栈顶相遇）时，才会发生上溢。因此，两个栈共享一个长度为 m 的向量空间和两个栈分别占用两个长度为$\lfloor m/2 \rfloor$和$\lceil m/2 \rceil$的数组空间比较，前者发生上溢的概率比后者要小得多。

3.2.3　栈的链式存储结构及其算法实现

【学习任务】理解栈在链式存储结构下的特点，掌握链栈的表示、相关算法及程序实现。

1. 链栈的基本概念

链栈即栈的链式存储结构。通常用不带头结点的单链表表示一个栈，设置一个栈顶指针 top，进栈和出栈都在 top 端进行，如图 3.4 所示。栈顶指针就是链表的头指针。链栈是动态存储结构，元素个数动态变化，预先不需要指定。

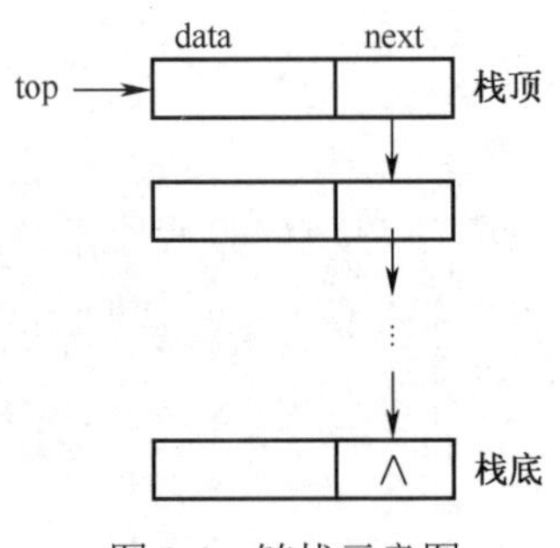

图 3.4　链栈示意图

2. 链栈的类定义

```
public class LinkedStack {
    private int data; //数据域，可根据实际情况修改
    private LinkedStack next; //指针域，存放当前元素直接后继元素的地址
    private LinkedStack top; //栈顶指针
    private int count; //进栈元素计数器
    public LinkedStack() { //构造方法，创建一个空栈
        top = null;
    }
```

```
    //成员方法
    public int getData() {
        return data;
    }
    public void setData(int data) {
        this.data = data;
    }
    public LinkedStack getNext() {
        return next;
    }
    public void setNext(LinkedStack next) {
        this.next = next;
    }
}
```

说明：该类定义的数据域是整数，在实际应用中，可根据具体情况而定。

3. 链栈的基本运算

（1）初始化

```
public void initStack() {
    // 将链栈置空
    top = null;
}
```

（2）判栈空

```
public boolean stackEmpty() {
    //判断一个栈是否为空，若空，返回 true，否则返回 false
    return (top == null);
}
```

（3）进栈

```
public void push(LinkedStack newNode) {
    // 入栈操作
    newNode.setNext(top);
    top = newNode;
    count++;
}
```

（4）出栈

```
public void pop() {
    //出栈操作
    LinkedStack q;
    if (stackEmpty())//判栈空
        System.out.println("栈空");//返回出错信息，退出运行
    else{
        q = top;
        top = top.next;
        count--;
    }
}
```

注意：链栈中的结点是动态分配的，所以可以不考虑上溢，无须定义 stackFull 运算。

以上运算都没有涉及任何循环语句，因此，时间复杂度均是 O(1)。

3.2.4 栈在 Java 类库中的实现

Java 类库中的 java.util.Stack 类实现了栈的功能，其直接父类是 Vector 类，其常用的构造方法和成员方法如下：

（1）构造方法

```
public Stack()  //创建一个空栈
```

（2）常用成员方法

```
public Object push(Object item)  //进栈一个元素
public Object pop()  //出栈一个元素
public boolean empty ()  //判断栈是否为空
public int size ()  //获取栈中元素的个数
public Object peek ()  //返回栈顶元素
public int search (Object o)  //返回对象在栈中的位置，以 1 为基数
```

3.3 队列

3.3.1 队列的概念及基本运算

【学习任务】理解队列的定义，熟练掌握队列的相关概念及基本运算。

1. 基本概念

队列（queue）是只允许在一端进行插入，而在另一端进行删除的运算受限的线性表。

- 允许删除的一端称为**队头（front）**。
- 允许插入的一端称为**队尾（rear）**。
- 当队列中没有元素时称为**空队列**。

2. 队列的特点

队列的修改是依据先进先出的原则进行的。新来的成员总是加入队尾，每次离开的成员总是位于队列头的。因此，队列亦称作先进先出（First In First Out）的线性表，简称为 **FIFO 表**。如图 3.5 所示，在队列中依次加入元素 a_1，a_2，…，a_n之后，a_1是队头元素，a_n是队尾元素。退出队列的次序只能是 a_1，a_2，…，a_n。

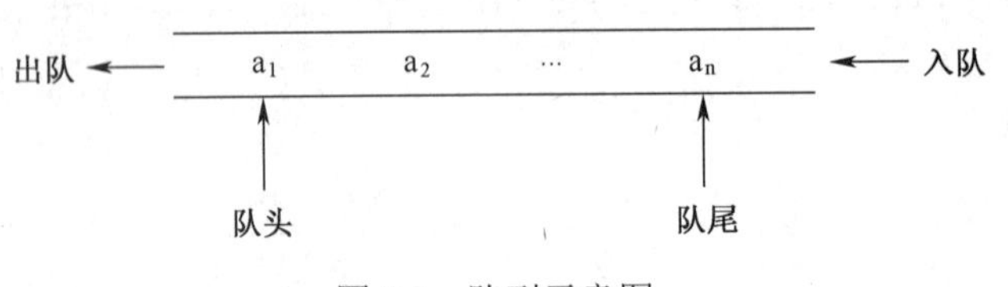

图 3.5 队列示意图

3. 队列的基本运算

（1）initQueue(Q)初始化。构造一个空队列 Q。

（2）queueEmpty(Q)判队空。若队列 Q 为空，则返回 true，否则返回 false。

（3）queueFull(Q)判队满。若队列 Q 为满，则返回 true，否则返回 false。

注意：此操作只适用于队列的顺序存储结构。

（4）enQueue(Q,e)入队。若队列 Q 非满，则将元素 e 插入到 Q 的队尾。

（5）deQueue(Q)出队。若队列 Q 非空，则删去 Q 的队头元素。

3.3.2　队列的顺序存储结构及其算法实现

【学习任务】理解队列在顺序存储结构下的特点，掌握顺序队列的表示、相关算法及程序实现。

1. 顺序队列的基本概念

顺序队列即队列的顺序存储结构，是利用一组地址连续的存储单元依次存储从队头到队尾的数据元素。

通常用一维数组 queue[0.. queueSize-1]来实现队列的顺序存储，设置两个指针 front 和 rear 分别指示队头元素和队尾元素在数组中的位置，并约定队头指针指示队列中的第一个元素，队尾指针指示队尾元素位置的后一个位置。图 3.6 表示了顺序队列中数据元素和队头、队尾指针之间的对应关系，归纳如下：

（1）队头、队尾指针在队列初始化时均应置为 0。

（2）入队时，将新元素插入 rear 所指的位置，然后将 rear 加 1。

（3）出队时，删去 front 所指的元素，然后将 front 加 1。

（4）假上溢，由于入队和出队操作中，头尾指针只增加不减小，致使被删元素的空间永远无法重新利用。如图 3.6（d）所示，front=2，rear= queueSize 时再有元素入队就会发生溢出，但队头前面还有单元是空的。

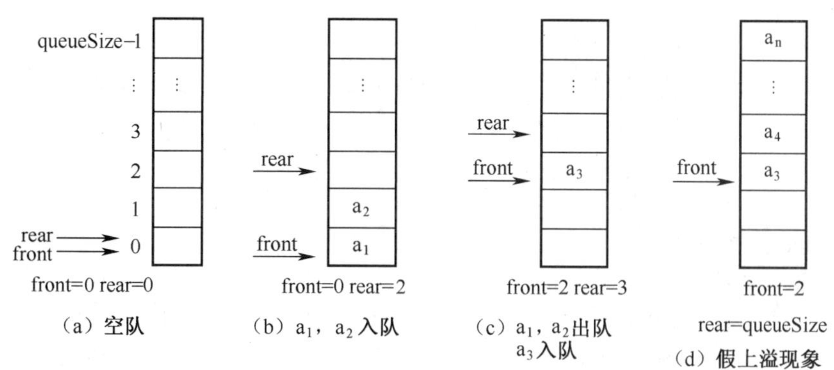

图 3.6　队头、队尾指针和队列中数据元素之间的关系

当队列中实际的元素个数远远小于数组空间的规模时，也可能由于尾指针已超越数组空间的上界而不能做入队操作。该现象称为“假上溢”现象。

注意：

①当头、尾指针相等时，队列为空。

②在非空队列里，头指针始终指向队头元素，尾指针始终指向队尾元素的下一位置。

2. 循环队列

为充分利用数组空间，克服“假上溢”现象，将存放队列元素的数组空间想象为一个首尾相接的圆环，这种形式的顺序队列称为循环队列（circular queue），如图 3.7 所示。

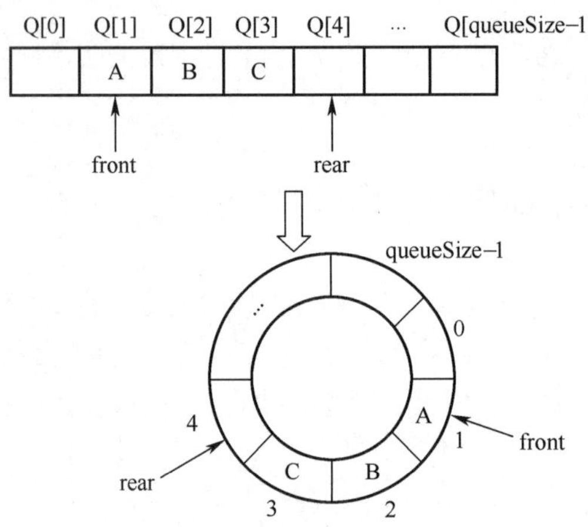

图 3.7 循环队列示意图

（1）循环队列的基本操作

循环队列中进行出队、入队操作时，头尾指针仍要加 1，朝前移动。只不过当头尾指针指向数组上界（queueSize-1）时，其加 1 操作的结果是指向数组的下界 0。这种循环意义下的加 1 操作可以描述为：

①方法一：

```
if(i+1==queueSize)        //i 表示 front 或 rear
    i=0;
else
    i++;
```

②方法二：利用“模运算”。

```
i=(i+1)%queueSize;
```

（2）循环队列边界条件处理

如图 3.8 所示，在循环队列中，由于入队时尾指针向前追赶头指针；出队时头指针向前追赶尾指针，造成队空和队满时头尾指针均相等。因此，无法通过条件 front=rear 来判别队列是“空”还是“满”。

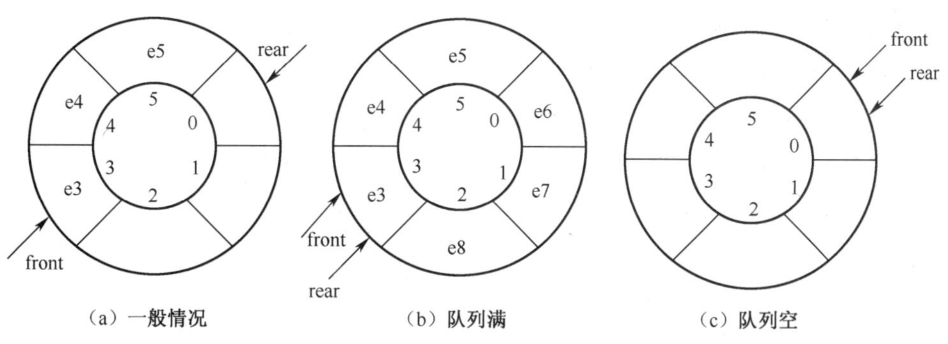

（a）一般情况　（b）队列满　（c）队列空

图 3.8　循环队列的头、尾指针

解决这个问题的方法至少有三种：

①另设一布尔变量以区别队列的空和满。

②少用一个元素存储空间。当队尾指针所指向的空单元的后继单元是队头元素所在的单元时，则停止入队。这样一来，队尾指针永远追不上队头指针，所以队满时不会有 front=rear。这时队满的条件为(rear+1) % queueSize=front。判队空的条件不变，仍为 front=rear。

③使用一个存储队列中元素个数的变量，如 count。当 count=0 时为队空，当 count=queueSize 时为队满。

以下关于循环队列及其操作的算法都基于第③种方法实现。

注意： 循环队列中元素的个数为(rear-front+ queueSize)% queueSize。

（3）循环队列的类定义

```
public class ArrQueue { // 定义循环队列
    private int[] queue;
    private int front;
    private int rear;
    private int count;
    public ArrQueue(int queueSize) { // 构造方法
        queue = new int[queueSize];
        front =0;
        count=0;
        rear =0;
    }
    //成员方法
    public final int getFront() {
        return front;
    }
    public final void setFront(int front) {
        this.front = front;
    }
    public final int[] getQueue() {
        return queue;
    }
```

```
        public final void setQueue(int[] queue) {
                this.queue = queue;
        }
        public final int getRear() {
                return rear;
        }
        public final void setRear(int rear) {
                this.rear = rear;
        }
}
```

（4）循环队列的基本操作

①初始化

```
public void initQueue() {
        // 将循环队列置空
        front = 0;
        count = 0;
        rear = 0;
}
```

②判队空

```
public boolean queueEmpty () {
        // 判断一个循环队列是否为空，若空，返回 true，否则返回 false
        return (count == 0);
}
```

③判队满

```
public boolean queueFull() {
        // 判断一个循环队列是否已满，若满，返回 true，否则返回 false。
        return (count == queue.length);
}
```

④入队

```
public void enQueue(int e) {
        // 入队操作
        if (queueFull()) // 判断循环队列是否已满
                System.out.println("队列已满");// 返回出错信息，退出运行
        else {
                queue[rear] = e;
                rear=(rear+1)%queue.length;
                count++;
        }
}
```

⑤出队

```
public void deQueue() {
        // 出队操作
        if (queueEmpty())// 判断循环队列是否为空
                System.out.println("队列为空");// 返回出错信息，退出运行
        else{
```

```
            int temp = queue[front]; // 队头元素放到变量 temp，队头指针加 1
            front = (front + 1) % queue.length;
            count--;
        }
}
```

以上运算都没有涉及任何循环语句，因此，时间复杂度均是 O(1)。

3.3.3 队列的链式存储结构及其算法实现

【学习任务】理解队列在链式存储结构下的特点，掌握链队列的表示、相关算法及程序实现。

1. 链队列的基本概念

链队列即队列的链式存储结构，它是限制仅在表头删除和表尾插入的单链表。对于使用中数据元素变动较大的队列，采用链队列比顺序队列更有利。

为了操作方便，通常用带头结点的单链表来实现链队列，如图 3.9 所示，当一个队列为空时（即 front=rear=null），其头指针和尾指针都指向头结点；当队列非空时，队头指针指向头结点，队尾指针指向最后一个结点。

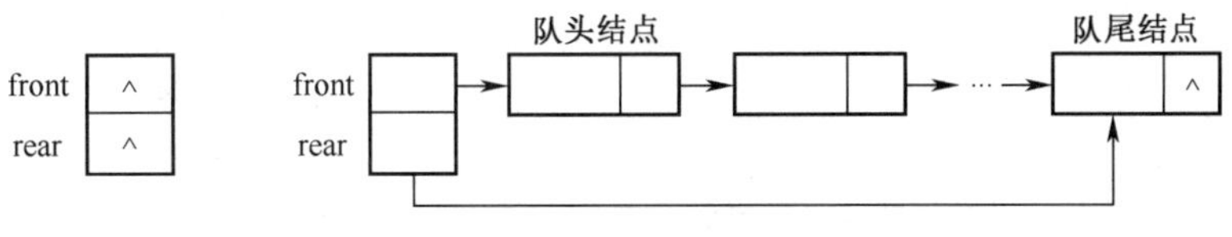

图 3.9 链队列示意图

2. 链队列的类定义

```
public class LinkedQueue {
    private int data; // 数据域，可根据实际情况修改
    private LinkedQueue next; // 指针域，存放当前元素直接后继元素的地址
    private LinkedQueue front; // 队头指针
    private LinkedQueue rear; // 队尾指针
    private int count; // 进队列元素计数器
    public LinkedQueue() { // 构造方法，创建一个空队列
        front = rear = null;
        count = 0;
    }
    // 成员方法
    public int getData() {
        return data;
    }
    public void setData(int data) {
        this.data = data;
    }
    public LinkedQueue getNext() {
        return next;
    }
```

```
        public void setNext(LinkedQueue next) {
                this.next = next;
        }
}
```

3. 链队列的基本操作

（1）初始化

```
public void initQueue() {
        // 将链队列置空
        front = rear = null;
}
```

（2）判队空

```
public boolean queueEmpty() {
        // 判断一个队列是否为空，若空，返回 true，否则返回 false
        return (count==0);
}
```

（3）入队

```
public void enQueue(LinkedQueue newNode) {
        // 入队操作
        rear.setNext(newNode);
        rear=newNode;
        count++;
}
```

（4）出队

```
public void deQueue() {
        //出队操作
        LinkedQueue q;
        if (queueEmpty())//判队空
                System.out.println("队列为空");//返回出错信息，退出运行
        else{
                q =front;
                front = front.getNext();
                if(front==rear)rear=front;
                count--;
        }
}
```

以上运算都没有涉及任何循环语句，因此，时间复杂度均是 O(1)。

注意：

①和链栈类似，无须考虑判队满的运算及上溢。

②在出队算法中，一般只需修改队头指针。但当原队列中只有一个结点时，该结点就是队尾，故删去此结点时亦需修改尾指针，且删去此结点后队列变空。

3.3.4 队列在 Java 类库中的实现

在 Java 5 以后的版本中，新增了 java.util.Queue 接口。该接口扩展了 java.util.Collection 接

口，用于支持队列的常见操作。另外，java.util.LinkedList 类实现了 Queue 接口，因此，可以把 LinkedList 类当成队列结构来使用。常用成员方法如下：

```
public boolean add(Object obj)          //在队尾添加一个元素，成功返回 true，否则返回 false
public boolean offer(Object obj)        //在队尾添加一个元素，成功返回 true，否则返回 false
public boolean addLast(Object obj)      //在队尾添加一个元素，无返回值
public Object removeFirst()             //删除并返回表头元素
public Object remove ()                 //删除并返回队头元素
public Object poll ()                   //删除并返回队头元素
public Object element ()                //返回队头元素，不删除
public Object peek ()                   //返回队头元素，不删除
```

3.4 应用举例

栈和队列的应用非常之广，只要问题满足后进先出和先进先出原则，均可使用栈和队列作为其数据结构。

3.4.1 栈的应用举例

由于栈结构具有后进先出的固有特性，致使栈成为程序设计中常用的工具。图的深度优先遍历就是借助于栈实现的。以下是几个栈应用的例子。

【例 3.1】利用顺序栈实现数制转换。

【问题描述】

要将一个十进制数 N 转换为 d 进制数。

【算法思想】

解决方法很多，其中一个简单算法为：

$$N=(N / d)*d+N \% d$$

转换算法就是重复下述两步，直到 N 等于零。

步骤一：X= N % d （其中%为求余运算）。

步骤二：N= N / d （其中/为整除运算）。

例如，$(1978)_{10}=(3672)_8$，其运算过程如图 3.10 所示。

N	N / 8	N % 8
1978	247	2
247	30	7
30	3	6
3	0	3

计算程序（↓）　输出程序（↑）

图 3.10 数制转换的运算过程

其计算过程是从低位到高位顺序产生，但在输出或打印时，应从高位到低位进行，顺序

正好相反，因此在运算过程中，将得到的八进制各位数顺序进栈，再按出栈顺序输出即可。

【算法实现】

```
import java.io.*;
import java.util.*;
class ArrayStack {
	private int top; // 栈顶指针
	private String[] stack; // 数组栈
	public ArrayStack(int initialCapacity) // 创建指定容量的空栈
	{
		top = -1;
		stack = new String[initialCapacity];
	}
	public void push(String element) // 进栈一个对象
	{
		if (isFull()) {
			System.out.println("栈已经满!");
			return;
		}
		stack[++top] = element;
	}
	public String pop() { // 将栈顶元素出栈
		return stack[top--];
	}
	public boolean isEmpty()// 判断栈是否为空，若空，则返回 true，否则返回 false
	{
		return (top == -1);
	}
	public boolean isFull()// 判断栈是否已满，若满，则返回 true，否则返回 false
	{
		return (top == stack.length - 1);
	}
}
public class Conversion {
	public static void main(String args[]) throws IOException {
		BufferedReader br = new BufferedReader(new InputStreamReader(System.in));
		System.out.print("请输入 1 个十进制整数：");
		int deci = Integer.parseInt(br.readLine());
		System.out.print("请输入要转换的进制：");
		int d = Integer.parseInt(br.readLine());
		covert(deci, d);
	}
	public static void convert(int deci, int d) {
		int q, r;
		String s;
		q = deci;
		ArrayStack arrayStack = new ArrayStack(10);
		while (q != 0) {
```

```
                r = q % d;
                switch (r) {
                case 10:
                    s = "A";break;
                case 11:
                    s = "B";break;
                case 12:
                    s = "C";break;
                case 13:
                    s = "D";break;
                case 14:
                    s = "E";break;
                case 15:
                    s = "F";break;
                default:
                    s = String.valueOf(r);
                }
                arrayStack.push(s);
                q = q / d;
            }
            System.out.print(deci + "的" + d + "进制数是：");
            while (!arrayStack.isEmpty())
                System.out.print(arrayStack.pop());
            System.out.println();
        }
    }
```

【例 3.2】利用 Java 中提供的 Stack 类实现括号匹配问题。

【问题描述】

假设表达式中包含三种括号：圆括号、方括号和花括号，它们可互相嵌套，要求它们在表达式中必须成对出现。如：([{ }]([ ]))或({([ ][( )])})等均为正确的格式，而{[ ]})}或{([( )]或([ ]))均为不正确的格式。

【算法思想】

在检验算法中可设置一个栈。每读入一个括号，若是左括号，则直接入栈，等待相匹配的同类右括号；若读入的是右括号，且与当前栈顶的左括号同类型，则二者匹配，将栈顶的左括号出栈，否则属于不合法的情况。另外，如果输入序列已读尽，而栈中仍有等待匹配的左括号，或者读入了一个右括号，而栈中已无等待匹配的左括号，均属不合法的情况。当输入序列和栈同时变为空时，说明所有括号完全匹配。

【算法实现】

```
import java.io.*;
import java.util.*;

public class BracketMatch {
    public static void main(String[] args) {
```

```
        // 实例化当前类
        BracketMatch mth = new BracketMatch();
        // 实例化输入模块
        Scanner sc = new Scanner(System.in);
        // 提示
        System.out.print("请输入：");
        // 取得从控制台输入的字符串
        String str = sc.next();
        // 把字符串传入 check()方法，并打印出返回值，true 表示匹配正确，false 表示匹配错误
        System.out.println(str + ":" + mth.check(str));
    }
    // str 中为输入的字符串，利用栈来检查该字符串中的括号是否匹配
    public boolean check(String str) {
        Stack<Character> stack = new Stack<Character>();
        boolean flag = true;
        // 对字符串中的字符逐一扫描
        for (int i = 0; i < str.length() && flag; i++) {
            try {
                // 检查两个括号是否匹配/
                switch (str.charAt(i)) {
                case '(':
                case '[':
                case '{':
                    stack.push(str.charAt(i));
                    break;
                // 检查两个括号是否匹配，已匹配的左括号出栈
                case ')':
                    if (stack.pop() != '(')
                        flag = false;
                    break;
                case ']':
                    if (stack.pop() != '[')
                        flag = false;
                    break;
                case '}':
                    if (stack.pop() != '{')
                        flag = false;
                    break;
                }
            } catch (Exception e) {
                flag = false;
            }
        }
        // 如果栈不为空
        if (flag && !stack.isEmpty())
            flag = false;
        return flag;
    }
}
```

3.4.2 队列的应用举例

【例 3.3】舞伴问题。

【问题描述】

假设在周末舞会上，男士们和女士们进入舞厅时各自排成一队。跳舞开始时，依次从男队和女队的队头上出一人配成舞伴。若两队初始人数不相同，则较长的那一队中未配对者等待下一轮舞曲。先入队的男士或女士亦先出队配成舞伴。

【算法思想】

此问题有典型的先进先出特性，可用队列作为算法的数据结构。在算法中，假设男士和女士的记录存放在一个数组中作为输入，然后依次扫描该数组的各元素，并根据性别来决定是进入男队还是女队。当这两个队列构造完成之后，依次将两队当前的队头元素出队来配成舞伴，直至某队列变空为止。此时，若某队仍有等待配对者，算法输出此队列中等待者的人数及排在队头的等待者的名字，他（或她）将是下一轮舞曲开始时第一个可获得舞伴的人。

【算法实现】

```
import java.io.*;
class Dancer { // 定义舞者类
        // 成员属性
        private String name;
        private String sex;
        // 成员方法
        public void setName(String name) {
                this.name = name;
        }
        public void setSex(String sex) {
                this.sex = sex;
        }
        public String getName() {
                return name;
        }
        public String getSex() {
                return sex;
        }
}

class ArrQueue { // 定义循环队列
        // 成员属性
        public Dancer[] queue;
        private int front;
        private int rear;
        public int count;
        // 构造方法
        public ArrQueue(int queueSize) {
```

```
            queue = new Dancer[queueSize];
            front = 0;
            rear = 0;
            count = 0;
        }
        // 成员方法
        public boolean queueEmpty() {
            // 判断一个循环队列是否为空，若空，返回 true，否则返回 false
            return (count == 0);
        }
        public boolean queueFull() {
            // 判断一个循环队列是否已满，若满，返回 true，否则返回 false
            return (count > 0 && front == rear);
        }
        public void enQueue(Dancer e) {
            // 入队操作
            if (queueFull()) // 判断循环队列是否已满
                System.out.println("Queue overflow");// 返回出错信息，退出运行
            else {
                queue[rear] = e;
                rear = (rear + 1) % queue.length;
                count++;
            }
        }
        public Dancer deQueue() {
            // 出队操作
            Dancer temp = queue[front]; // 队头元素放到变量 temp，队头指针加 1
            front = (front + 1) % queue.length;
            count--;
            return temp;
        }
        public Dancer queueFront() {
            // 取队头元素操作
            Dancer temp = queue[front]; // 队头元素放到变量 temp
            return temp;
        }
    }

    public class DancePartner { // 舞者配对
        public static void main(String[] args) throws IOException {
            BufferedReader br = new BufferedReader(new InputStreamReader(System.in));
            System.out.println("请输入男舞者的人数");
            int mNum = Integer.parseInt(br.readLine()); // 男舞者的人数
            System.out.println("请输入女舞者的人数"); // 女舞者的人数
            int fNum = Integer.parseInt(br.readLine());
            int num = fNum + mNum; // 参加舞蹈的总人数
            Dancer dancer[] = new Dancer[num]; // 创建一个数组存放所有舞者的信息
            for (int i = 0; i < num; i++) {
```

```
                dancer[i] = new Dancer();
                System.out.println("请输入舞者的姓名");
                String name = br.readLine();
                dancer[i].setName(name);
                System.out.println("请输入舞者的性别");
                String sex = br.readLine();
                dancer[i].setSex(sex);
            }
            ArrQueue mDancers = new ArrQueue(mNum); // 存放男舞者的队列
            ArrQueue fDancers = new ArrQueue(fNum); // 存放女舞者的队列
            for (int i = 0; i < num; i++) { // 根据性别把舞者分别入队
                if (dancer[i].getSex().equals("男"))
                    mDancers.enQueue(dancer[i]);
                else
                    fDancers.enQueue(dancer[i]);
            }
            System.out.println("舞伴配对情况为：\n");
            while (!mDancers.queueEmpty() && !fDancers.queueEmpty()) {
                // 依次输出男女舞伴名
                Dancer p;
                p = mDancers.deQueue();
                System.out.print(p.getName() + "\t");
                p = fDancers.deQueue();
                System.out.println(p.getName());
            }
            if (!fDancers.queueEmpty()) {// 输出女士剩余人数及队头女士的名字
                System.out.println("还有" + fDancers.count + "位女士等待下一轮");
                Dancer p;
                p = fDancers.queueFront();
                System.out.println(p.getName() + "在下一轮中将首先获得舞伴");
            }
            if (!mDancers.queueEmpty()) {// 输出男士剩余人数及队头男士的名字
                System.out.println("还有" + mDancers.count + "位男士等待下一轮");
                Dancer p;
                p = mDancers.queueFront();
                System.out.println(p.getName() + "在下一轮中将首先获得舞伴");
            }
        }
    }
```

3.5 小结

（1）栈和队列是操作受限的线性表。栈只允许在表的一端（栈顶）做插入和删除操作，队列允许在表的一端（队尾）作插入操作，在另一端（队头）做删除操作。栈的特点是后进先出，队列的特点是先进先出。

（2）栈的实现可以使用顺序栈和链栈。在顺序栈中需要设置一个变量记录栈的位置（本书使用的是数组的下标），而在链栈中使用一个头指针指向栈顶元素。

（3）队列的实现可以使用顺序队列、循环队列和链队列。由于顺序队列会产生假溢出的问题，因此对于顺序表表示的队列通常使用循环队列。

3.6 知识巩固

3.6.1 理论知识

一、判断题

1．栈和队列逻辑上都是线性表。（ ）

2．栈在数据中的存储原则是先进先出。（ ）

3．队列在数据中的存储原则是后进先出。（ ）

4．若某栈的输入序列为 1,2,3,4，则 4,3,1,2 不可能是栈的输出序列之一。（ ）

5．不管栈采用何种存储结构，只要栈不空，可以任意删除一个元素。（ ）

6．在链队列中，即使不设置尾指针也能进行入队操作。（ ）

7．采用循环链表作为存储结构的队列就是循环队列。（ ）

8．栈是一种插入和删除操作都在表的一端进行的线性表。（ ）

9．删除非空链栈的一个元素的过程是依次执行：p=top;top= p.next;。（ ）

10．队列是一种在表头和表尾都可以进行插入和删除操作的线性表。（ ）

二、填空题

1．栈结构允许进行删除操作的一端为________。

2．在栈的顺序实现中，设栈顶指针为 top，栈为空的条件是________。

3．对于链队列，其空队列的 front 指针和 rear 指针都等于________。

4．若数组 s[0..n-1]为两个栈 s1 和 s2 的共用存储空间，仅当 s[0..n-1]全满时，各栈才不能进行栈操作，则为这两个栈分配空间的最佳方案是：s1 和 s2 的栈顶指针的初值分别为________。

5．允许在线性表的一端进行插入，另一端进行删除操作的线性表称为________。插入的一端为________，删除的一端为________。

6．在长度为 n 的循环队列中，删除其结点 x 的时间复杂度为________。

7．已知循环队列的存储空间为数组 data[21]，且头指针和尾指针分别为 8 和 3，则该队列的当前长度________。

8．在初始为空的队列中插入元素 A、B、C、D 以后，紧接着作了两次删除操作，此时的队尾元素是________。

三、选择题

1. 当输入序列为 ABC，输出序列变为 BAC 时，经过的栈操作依次为（　　）

A．push,pop,push,pop,push,pop　　B．push,push,pop,pop,push,pop

C．push,push,push,pop,pop,pop　　D．push,pop,push,push,pop,pop

2. 设长度为 n 的单循环链队列，若只设头指针，则入队操作的时间复杂度为（　　）。

A．O(1)　　B．$O(\log_2^n)$　　C．O(n)　　D．$O(n^2)$

3. 队列和栈的主要区别是（　　）。

A．逻辑结构不同　　B．存储结构不同

C．所包含的运算个数不同　　D．限定插入和删除的位置不同

4. 链栈与顺序栈相比，比较明显的优点是（　　）。

A．插入操作更加方便　　B．删除操作更加方便

C．不会出现下溢的情况　　D．不会出现上溢的情况

5. 由两个栈共享一个向量空间的好处是（　　）。

A．减少存取时间，降低下溢发生的机率

B．节省存储空间，降低上溢发生的机率

C．减少存取时间，降低上溢发生的机率

D．节省存储空间，降低下溢发生的机率

6. 设栈 S 和队列 Q 的初始状态为空，元素 e1、e2、e3、e4、e5 和 e6 依次进入栈 S，一个元素出栈后即进队列 Q，若 6 个元素出队的序列是 e2,e4,e3,e6,e5,e1，则栈 S 的容量至少应该是（　　）。

A．6　　B．4　　C．3　　D．2

7. 若让元素 1、2、3 依次进栈，则出栈次序不可能出现（　　）种情况。

A．3, 2, 1　　B．2, 1, 3　　C．3, 1, 2　　D．1, 3, 2

8. 栈的插入和删除操作在（　　）进行。

A．栈顶　　B．栈底

C．任意位置　　D．指定位置

9. 循环队列存储在数组 A[0..m]中，则入队时的操作为（　　）。

A．rear=rear+1　　B．rear=(rear+1) % (m-1)

C．rear=(rear+1) % m　　D．rear=(rear+1)% (m+1)

10. 判定一个栈 ST（最多元素为 m0）为栈满的条件是（　　）。

A．ST.top!=-1　　B．ST.top==-1

C．ST.top!=m0-1　　D．ST.top==m0-1

3.6.2 真题在线

一、选择题

1．判断链式队列为空的条件是（　　）。（front 为头指针，rear 为尾指针）（2004 年上半年程序员试题）

A．front=null　　B．rear=null
C．front==rear　　D．front!=rear

2．在程序的执行过程中，用（　　）结构可实现嵌套调用函数的正确返回。（2004 年上半年程序员试题）

A．队列　　B．栈　　C．树　　D．图

3．堆栈操作中，（　　）保持不变。（2004 年下半年程序员试题）

A．堆栈的顶　　B．堆栈中的数据
C．堆栈指针　　D．堆栈的底

4．判断一个表达式中左右括号是否匹配，采用（　　）较为方便。（2004 年下半年程序员试题）

A．线性表的顺序存储　　B．栈
C．线性表的链式存储　　D．队列

5．若 push、pop 分别表示入栈、出栈操作，初始栈为空且元素 1、2、3 依次进栈，则经过操作序列 push、push、pop、pop、push、pop 之后，得到的出栈序列为（　　）。（2005 年下半年程序员试题）

A．321　　B．213　　C．231　　D．123

6．若 in、out 分别表示入队、出队操作，初始队列为空且元素 a、b、c 依次入队，则经过操作序列 in、in、out、out、in、out 之后，得到的出队序列为（　　）。（2005 年下半年程序员试题）

A．cba　　B．bac　　C．bca　　D．abc

7．可以用栈来检查算术表达式中的括号是否匹配。分析算术表达式时，初始栈为空，从左到右扫描字符，遇到字符“(”就将其入栈，遇到“)”就执行出栈操作。对于算术表达式“(a+b*(a+b))/c)+(a+b)”，检查时，（　　）；对于算术表达式“((a+b/(a+b)-c/a)/b”，检查时，（　　）。这两种情况都表明所检查的算术表达式括号不匹配。（2005 年下半年程序员试题）

A．栈为空却要进行出栈操作
B．栈已满却要进行入栈操作
C．表达式处理已结束，栈中仍留有字符“(”
D．表达式处理已结束，栈中仍留有字符“)”

8．堆栈最常用于（　　）。（2006 年上半年程序员试题）

A．实现数据循环移位　　B．实现程序转移

C．保护被中断程序的现场　　D．数据的输入输出缓冲存储器

9．在以下情形中，（　）适合于采用队列数据结构。（2006 年上半年程序员试题）

A．监视一个火车票售票窗口等待服务的客户

B．描述一个组织中的管理机构

C．统计一个商场中的顾客数

D．监视进入某住宅楼的访客

10．元素 3、1、2 依次全部进入一个栈后，陆续执行出栈操作，得到的出栈序列为（　）。（2006 年上半年程序员试题）

A．321　　B．312　　C．123　　D．213

11．在链表结构中，采用（　）可以用最少的空间代价和最高的时间效率实现队列结构。（2006 年下半年程序员试题）

A．仅设置尾指针的单向循环链表　　B．仅设置头指针的单向循环链表

C．仅设置尾指针的双向链表　　D．仅设置头指针的双向链表

12．若需将一个栈 S 中的元素逆置，则以下处理方式中正确的是（　）。（2006 年下半年程序员试题）

A．将栈 S 中元素依次出栈并入栈 T，然后栈 T 中元素依次出栈并进入栈 S

B．将栈 S 中元素依次出栈并入队，然后使该队列元素依次出队并进入栈 S

C．直接交换栈顶元素和栈底元素

D．直接交换栈顶指针和栈底指针

13．在执行递归过程时，通常使用的数据结构是（　）。（2007 年上半年程序员试题）

A．堆栈　　B．队列　　C．图　　D．树

14．n 个元素依次全部进入栈后，再陆续出栈并经过一个队列输出。那么（　）。（2007 年下半年程序员试题）

A．元素的出队次序与进栈次序相同　　B．元素的出队次序与进栈次序相反

C．元素的进栈次序与进队次序相同　　D．元素的出栈次序与出队次序相反

15．若一个栈以向量 V[1..n]存储，且空栈的栈顶指针 top 为 n+1，则将元素 x 入栈的正确操作是（　）。（2007 年上半年程序员试题）

A．top=top+1; V[top]=x;　　B．V[top]=x; top=top+1;

C．top=top-1; V[top]=x;　　D．V[top]=x; top=top-1;

16．设初始栈为空，s 表示入栈操作，x 表示出栈操作，则（　）是合法的操作序列。（2008 年上半年程序员试题）

A．sxxsssxxx　　B．xxssxxss　　C．sxsxssxx　　D．xsssxxx

17．下列有关队列的叙述正确的是（　）。（全国计算机等级考试二级 2007-4）

A．队列属于非线性表　　B．队列按“先进后出”的原则组织数据

C．队列在队尾删除数据　　D．队列按“先进先出”原则组织数据

18．栈的运算特点是后进先出。元素 a、b、c、d 依次入栈，则不能得到的出栈序列是（　）。（2008 年下半年程序员试题）

A．a b c d　　B．c a b d　　C．d c b a　　D．b c d a

19．设有一个初始为空的栈，若输入序列为 1、2、3、…、n（n>3），且输出序列的第一个元素是 n-1，则输入序列中所有元素都出栈后，（　）。（2009 年上半年程序员试题）

A．元素 n-2 一定比 n-3 先出栈

B．元素 1～n-2 在输出序列中的排列是不确定的

C．输出序列末尾的元素一定为 1

D．输出序列末尾的元素一定为 n

20．栈和队列都是线性的数据结构，以下关于栈和队列的叙述中，错误的是（　）。（2009 年下半年程序员试题）

A．栈适合采用数组存储，队列适合采用循环单链表存储

B．栈适合采用单链表存储，队列适合采用数组存储

C．栈和队列都不允许在元素序列的中间插入和删除元素

D．若进入栈的元素序列确定，则从栈中出来的序列也同时确定

21．已知栈 S 初始为空，对于一个符号序列 a1a2a3a4a5（入栈顺序也是该顺序），当用 I 表示入栈、O 表示出栈时，则通过栈 S 得到符号序列 a2a4a5a3a1 的操作序列为（　）。（2010 年上半年程序员试题）

A．IOIIOOIOOI　　B．IIOIOIOIOO

C．IOOIIOIOIO　　D．IIOIIOIOOO

22．队列是一种按“先进先出”原则进行插入和删除操作的数据结构。若初始队列为空，输入序列 abcde，则可得到的输出序列为（　）。（2010 年上半年程序员试题）

A．abcde　　B．abdce　　C．edcba　　D．edabc

23．以下应用中，必须采用栈结构的是（　）。（2010 年下半年程序员试题）

A．使一个整数序列逆转　　B．递归函数的调用和返回

C．申请和释放单链表中的结点　　D．装入和卸载可执行程序

24．下列关于栈叙述正确的是（　）。（全国计算机等级考试二级 2011-3）

A．栈顶元素最先能被删除　　B．栈顶元素最后才能被删除

C．栈底元素永远不能被删除　　D．以上三种说法都不对

25．下列叙述中正确的是（　）。（全国计算机等级考试二级 2010-9）

A．在栈中，栈中元素随栈底指针与栈顶指针的变化而动态变化

B．在栈中，栈顶指针不变，栈中元素随栈底指针的变化而动态变化

C．在栈中，栈底指针不变，栈中元素随栈顶指针的变化而动态变化

D．上述三种说法都不对

26．下列叙述中正确的是（　　）。（全国计算机等级考试二级 2009-3）

A．栈是“先进先出”的线性表

B．队列是“先进后出”的线性表

C．循环队列是非线性结构

D．有序线性表既可以采用顺序存储结构，也可以采用链式存储结构

27．支撑子程序调用的数据结构是（　　）。（全国计算机等级考试二级 2009-3）

A．栈　　B．树　　C．队列　　D．二叉树

28．下列数据结构中，属于非线性结构的是（　　）。（全国计算机等级考试二级 2009-9）

A．循环队列　　B．带链队列　　C．二叉树　　D．带链栈

29．下列数据结构中，能按照“先进后出”原则存取数据的是（　　）。（全国计算机等级考试二级 2009-9）

A．循环队列　　B．栈　　C．队列　　D．二叉树

30．对于循环队列，下列叙述中正确的是（　　）。（全国计算机等级考试二级 2009-9）

A．队头指针是固定不变的

B．队头指针一定大于队尾指针

C．队头指针一定小于队尾指针

D．队头指针可以大于队尾指针，也可以小于队尾指针

31．下列关于栈的叙述正确的是（　　）。（全国计算机等级考试二级 2008-4）

A．栈按“先进先出”组织数据　　B．栈按“先进后出”组织数据

C．只能在栈底插入数据　　D．不能删除数据

32．一个栈的初始状态为空。现将 1、2、3、4、5、A、B、C、D、E 依次入栈，然后再依次出栈，则元素出栈的顺序是（　　）。（全国计算机等级考试二级 2008-9）

A．12345ABCDE　　B．EDCBA54321

C．ABCDE12345　　D．54321EDCBA

33．下列叙述正确的是（　　）。（全国计算机等级考试二级 2008-9）

A．循环队列有队头和队尾两个指针，因此，循环队列是非线性结构

B．在循环队列中，只需要队头指针就能反映队列中元素的动态变化情况

C．在循环队列中，只需要队尾指针就能反映队列中元素的动态变化情况

D．循环队列中元素的个数是由队头指针和队尾指针共同决定的

二、填空题

1．数据结构分为线性结构与非线性结构，带链的栈属于________。（全国计算机等级考试二级 2011-9）

2．一个队列的初始状态为空。现将元素 A、B、C、D、E、F、5、4、3、2、1 依次入队，然后再依次退队，则元素退队的顺序为________。（全国计算机等级考试二级 2010-3）

3．设某循环队列的容量为 50，如果头指针 front=45（指向队头元素的前一位置），尾指针 rear=10（指向队尾元素），则该循环队列中共有________个元素。（全国计算机等级考试二级 2010-3）

4．一个栈的初始状态为空。首先将元素 5、4、3、2、1 依次入栈，然后退栈一次，再将元素 A、B、C、D 依次入栈，之后将所有元素全部退栈，则所有元素退栈（包括中间退栈的元素）的顺序为________。（全国计算机等级考试二级 2010-9）

5．线性表的存储结构主要分为顺序存储结构和链式存储结构。队列是一种特殊的线性表，循环队列是队列的________存储结构。（全国计算机等级考试二级 2007-9）

3.6.3 实训任务

【实训任务 1】利用栈实现递归函数计算。

【问题描述】

递归是指在一个函数、过程或者数据结构定义的内部直接（或间接）出现了对自身的调用。在数学中，许多概念和函数都是用递归形式定义的，利用递归方法可使问题的描述和求解变得简洁和清晰。栈有非常重要的一个应用就是在程序设计语言中实现递归过程。

【实训任务 2】打印杨辉三角形。

【问题描述】

使用队列数据结构打印图 3.11 所示的杨辉三角形。

```
          1
         1 1
        1 2 1
       1 3 3 1
      1 4 6 4 1
    1 5 10 10 5 1
 ... ... ... ... ... ...
```

图 3.11　杨辉三角形

4

数组、串和广义表

主要内容

- 数组的定义、逻辑结构和存储结构。
- 矩阵的压缩存储。
- 串的基本概念。
- 串的存储结构及基本运算。
- 广义表的逻辑结构和基本操作。

学习目标

重点：

- 掌握数组、广义表和稀疏矩阵的基本概念，物理结构和基本操作的实现。
- 充分了解串的基本概念。
- 掌握串的存储结构和相关的操作算法。

难点：

- 特殊矩阵的压缩存储。
- 广义表的存储结构。
- 递归算法设计。

数组、串和广义表，都可看成是一种扩展的线性数据结构。其特殊性不像栈和队列那样表现在对数据元素的操作受限制，而是反映在“数据元素”的构成上。在线性表中，每个数据元素都是不可再分的原子类型；而数组、串和广义表中的数据元素可以推广为一种具有特定结构的数据。

4.1 实例引入

【学习任务】通过生活实例初步了解数组和串的特征，对这些数据结构有基本的认识。

【实例 1】计算机处理的对象分为数值数据和非数值数据，字符串是最基本的非数值数据。字符串处理在语言编译、信息检索、文字编辑等问题中，有广泛的应用。

【实例 2】可以利用二维数组来完成五子棋、连连看、俄罗斯方块、扫雷等常见小游戏。

【实例 3】文学研究人员需要统计某篇英文小说中某些形容词的出现次数和位置，可以用“串”这种数据结构来实现对文字的统计，相应的程序称为“文学研究助手”。

4.2 数组

【学习任务】学习数组的两种存储表示方式及元素存储地址的计算公式，掌握特殊矩阵和稀疏矩阵的压缩存储方法。

4.2.1 数组的逻辑结构

数组是我们十分熟悉的一种数据类型，很多高级语言都支持数组这种数据类型。从逻辑结构上看，数组可以看成是一般线性表的扩充。如图 4.1 所示的二维数组 A_{mn}。

$$A_{mn}=\begin{bmatrix} a_{11} & a_{12} & \cdots & a_{1j} & \cdots & a_{1n} \\ a_{21} & a_{22} & \cdots & a_{2j} & \cdots & a_{2n} \\ \cdots & \cdots & \cdots & \cdots & \cdots & \cdots \\ a_{i1} & a_{i2} & \cdots & a_{ij} & \cdots & a_{in} \\ \vdots & \vdots & \vdots & \vdots & \vdots & \vdots \\ a_{m1} & a_{m2} & \cdots & a_{mj} & \cdots & a_{mn} \end{bmatrix}_{m\times n}$$

图 4.1 A_{mn} 的二维数组

通常以二维数组作为多维数组的代表来讨论，其可以看成是线性表的线性表。例如，图 4.1 所示的二维数组，可以看成一个线性表：$A=(\alpha_1, \alpha_2,\ldots, \alpha_n)$，其中 α_j（$1\leqslant j\leqslant n$）本身也是一个线性表，称为列向量，即 $\alpha_j=(a_{1j}, a_{2j},\ldots, a_{mj})$，如图 4.2 所示。

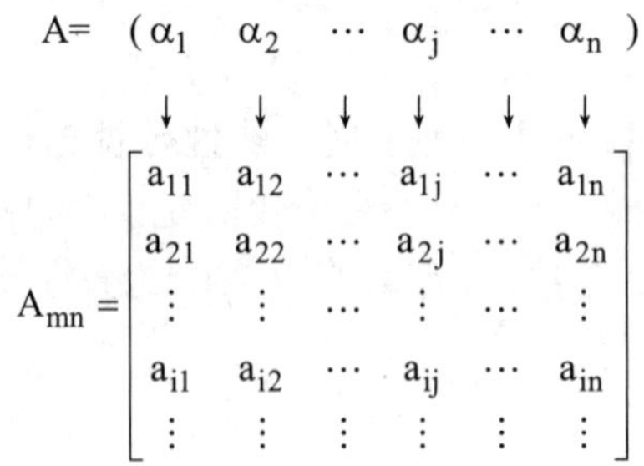

图 4.2 矩阵 A_{mn} 看成 n 个列向量的线性表

同样，还可以将数组 A_{mn} 看成另外一个线性表：$B=(\beta_1, \beta_2,\ldots, \beta_n)$，其中 β_i（$1\leqslant i\leqslant m$）本

身也是一个线性表，称为行向量，即：$\beta_i = (a_{i1}, a_{i2}, a_{ij}, \ldots, a_{in})$，如图 4.3 所示。

$$A_{mn} = \begin{bmatrix} a_{11} & a_{12} & \cdots & a_{1j} & \cdots & a_{1n} \\ a_{21} & a_{22} & \cdots & a_{2j} & \cdots & a_{2n} \\ \vdots & \vdots & \cdots & \vdots & \cdots & \vdots \\ a_{i1} & a_{i2} & \cdots & a_{ij} & \cdots & a_{in} \\ \vdots & \vdots & \vdots & \vdots & \vdots & \vdots \end{bmatrix} \begin{matrix} \leftarrow \\ \leftarrow \\ \leftarrow \\ \leftarrow \\ \leftarrow \end{matrix} \quad B = \begin{pmatrix} \beta_1 \\ \beta_2 \\ \vdots \\ \beta_i \\ \vdots \\ \beta_n \end{pmatrix}$$

图 4.3　矩阵 A_{mn} 看成 m 个行向量的线性表

从图中可以看出数组实际上是线性表的推广。同理三维数组也可以看成是这样的一个线性表，其中每个数据元素均是一个二维数组。另外，从数组的特殊结构可以看出，数组中的每一个元素由一个值和一组下标来描述。“值”代表数组中元素的数据信息，下标用来描述该元素在数组中的相对位置信息。数组的维数不同，描述其相对位置的下标的个数不同。如：在二维数组中，元素 a_{ij} 由两个下标值 i、j 来描述，其中 i 表示该元素所在的行号，j 表示该元素所在的列号。同样可以将这个特性推广到多维数组，对于 n 维数组而言，其元素由 n 个下标值来描述其在 n 维数组中的相对位置。

实际上数组是一组有固定个数的元素的集合。也就是说，一旦定义了数组的维数和每一维的上下限，数组中元素的个数就确定了。例如二维数组 A_{34}，它有 3 行、4 列，即由 12 个元素组成。由于这个性质，使得对数组的操作不像对线性表的操作那样，可以在表中任意一个合法的位置插入或删除一个元素。对于数组的操作一般只有两类：

- 获得特定位置的元素值。
- 修改特定位置的元素值。

经过以上分析，得出数组的抽象数据类型的定义如下。

ADT Array{

数据对象：

$j_i=0,\ldots,b_i-1$，$i=1,2,\ldots,n$

$D=\{a_{j_1 j_2 \cdots j_n}$ |n 称为数组的维数，b_i 称为第 i 维的长度}

数据关系：

$R=\{R_1,R_2,\ldots,R_n\}$

$R_i=\{ <a_{j_1 \cdots j_i \cdots j_n}, a_{j_1 \cdots j_{i+1} \cdots j_n}> \mid 0 \leqslant j_k \leqslant b_k-1,\ 1 \leqslant k \leqslant n$，且 $k \neq i$，$0 \leqslant j_i \leqslant b_i-2$，$i=2,\ldots,n\}$

基本操作：

（1）initArray(A,n,bound$_1$,…,bound$_n$)。若维数 n 和各维的长度合法，则构造相应的数组 A，并返回 true。

（2）destroyArray(A)：销毁数组 A。

（3）getValue(A,e,index$_1$,…,index$_n$)：若下标合法，用 e 返回数组 A 中由 index$_1$,⋯,index$_n$ 所指定的元素的值。

（4）setValue(A,e,index$_1$,…,index$_n$)：若下标合法，则将数组 A 中由 index$_1$,⋯,index$_n$ 所指定的元素的值置为 e。}

注意：这里所讲的数组下标从 1 开始。

4.2.2 数组的顺序存储结构

对于数组 A，一旦给定其维数 n 及各维长度 b_i（1≤i≤n），则该数组中元素的个数是固定的，不可以对数组做插入和删除操作，不涉及移动元素操作，因此对于数组而言，采用顺序存储法比较合适。

在计算机中，内存的结构是一维的。用一维的内存表示多维数组，就必须按某种次序，将数组元素排成一个线性序列，然后将这个线性序列存放在存储器中。换句话说，可以用向量作为数组的顺序存储结构。

1．一维数组的存储

对于一维数组：$A[c_1..d_1]$，假设数组的每个元素占用 d 个存储单元，已知第 1 个数据元素的存储地址为 $Loc(a[c_1])$，根据顺序存储的特点很容易求出任意一个元素 a[i]的存储地址：

$$Loc(a[i])=Loc(a[c_1])+(i-c_1)*d$$

2．二维数组的存储

对于二维数组，其顺序存储结构分为两种：一种是按行序存储，另一种是按列序存储。

（1）行优先顺序

将数组元素按行向量排列，第 i+1 个行向量紧接在第 i 个行向量后面。

【例 4.1】二维数组 A_{mn} 的按行优先存储的线性序列为：

$$a_{11},a_{12},\ldots,a_{1n},\ a_{21},a_{22},\ldots,a_{2n},\ \ldots\ldots,\ a_{m1},a_{m2},\ldots,a_{mn}$$

假设每个元素只占一个存储单元，“以行为主序”存放数组，下标从 1 开始，首元素 a_{11} 的地址为 $Loc(a_{11})$，求任意元素 a_{ij} 的地址。a_{ij} 排在第 i 行、第 j 列，并且前面的第 i-1 行有 n*(i-1) 个元素，第 i 行第 j 列前面还有 j-1 个元素。由此可以方便地求得 a_{ij} 地址 $Loc(a_{ij})$的计算公式：

$$Loc(a_{ij})=Loc(a_{11})+[(i-1)\times n+j-1]$$

如果每个元素占 d 个存储单元，则任意元素 a_{ij} 地址的计算公式为：

$$Loc(a_{ij})=Loc(a_{11})+[(i-1)\times n+j-1]\times d$$

说明：由地址计算公式可得，数组中任意元素可通过地址公式在相同时间内存取。即顺序存储的数组是随机存取结构，存取任何元素花费的时间相同。

（2）列优先顺序

将数组元素按列向量排列，第 j+1 个列向量紧接在第 j 个列向量后面。

【例 4.2】二维数组 A_{mn} 的按列优先存储的线性序列为：

$$a_{11},a_{21},\ldots,a_{m1}，a_{12},a_{22},\ldots,a_{m2}，\ldots\ldots，a_{1n},a_{2n},\ldots,a_{mn}$$

假设每个元素只占一个存储单元，“以列为主序”存放数组，下标从 1 开始，首元素 a_{11} 的地址为 $Loc(a_{11})$，求任意元素 a_{ij} 的地址。a_{ij} 排在第 i 行、第 j 列，并且前面的第 j-1 列有 m*(j-1)个元素，第 j 列第 i 行前面还有 i-1 个元素。由此可以方便地求得 a_{ij} 地址 $Loc(a_{ij})$的计算公式：

$$Loc(a_{ij})=Loc(a_{11})+[(j-1)\times m+i-1]$$

如果每个元素占 d 个存储单元，则任意元素 a_{ij} 的地址计算公式为：

$$Loc(a_{ij})=Loc(a_{11})+[(j-1)\times m+i-1]\times d$$

（3）通用数组元素的地址计算公式

对于存储任意的一个二维数组 $A[c_1..d_1][c_2..d_2]$，设首元素 $a_{c_1c_2}$ 的地址为 $Loc(a_{c_1c_2})$，每个元素占 d 个存储单元，则任意元素 a_{ij} 的地址为：

- 按行优先存储：$Loc(a_{ij})= Loc(a_{c_1c_2})+[(i-c_1)\times(d_2-c_2+1)+(j-c_2)]\times d$
- 按列优先存储：$Loc(a_{ij})= Loc(a_{c_1c_2})+[(j-c_2)\times(d_1-c_1+1)+ (i-c_1)]\times d$

【例 4.3】设有数组 a[1..8][1..10]，数组的每个元素占 3 个字节，数组从内存首地址 BA 开始以列序为主序顺序存放，求元素 a_{58} 的存储首地址。

$$Loc(a_{58})= BA+(7\times 8+4)\times 3= BA+180$$

4.2.3 特殊矩阵的压缩存储

矩阵是科学计算、工程数学，尤其是数值分析经常研究的对象。在计算机高级语言中，矩阵通常可以采用二维数组的形式来描述。

但是在有些高阶矩阵中，非零元素非常少（远小于 m×n），此时若仍采用二维数组顺序存放就不合适了，因为很多存储空间存储的都是 0，只有很少的一些空间存放的是有效数据，这将造成存储单元的极大浪费。另外，还有一些矩阵，其元素的分布有一定规律，我们可以利用这些规律，只存储部分元素，从而提高存储空间的利用率。上述矩阵叫做特殊矩阵，在实际应用中这类矩阵往往阶数很高，如 2000×2000 的矩阵。这种大容量的存储，在程序设计中，必须考虑对其进行有效的压缩存储。压缩原则是：对有规律的元素和值相同的元素只分配一个存储空间，对于零元素不分配空间。

下面介绍几种特殊矩阵及如何对它们进行压缩存储。

1. 三角矩阵

三角矩阵大体分为三类：下三角矩阵、上三角矩阵、对称矩阵。对于一个 n 阶矩阵 A 来说：若当 i<j 时，有 $a_{ij}=0$，则称此矩阵为下三角矩阵；若当 i>j 时，有 $a_{ij}=0$，则此矩阵称为上三角矩阵；若矩阵中的所有元素均满足 $a_{ij}=a_{ji}$，则称此矩阵为对称矩阵。

下面以 n×n 下三角矩阵为例来讨论三角矩阵的压缩存储，如图 4.4 所示。

$$A=\begin{pmatrix} a_{11} & & 0 & \\ a_{21} & a_{22} & & \\ a_{31} & a_{32} & a_{33} & 0 \\ \cdots & \cdots & \cdots & \\ a_{n1} & a_{n2} & a_{n3} & \ldots a_{nn} \end{pmatrix}$$

图 4.4　下三角矩阵

对于下三角矩阵的压缩存储，只需要存储下三角的非零元素，对于零元素则不存。假设按“行序为主序”进行存储，得到的序列是 a_{11}，a_{21},a_{22}，$a_{31},a_{32},a_{33},\ldots$，$a_{n1},a_{n2},\ldots,a_{nn}$。由于下三角矩阵的元素个数为 n(n+1)/2，所以可压缩存储到一个大小为 n(n+1)/2 的一维数组中，如图 4.5 所示。下三角矩阵中元素 a_{ij}（i>j）在一维数组中的位置为：

$$Loc(a_{ij})=Loc(a_{11})+\text{前 i-1 行非零元素个数}+\text{第 i 行中 } a_{ij} \text{ 前非零元素个数}$$

因为前 i-1 行元素个数为 1+2+3+4+⋯+(i-1)= i(i-1)/2，第 i 行中 a_{ij} 前非零元素个数为 j-1，所以有：

$$Loc(a_{ij})=Loc(a_{11})+ i(i-1)/2+j-1$$

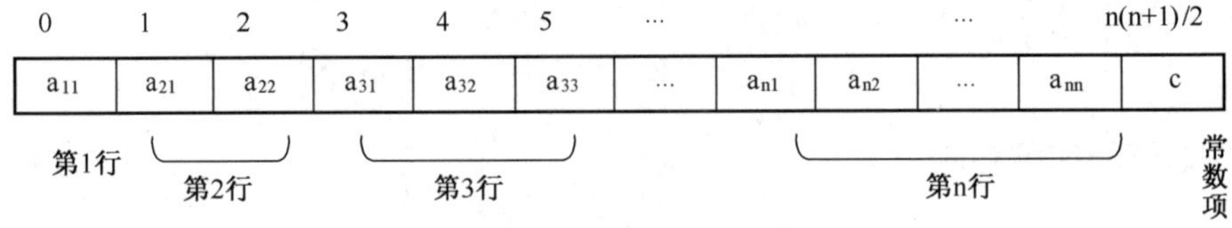

图 4.5　下三角矩阵的压缩存储

同样，对于上三角矩阵，也可以将其压缩存储到一个大小为 n(n+1)/2 的一维数组中，如图 4.6 所示。其中元素 a_{ij}（i<j）在数组中的存储位置为：

$$Loc(a_{ij})=Loc(a_{11})+ j(j-1)/2+ i-1$$

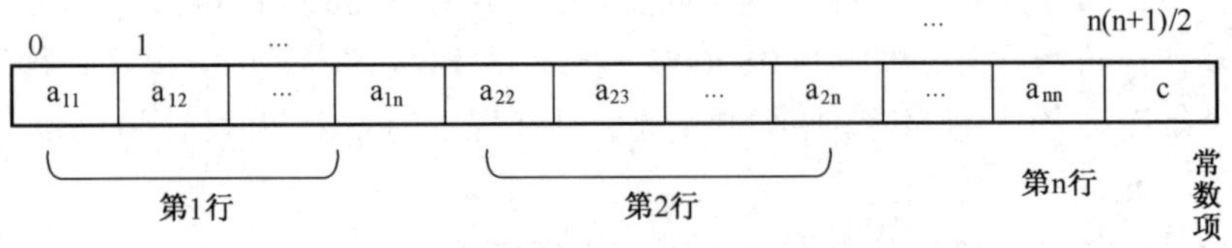

图 4.6　上三角矩阵的压缩存储

对于对称矩阵，因其元素满足 $a_{ij}= a_{ji}$，因此可以为每一对相等的元素分配一个存储空间，即只存下三角（或上三角）矩阵，从而将 n^2 个元素压缩到 n(n+1)/2 个空间中。

2. 带状矩阵

所谓带状矩阵，即在矩阵 A 中，所有的非零元素都集中在以主对角线为中心的带状区域中。其中最常见的是三对角带状矩阵，如图 4.7 所示。

$$A=\begin{pmatrix} a_{11} & a_{12} & & & & \\ a_{21} & a_{22} & a_{23} & & & \\ & a_{32} & a_{33} & a_{34} & & \\ & & a_{43} & a_{44} & a_{45} & \\ & & & \cdots & \cdots & \cdots \end{pmatrix}_{n\times n}$$

图 4.7　三对角带状矩阵 A

三对角带状矩阵有如下特点：当①i=1，j=1,2；②1<i<n，j=i-1,i,i+1；③i=n，j=n-1,n 时，a_{ij} 非零，其他元素均为零。

对于三对角带状矩阵的压缩存储，假设以行序为主序进行存储，并且只存储非零元素。具体压缩存储方法如下。

（1）确定存储该矩阵所需的一维向量空间的大小

在这里假设每个非零元素所占空间的大小为 1 个单元。从图中观察得知，三对角带状矩阵中，除了第一行和最后一行只有 2 个非零元素外，其余各行均有 3 个非零元素。因此，所需一维向量空间的大小为：2+2+3(n-2)=3n-2，如图 4.8 所示。

数组	a_{11}	a_{12}	a_{21}	a_{22}	a_{23}	a_{32}	…	a_{nn}
Loc(a_{ij})	1	2	3	4	5	6	…	3n-2

图 4.8　带状矩阵的压缩形式

（2）确定非零元素在一维数组空间中的位置

三对角带状矩阵中的元素 a_{ij}（i>j）在一维数组中的位置为：

Loc(a_{ij}) = Loc(a_{11})+前 i-1 行非零元素个数+第 i 行中 a_{ij} 前非零元素个数

前 i-1 行元素个数为 3×(i-1)-1（因为第 1 行只有 2 个非零元素），第 i 行中 a_{ij} 前非零元素个数为 j-i+1，其中：

$$j-i=\begin{cases} -1 & (j<i) \\ 0 & (j=i) \\ 1 & (j>i) \end{cases}$$

由此得到：Loc(a_{ij})=Loc(a_{11})+3(i-1)-1+j-i+1= Loc(a_{11})+2(i-1)+j-1

3. 稀疏矩阵

所谓稀疏矩阵，从直观上讲，是指矩阵中大多数元素为零的矩阵。一般地，当非零元素个数只占矩阵元素总数的 25%～30%，或低于这个百分数时，称这样的矩阵为稀疏矩阵。在图 4.9 所示的矩阵 A 中，非零元素个数为 7 个，矩阵元素总数为 6×6=36，显然 7/36<30%，所以 A 是稀疏矩阵。

$$
A = \begin{pmatrix} 15 & 0 & 0 & 22 & 0 & -15 \\ 0 & 11 & 3 & 0 & 0 & 0 \\ 0 & 0 & 0 & 6 & 0 & 0 \\ 0 & 0 & 0 & 0 & 0 & 0 \\ 91 & 0 & 0 & 0 & 0 & 0 \\ 0 & 0 & 0 & 0 & 0 & 0 \end{pmatrix}
$$

图 4.9　稀疏矩阵

（1）稀疏矩阵的三元组表表示法

对于稀疏矩阵的压缩存储，采取只存储非零元素的方法。但由于稀疏矩阵中非零元素 a_{ij} 的分布一般是没有规律的，因此，对于稀疏矩阵的压缩存储就要求在存储非零元素的同时，还必须存储一些辅助信息，即该非零元素在矩阵中所处的行号和列号，这种存储方法称为稀疏矩阵的三元组表示法。每个非零元素在一维数组中的表示形式如图 4.10 所示。

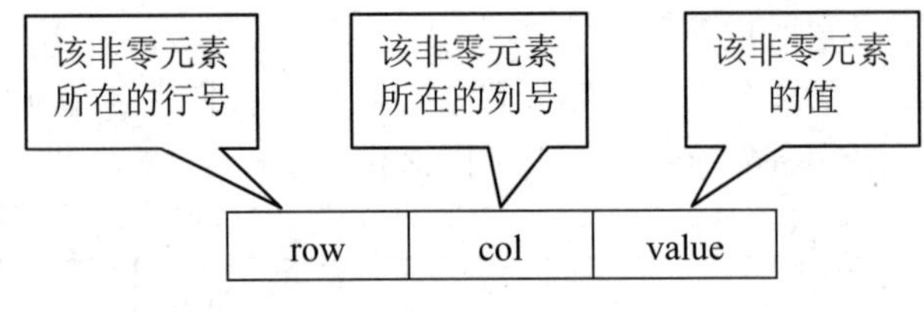

图 4.10　三元组结构

把这些三元组按“行序为主序”用一维数组进行存放，即将矩阵中任意一行全部非零元素的三元组按列号递增存放。由此得到图 4.9 中矩阵 A 的三元组表如图 4.11 所示。

	i	j	v
1	1	1	15
2	1	4	22
3	1	6	-15
4	2	2	11
5	2	3	3
6	3	4	6
7	5	1	91

图 4.11　A 的三元组表

三元组顺序表存储结构描述：

```
class TripleNode  {                    //三元组表中的结点
    private int row;                   //行号
    private int column;                //列号
```

```
    private int value;                //元素值
}
public class SparseMatrix {           //三元组顺序表类
    private TripleNode data[];        //三元组表
    private int rows;                 //行数
    private int cols;                 //列数
    private int nums;                 //非零元素个数
}
```

【例 4.4】用三元组表实现稀疏矩阵的转置。

矩阵的转置是指变换元素的位置，把位于(row,col)位置上的元素换到(col,row)位置上，也就是说把元素的行列互换。如一个 6×7 的矩阵 M，它的转置矩阵就是 7×6 的矩阵 N，并且 N(row,col)= M(col,row)，其中：1≤row≤7，1≤col≤6。

采用矩阵的正常存储方式时，实现矩阵转置的算法如下：

```
public SparseMatrix transpose() {
    SparseMatrix tm = new SparseMatrix(nums); //创建矩阵对象
    tm.cols = rows;                   //行数变为列数
    tm.rows = cols;                   //列数变为行数
    tm.nums = nums;                   //非零元素个数不变
    int q = 0;
    for (int col = 0; col < cols; col++) {
      for (int p = 0; p < nums; p++) {
         if (data[p].getColumn() == col) {
           tm.data[q].setRow(data[p].getColumn());
           tm.data[q].setColumn(data[p].getRow());
           tm.data[q].setValue(data[p].getValue());
           q++;   }
         }
      }
    return tm;
}
```

图 4.12 中的矩阵 B 为图 4.9 中矩阵 A 的转置矩阵，图 4.13 为矩阵 B 对应的三元组表。

$$A=\begin{pmatrix}15&0&0&0&91&0\\0&11&0&0&0&0\\0&3&0&0&0&0\\22&0&6&0&0&0\\0&0&0&0&0&0\\-15&0&0&0&0&0\end{pmatrix}$$

图 4.12　A 的转置矩阵 B

	i	j	v
1	1	1	15
2	1	5	91
3	2	2	11
4	3	2	3
5	4	1	22
6	4	3	6
7	6	1	-15

图 4.13　B 的三元组表

显然，稀疏矩阵转置后仍然是稀疏矩阵，所以可以采用三元组表实现矩阵的转置。假设 A 和 B 是矩阵 source 和矩阵 dest 的三元组表，实现转置的简单方法是：矩阵 source 的三元组表 A 中的行、列互换就可以得到 B 中的元素。

为了保证转置后的矩阵的三元组表 B 也是以“行序为主序”进行存放，则需要对行、列互换后的三元组表 B 按 B 的行下标（即 A 的列下标）大小重新排序，如图 4.14 所示。

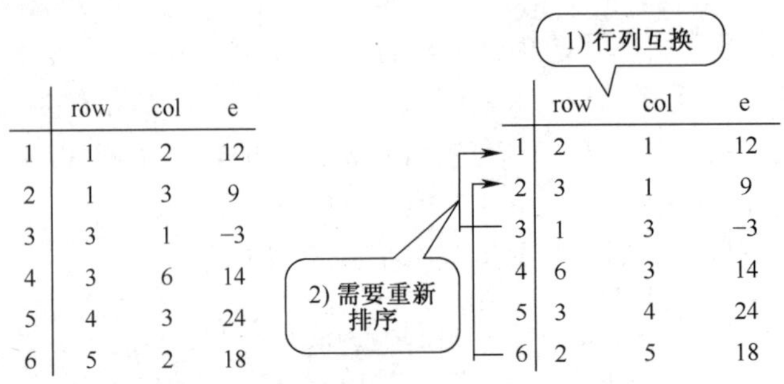

	row	col	e
1	1	2	12
2	1	3	9
3	3	1	−3
4	3	6	14
5	4	3	24
6	5	2	18

	row	col	e
1	2	1	12
2	3	1	9
3	1	3	−3
4	6	3	14
5	3	4	24
6	2	5	18

图 4.14　矩阵的转置（用三元组表表示）

（2）稀疏矩阵的链式存储表示——十字链表

用三元组表方法表示的稀疏矩阵，比使用二维数组存储节约了空间，并且使得矩阵某些运算的运算时间比经典算法还少。但是，在进行矩阵加法、减法和乘法等运算时，有时矩阵中的非零元素的位置和个数会发生很大的变化。例如 A=A+B，将矩阵 B 加到矩阵 A 上，此时，若还用三元组表的表示法，势必会为了保持三元组表“以行序为主序”而大量移动元素。为了避免大量移动元素，再介绍一种稀疏矩阵的链式存储法——十字链表，它能够灵活地插入因运算而产生的新的非零元素、删除因运算而产生的新的零元素，实现矩阵的各种运算。

在十字链表中，矩阵的每一个非零元素用一个结点表示，该结点除了(row,col,value)以外，还有以下两个链域。

- right：用于链接同一行中的下一个非零元素。
- down：用于链接同一列中的下一个非零元素。

整个结点的结构如图 4.15 所示。在十字链表中，同一行的非零元素通过 right 域链接成一个单链表。同一列的非零元素通过 down 域链接成一个单链表。这样，矩阵中任意非零元素 a_{ij} 所对应的结点既位于第 i 行的行链表上，又位于第 j 列的列链表上，好像是处在一个十字交叉路口上，所以称其为十字链表。同时再附设一个存放所有行链表的头指针的一维数组和一个存放所有列链表的头指针的一维数组。

<table>
<tr><td>row</td><td>col</td><td>value</td></tr>
<tr><td colspan="3">down　　right</td></tr>
</table>

图 4.15　十字链表结点结构示意图

稀疏矩阵的十字链表存储结构描述：

```
class OLNode {                           //十字链表结点类
    private int row, col;                //元素的行号、列号
    private int e;                       //元素值
    private OLNode right;                //行链表指针
    private OLNode down;                 //列链表指针
  }
class CrossList {                        //稀疏矩阵十字链表类
    int mu, nu, tu;                      //行数、列数、非零元素个数
    OLNode[] rhead, chead;               //行、列指针数组
  }
```

【例 4.5】画出图 4.16 中稀疏矩阵的十字链表，其结构如图 4.17 所示。

$$A=\begin{pmatrix} 3 & 0 & 0 & 5 \\ 0 & 1 & 0 & 0 \\ 2 & 0 & 0 & 0 \end{pmatrix}$$

图 4.16　稀疏矩阵 A

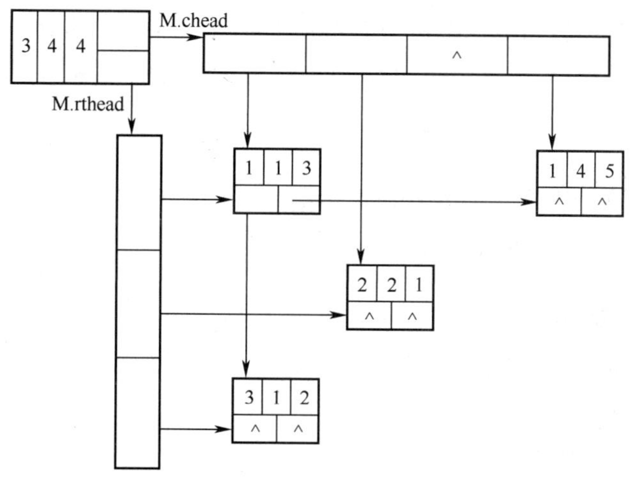

图 4.17　稀疏矩阵 A 的十字链表结构

4.3　串

【学习任务】学习串的相关术语、存储方式以及串的运算。

4.3.1　串的基本概念

串（string）是零个或多个字符组成的有限序列，一般记为：S="$a_1a_2 \ldots a_n$"（n≥0）。

其中 S 是串的名字，用双引号括起来的字符序列是串的值；a_i（$1\leqslant i\leqslant n$）可以是字母、数字或其他字符；n 是串中字符的个数，称为串的长度，n=0 时的串称为空串（null string）。

- 子串和主串

串中任意个连续的字符组成的子序列称为该串的子串。相对地，包含子串的串称为主串。通常将字符在串中的序号称为该字符在串中的位置，子串在主串中的位置用子串的第一个字符在主串中的位置来表示。

例如：串 A="China Beijing"，B="Beijing"，C="China"，则它们的长度分别为 13、7 和 5。B 和 C 是 A 的子串，B 在 A 中的位置是 7，C 在 A 中的位置是 1。

注意：空串是任意串的子串，任意串是它自身的子串。

- 串相等

当且仅当两个串的值相等时，称这两个串是相等的。即只有当两个串的长度相等，并且每个对应位置的字符都相等时才称为串相等。

注意：串值必须用一对双引号括起来，但双引号是界限符，它不属于串，其作用是避免与变量名或常量混淆。

- 空白串与空格串

由一个或多个空格字符组成的串称为空格串（blank string），其长度为串中空格字符的个数。空白串即空串。请注意空白串（null string）和空格串（blank string）的区别。

串的抽象数据类型定义如下。

ADT String {

数据对象：$D=\{a_i| a_i\in CharacterSet，i=1,2,\ldots,n; n\geqslant 0\}$

数据关系：$R=\{<a_{i-1},a_i>| a_{i-1},a_i\in D，i=2,\ldots,n; n\geqslant 0\}$

基本操作：

```
public void clear();
public boolean isEmpty();
public int length();
public char charAt(int index);
public String substring(int begin, int end);
public String insert(int offset, String str);
public String delete(int begin, int end) ;
public String concat(String str ) ;
public int compareTo(String str ) ;
public int indexOf (String Str, int bgein)
```

4.3.2 串的基本运算

串的逻辑结构和线性表极为相似，区别仅在于串的数据对象约束为字符集。但串的基本运算和线性表有很大差别：在线性表的基本操作中，大多以“单个元素”作为操作对象；而在串的基本操作中，通常以“串的整体”作为操作对象。

1. *求子串运算* subString(begin, end)

操作要求：

返回当前串中序号从 begin 至 end-1 的子串。起始下标 begin 的范围是 0≤begin≤length()-1；结束下标 end 的范围是 1≤end≤length()。

算法：

```
public Istring substring (int begin, int end) {
if (begin>0||end<curLen||begin>end)
        throw new StringIndexOutOfBoundsException("参数不合法");
if (begin == 0 && end == curLen)
            return this;
}
```

【例 4.6】已知当前串为"commander"，则：

```
substring(3,6)= " man "
substring(0,9)= "commander "
substring(8,9)= " r "
substring(3,10)错误
substring(9,1)错误
```

2. *串插入运算* insert(offset, str)

操作要求：

在当前串中第 offset 个字符之前插入串 str，并返回结果串对象。其中，参数 offset 的有效范围是 0≤offset≤length()。当 offset=0 时，表示在当前串的开始处插入串 str；当 offset=length()时，表示在当前串的结尾处插入串 str。

算法：

```
public Istring insert (int offset, Istring str) {
if (offset < 0) || (offset > this.curlen )
         throw new StringIndexOutOfBoundsException("插入位置不合法");
int int len=str.length();     //str 串的长度
int newcount= this.curLen+len; //插入后串的长度
if (newcount>strValue.length)
        allocate(newcount);
for (int i = this.curLen - 1; i >= offset; i--) { //后移
                strValue[len + i] = strvalue[i]; }
for (int i = 0; i < len; i++){     //插入
                strValue[ offset + i] = str.charAt(i);
 }
this.curLen=newcount;     //修正串长
return this;
}
```

【例 4.7】当前串为"chater"，则：

```
insert(3, " rac "）=" character "
insert(0, " rac ")= " racchater "
insert(6, " rac ")= " chaterrac "
```

3. 串删除运算 delete(begin, end)

操作要求：

在当前串中删除从 begin 到 end-1 之间的子串，并返回当前串对象。其中：0≤begin≤length()-1，1≤end≤length()。

算法：

```
public IString delete (int begin, int end) {
if (begin<0||end>curLen||begin>end)
        throw new StringIndexOutOfBoundsException("参数位置不合法");
for (int i = 0; i < curLen - end; i++){
        strValue[ begin + i ] = strValue[ end + i ];
        }
this.curLen= curLen-(end-begin);
return this;
}
```

【例 4.8】当前串为"commander"，则：

```
delete(3,6)= "comder "
delete(0,9)= " "
delete(8,9)= "commande "
delete(3,10)错误
delete(9,1)错误
```

4. 串比较运算 compareTo(str)

操作要求：

将当前串与目标串 str 进行比较（串值大小按词典次序 a～z>A～Z），若：

当前串> str，则返回值 ＞0；

当前串= str，则返回值 ＝0；

当前串< str，则返回值 ＜0。

算法：

```
public int comparTo (IString str) {
int len1 = curLen;
  int len2 = str.curLen;
  int n = Math.min(len1, len2);
for (int i = 0; i < n; i++){
        if (strValue[i]!=str.strValue[i])
                return    strValue[i]-str.strValue[i];
        }
return len1-len2;
}
```

【例 4.9】当前串为" cat "，则：

```
compareTo(" case ") >0
compareTo(" cht " ) <0
compareTo(" cate ") <0
compareTo(" ca " ) >0
```

5. 子串定位运算 indexOf(str,begin)

操作要求：

在当前串中从 begin 位置开始去找与非空串 str 相等的子串，若查找成功则返回在当前串中的位置，否则返回-1，其中，0≤begin≤length()-1。

算法：

```
public int indexOf (IString Str, int begin) {
if (begin >= 0) {
n = this.length();
m = str.length();
i = begin;
while ( i <= n-m+1) {
    if (compareTo(substring(i,i+m),str) != 0)
            ++i ;
        else    return i ;
        }
}
return -1;   // S 中不存在与 T 相等的子串 }
```

【例 4.10】当前串为" bcaabcaaabc"，str= " bca "，则：

```
indexOf(str,0)= 0
indexOf(str,2)= 4
indexOf(str,6)= -1
```

4.3.3 串的存储结构

1. 串的顺序存储结构

串的顺序存储结构与线性表的顺序存储结构类似，可以采用一组地址连续的存储单元来存储串字符序列，如图 4.18 所示。顺序存储的串称为顺序串，顺序串的类型描述如下：

```
public class SeqString implements IString{
        private char[] strvalue;      //存放串值
        private int curlen;           //存放串的长度
}
```

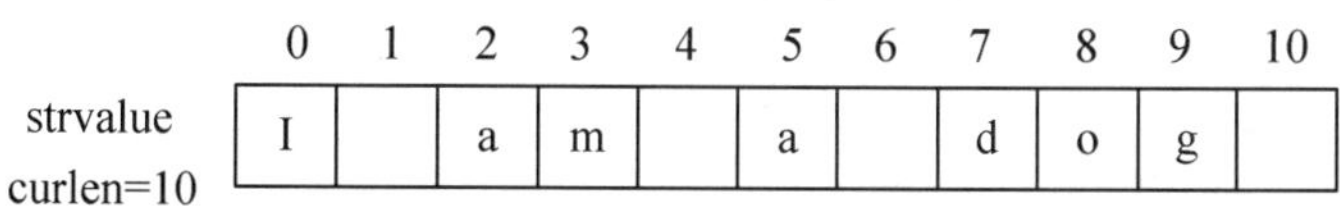

图 4.18　串的顺序存储结构

其中：strvalue 是一个字符数组，数组容量是 11，该数组中存放字符串"I am a dog"，串的实际长度 curlen 的值是 10。

2. 串的链式存储结构

串的链式存储结构和线性表的链式存储结构类似，可以采用单链表来存储串值，串的这种链式存储结构称为链串，如图 4.19 所示。

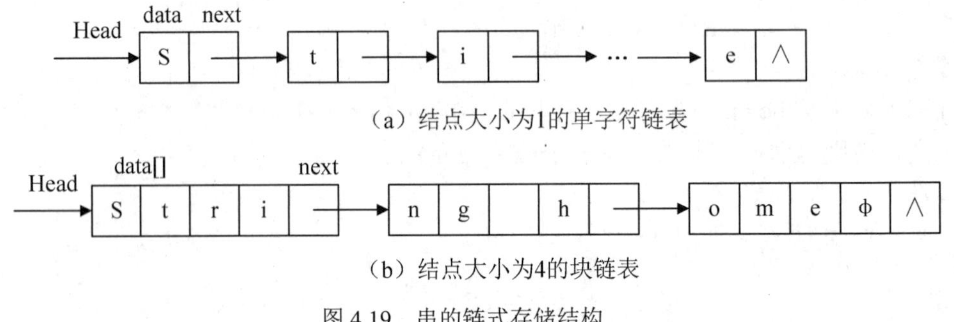

图 4.19 串的链式存储结构

4.4 广义表

【学习任务】通过生活实例初步了解广义表的特征，从感性上认识广义表及其简单操作。

1. 广义表的逻辑结构

广义表是线性表的一种推广。

在模块 2 里线性表被定义为一个有限的序列$(a_1,a_2,a_3,\cdots,a_n)$，其中 a_i 被限定为单个数据元素。而广义表是 n（n≥0）个数据元素的有限序列，一般记作：$LS=(a_1,a_2,a_3,\cdots,a_n)$。其中：LS 是广义表的名称，$a_i$（1≤i≤n）是 LS 的成员（也称直接元素），它可以是单个的数据元素，也可以是一个广义表，分别称为 LS 的单元素和子表。例如，中国举办的某体育项目国际邀请赛，参赛队列采用如下的形式：

（俄罗斯，巴西，（中国，天津，四川），古巴，美国，（），日本）

在这个拓宽了的线性表中，韩国队应该排在美国队后面，但由于某种原因未参加，称为空表。中国国家队、天津队、四川队均作为东道主的参赛队参加，构成一个小的线性表，称为原线性表的一个数据项。这种拓宽了的线性表就是广义表。

在广义表 LS 中，a_1 是广义表的表头，而广义表其余部分组成的表$(a_2,a_3,\cdots,a_n)$称为广义表的表尾。由此可见广义表是递归定义的线性结构。下面给出一些广义表的例子，以加深对广义表的理解。

A=() 长度为 0 的空表。

B=(e) 只有一个单元素，长度为 1，深度为 1。

C=(a,(b,c,d)) 长度为 2，深度为 2。

D=(A,B,C) 长度为 3，深度为 1。

E=(a,E) 长度为 2，深度为无穷大，是递归表。

F=(( ))　　　　　长度为 1，深度为 2。

从上面的例子可以看出广义表具有如下重要的特性：

（1）广义表中的数据元素有相对次序。

（2）广义表的长度定义为最外层包含元素的个数。

（3）广义表的深度定义为所含括弧的重数（其中，原子的深度为 0，空表的深度为 1）。

（4）一个广义表可以为其他广义表共享，这种共享广义表称为再入表。

（5）广义表可以是一个递归的表。一个广义表可以是自己的子表，这种广义表称为递归表。递归表的深度是无穷大，长度是有限值。

（6）任何一个非空广义表 LS =$(a_1,a_2,a_3,\cdots,a_n)$均可分解为表头 Head(LS) = a_1 和表尾 Tail(LS) = $(a_2,a_3,\cdots,a_n)$两部分。

【例 4.11】已知 D = (E, F) = ((a, (b, c))，F)，则：

```
Head( D ) = E            Tail( D ) = ( F )
Head( E ) = a            Tail( E ) = ( ( b, c) )
Head( (( b, c)) ) = ( b, c)    Tail( (( b, c)) ) = ( )
Head( ( b, c) ) = b      Tail( ( b, c) ) = ( c )
Head( ( c ) ) = c        Tail( ( c ) ) = ( )
```

2. 广义表的存储结构

由于广义表中的数据元素既可以是单个元素，也可以是子表，因此对广义表很难用顺序存储结构来表示，通常使用链式存储结构来表示，表中的每个元素可用一个结点来表示。广义表中有两类结点，一类是单个元素结点，一类是子表结点。任何一个非空的广义表都可以将其分解成表头和表尾两部分，反之，一对确定的表头和表尾可以唯一地确定一个广义表。由此，一个表结点可由三个域构成：标志域，指向表头的指针域，指向表尾的指针域。而元素结点只需要两个域：标志域和值域。广义表结点示意图如图 4.20 所示。

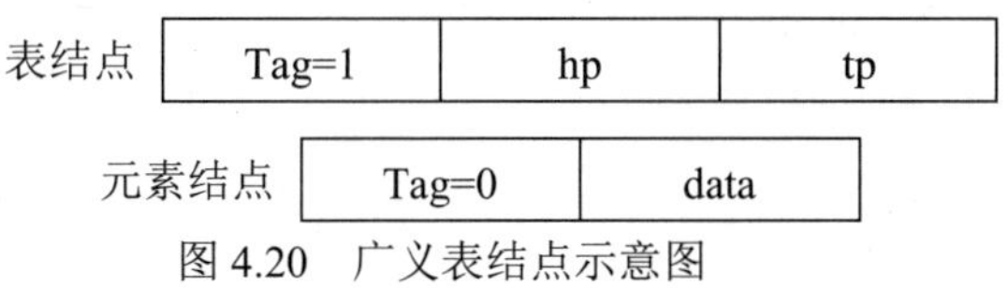

图 4.20　广义表结点示意图

【例 4.12】画出广义表 C=(a,(b,c,d))的头尾链表，如图 4.21 所示。

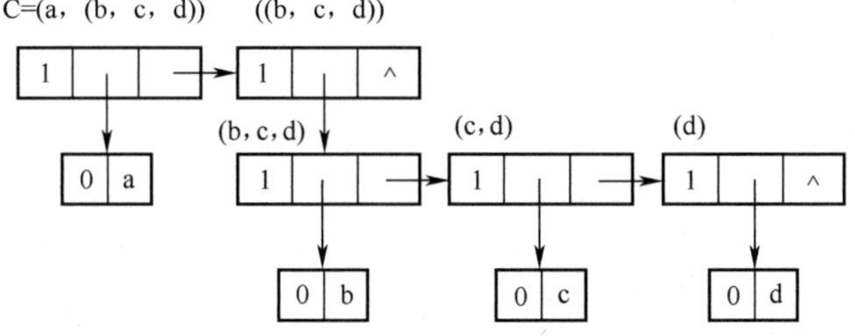

图 4.21　广义表的头尾链表表示

4.5 应用举例

【学习任务】在学习了数组、字符串基础知识的前提下，掌握这些特殊数据结构的应用实例和程序实现。

4.5.1 求班级成绩的平均分和最高分

【问题描述】

某班有 30 个学生，利用数组存储这 30 个同学的 Java 课程成绩，并求出最高分、最低分、平均分。

【算法思想】

从键盘读入 20 位同学的成绩，存放到一个数组中，分别定义 max、min、sum 和 ave 变量，表示最大值、最小值、总成绩、平均分，把第一个数组元素的值赋值给 max 和 min，然后利用 for 循环依次让 max 和 min 与数组中其余的每一个元素进行比较，必要时对 max 和 min 进行重新赋值，同时在循环过程中对数组元素进行求和，便于循环结束后求平均分。

【算法实现】

```
import java.util.*;
public class Score {
    public static void main(String[] args) {
    double[] a=new double[20];
    double max, min ,sum = 0.0,ave;
    int   i;
    System.out.println("输入学生成绩：");
    for(i=0;i<20;i++)        //键盘读入成绩
    {
        Scanner rd=new Scanner(System.in);
        a[i]=rd.nextDouble();
    }
    max=a[0];
    min=a[0];
    for(int i=1;i<20;i++)   //求最高分
      if(max<a[i])
        max = a[i];
    for(int i=1;i<20;i++)     //求最低分
      if(min>a[i])
        min = a[i];
    for(int i=0;i<20;i++)       //求总分
        sum = sum + a[i];
    ave=sum/20;
    System.out.println("班级平均分是：" + ave);
    System.out.println("班级最高分是：" + max);
```

```
        System.out.println("班级最低分是：" + min);
    }
}
```

程序运行结果：

```
输入学生成绩：98 76 100 67 71 80 32 90 91 85 82 76 84 89 65 62 70 90 100 65
班级平均分是：78.65
班级最高分是：100.0
班级最低分是：32.0
```

4.5.2　矩阵相乘

【问题描述】

求两矩阵相乘的结果。

【算法思想】

分别定义两个二维数组用来存放两个矩阵，矩阵 A 的行号和矩阵 B 的列号决定矩阵 C 的行列号；矩阵 A 的列号和矩阵 B 的行号相同者进行乘法操作。

【算法实现】

```
public class Test   {
    public static void main(String[] args) {
        int[][]   a={{1,2},{3,4},{5,6}};//自定义矩阵
        int[][]   b={{1,2,3},{4,5,6}};//自定义矩阵
        printMatrix(a,b);
    }
    static void printMatrix(int[][] a,int[][] b){
        int c[][] = new int[a.length][b[0].length];
        int x,i,j;
        for(i = 0;i<a.length ;i++)
            for(j = 0;j<b[0].length;j++)   {
                int temp = 0;
                for(x = 0;x<b.length;x++)
                    temp+=a[i][x]*b[x][j];
                c[i][j] = temp;
            }
        System.out.println("矩阵相乘后的结果为");
        for(int m = 0;m<a.length;m++)
        {
            for(int n = 0;n<b[0].length;n++)
                System.out.print(c[m][n]+"\t");
            System.out.println();
        }
    }
}
```

程序运行结果：

```
矩阵相乘后的结果为
9       12      15
```

```
19    26    33
29    40    51
```

4.6 小结

本模块介绍了数组的类型定义及其在高级语言中实现的方法。数组作为一种数据类型，它的特点是一种多维的线性结构，并只存取或修改某个元素的值，因此它只需要采用顺序存储结构。对于特殊矩阵，可根据不同的特点，采用相应的压缩存储方法。

本模块还讲解了串的基本操作的定义，并能利用这些基本操作来实现串的其他主要操作。串的存储主要采用链式存储。

此外，本模块还介绍了特殊的线性表——广义表的概念以及相关的术语和存储方式。

4.7 知识巩固

4.7.1 理论知识

一、填空题

1．数组的存储结构采用________存储方式。

2．二维数组 A[10][20]每个元素占一个存储单元，并且 A[0][0]的存储地址是 200，若采用行序为主方式存储，则 A[6][12]的地址是________，若采用列序为主方式存储，则 A[6][12]的地址是________。

3．当广义表中的每个元素都是原子时，广义表便成了________。

4．广义表简称表，是由零个或多个原子或子表组成的有限序列，原子与表的差别仅在于________。为了区分原子和表，一般用________表示表，用________表示原子。一个表的长度是指________，而表的深度是指________。

5．空串与空格字符组成的串的区别在于________。

二、选择题

1．数组 A[0..5,0..6]的每个元素占 5 个字节，将其按列优先次序存储在起始地址为 1000 的内存单元中，则元素 A[5,5]的地址是（　）。

A．1175　　B．1180　　C．1205　　D．1210

2．两个字符串相等的条件是（　）。

A．两串的长度相等

B．两串包含的字符相同

C．两串的长度相等，并且两串包含的字符相同

D．两串的长度相等，并且对应位置上的字符相同

3．字符串采用结点大小为 1 的链表作为其存储结构，是指（　　）。

A．链表的长度为 1

B．链表中只存放 1 个字符

C．链表的每个链结点的数据域中不仅只存放了一个字符

D．链表的每个链结点的数据域中只存放了一个字符

4．所谓稀疏矩阵指的是（　　）。

A．零元素个数较多的矩阵

B．零元素个数占矩阵元素中总个数一半的矩阵

C．零元素个数远远多于非零元素个数且分布没有规律的矩阵

D．包含有零元素的矩阵

5．对稀疏矩阵进行压缩存储的目的是（　　）。

A．便于进行矩阵运算　　B．便于输入和输出

C．节省存储空间　　D．降低运算的时间复杂度

6．有一个 100×90 的稀疏矩阵，非零元素有 10 个，设每个整型数占两字节，则用三元组表表示该矩阵时，所需的字节数是（　　）。

A．60　　B．66　　C．18000　　D．33

7．下面说法不正确的是（　　）。

A．广义表的表头总是一个广义表　　B．广义表的表尾总是一个广义表

C．广义表难以用顺序存储结构　　D．广义表可以是一个多层次的结构

8．已知广义表 L=((x,y,z),a,(u,t,w))，从 L 表中取出原子项 t 的运算是（　　）。

A．Head(Tail(Tail(L)))　　B．Tail(Head(Head(Taii(L))))

C．Head(Tail(Head(Taii(L))))　　D．Head(Tail(Head(Tail(Tail(L)))))

9．广义表 A=(a,b,(c,d),(e,(f,g)))，则式子 Head(Tail(Head(Tail(Tail(A)))))的值为（　　）。

A．(g)　　B．（d）　　C．c　　D．d

10．广义表((a,b,c,d))的表头是（　　），表尾是（　　）。

A．a　　B．( )

C．(a,b,c,d)　　D．(b,c,d)

11．设广义表 L=((a,b,c))，则 L 的长度和深度分别为（　　）。

A．1 和 1　　B．1 和 3　　C．1 和 2　　D．2 和 3

三、简答题

1．数组 A 中，每个元素的长度均为 4 个字节，行下标从 0 到 9，列下标从 1 到 11，从首地址 s 开始连续存放到主存储器中。求：

（1）存放该数组需多少单元？

（2）存放数组第 4 列所有元素至少需多少单元？

（3）数组按行存放时，元素 A[7,4]的起始地址是多少？

（4）数组按列存放时，元素 A[4,7]的起始地址是多少？

2．画出下列广义表的链接存储结构，并求其深度。

((((),a,((b,c),(),d),(((e))))

3．设有广义表 K1(K2(K5(a,K3(c,d,e)),K6(b,k)),K3,K4(K3,f))，要求：

（1）指出 K1 的各个元素及元素的构成。

（2）计算表 K1，K2，K3，K4，K5，K6 的长度和深度。

（3）画出 K1 的链表存储结构。

4．一个稀疏矩阵如图 4.22 所示，画出其对应的三元组表和十字链表。

$$\begin{pmatrix} 0 & 0 & 2 & 0 \\ 3 & 0 & 0 & 0 \\ 0 & 0 & -1 & 5 \\ 0 & 0 & 0 & 0 \end{pmatrix}$$

图 4.22　稀疏矩阵

4.7.2　真题在线

一、选择题

1．以下关于字符串的判定语句正确的是（　　）。（2004 年程序员试题）

A．字符串是一种特殊的线性表　　　　B．串的长度必须大于零

C．字符串不属于线性表的一种　　　　D．空格字符组成的串就是空串

2．若字符串 s 的长度为 n（n>1）且其中的字符互不相同，则 s 的长度为 2 的子串有（　　）个。（2008 年程序员试题）

A．n　　　　B．n-1　　　　C．n-2　　　　D．2

3．设 L 为广义表，将 Head(L)定义为取非空广义表的第一个元素，Tail(L)定义为取非空广义表除第一个元素外剩余元素构成的广义表。若广义表 L=((x,y,z),a,(u,t,w))，则从 L 中取出原子项 y 的运算是（　　）。（2009 年软件设计师试题）

A．Head(Tail(Tail(L)))　　　　B．Tail(Head(Head(L)))

C．Head(Tail(Head(L)))　　　　D．Tail(Tail(Head(L)))

4．已知 N 个数已经存入数组 A[1…M]的前 N 个元素中（N<M），为在 A[i]（1≤i≤N）之前插入一个新数，应先（　　），以挪出一个空闲位置插入该数。（2006 年程序员试题）

A．从 A[i]开始直到 A[1]，每个数向后移动一个位置

B．从 A[1]开始直到 A[i]，每个数向后移动一个位置

C．从 A[i]开始直到 A[N]，每个数向前移动一个位置

D．从 A[N]开始直到 A[i]，每个数向后移动一个位置

5．若二维数组 P[1..5,0..8]的首地址为 base，数组元素按行存储，且每个元素占用 1 个存储单元，则元素 P[3,3]在该数组空间的地址为（　　）。（2008 年程序员试题）

A．base+1　　B．base+16　　C．base+18　　D．base+21

6．已知对称矩阵 A_{nn} (A_{ij}=A_{ji})的主对角线元素全部为 0，若用一维数组 B 仅存储矩阵 A 的下三角区域的所有元素（不包含主对角线元素），则数组 B 的大小为（　　）。（2009 年程序员试题）

A．n(n-1)　　B．$n^2/2$　　C．n(n-1)/2　　D．n(n+1)/2

4.7.3　实训任务

【实训任务 1】有两个顺序表 A 和 B，其元素均按从小到大的升序排列，编写一个算法将它们合并成一个顺序表 C，要求 C 的元素也是按从小到大的升序排列。

【问题描述】

使用两个数组存放顺序表 A 和 B，分别将数组中的元素值复制到另一个数组 C 中，C 的长度应该能容纳 A 和 B 元素个数的总和。使用数组排序方法对 C 数组元素进行排序即可。

【实训任务 2】实现杨辉三角形的输出。

【问题描述】

杨辉三角形，又称帕斯卡三角形，是二项式系数在三角形中的一种几何排列，其形式如下，输出其前 10 行的值。

```
1
1 1
1 2 1
1 3 3 1
1 4 6 4 1
```

5 树和二叉树

主要内容

- 树的基本概念及相关术语。
- 二叉树的定义、性质、存储结构与遍历。
- 森林的定义，树、森林与二叉树之间的转换。
- 树的存储结构、树和森林的遍历。
- 树的应用实例——哈夫曼树及其应用。

学习目标

重点：

- 掌握二叉树的存储结构及相关遍历算法。
- 掌握哈夫曼树的构造。
- 掌握树、森林和二叉树的转换方法。

难点：

- 掌握二叉树的遍历。
- 理解树结构的应用。

前面几个模块所讨论的数据结构都属于线性结构，而本模块学习的树结构是一种以分支关系定义的非线性结构。所谓非线性结构，是指在该结构中至少存在一个数据元素，它具有两个或两个以上的前趋或后继元素。树结构中的每个数据元素（称为结点）至多只有一个直接前趋，但却可以有零个或多个直接后继。

5.1 实例引入

【学习任务】通过生活实例初步了解树结构的特征以及非线性结构与线性结构的区别。

【实例 1】家族树。

在现实生活中，有如下血统关系的家族可用树形图表示。

老王有三个孩子：王一、王二和王三。

王一有两个孩子：王小一和王小二。

王二没有孩子。

王三有三个孩子：王小三、王小四和王小五。

图 5.1 很像一棵倒立的树。其中“树根”是老王，树的“分支点”是王一和王三，该家族的其余成员均是“树叶”，而树枝（即图中的线段）则描述了家族成员之间的关系。显然，以老王为根的树是一个大家庭，它可以分成以王一、王二和王三为根的三个小家庭，每个小家庭又都是一个树结构。树结构是一类重要的非线性结构，它是结点之间有分支，并具有层次关系的结构，非常类似于自然界中的树。

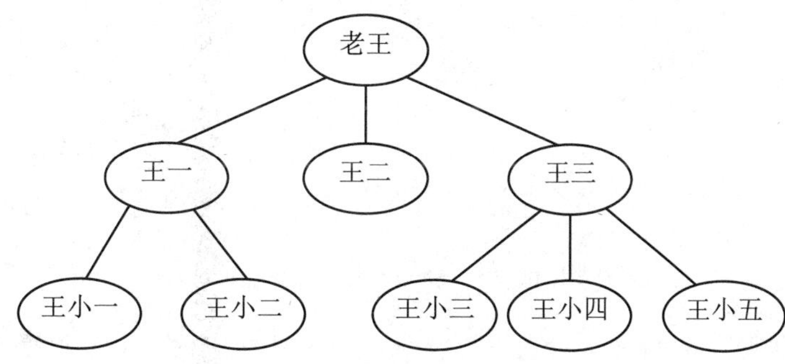

图 5.1　树形家族关系图

树结构在客观世界中是大量存在的，例如家谱、行政组织机构都可用树形象地表示。

【实例 2】树在计算机领域中也有着广泛的应用，例如在编译程序中，用树来表示源程序的语法结构；在数据库系统中，可用树来组织信息；在分析算法的行为时，可用树来描述其执行过程。

5.2　树

【学习任务】掌握树的概念、形态，了解与树相关的一些术语及操作。

5.2.1　树的逻辑结构

1. 树的定义

树（tree）是 n（n≥0）个结点的有限集合。在任意一棵非空树中：

（1）有且仅有一个特殊的称作根（root）的结点；

（2）当 n>1 时，除根之外的其余结点可以分为 m（m>0）个互不相交的有限集 $T_1,T_2,\cdots,T_m$，

其中 T_i（1≤i≤m）本身又是一棵树，称为根的子树（sub tree）。

这是树的递归定义，即子树本身又是一棵树，它又有自己的根和零棵或多棵子树，因此树结构中的每一个结点都可看作是某棵树的根，这符合树结构的固有特性。从树的定义可知，树有三种基本形态，图 5.2 给出了树的三种基本形态。

（a）空树（n=0）。

（b）只有根的树（n=1）。

（c）有根又有子树的树（n>1）。

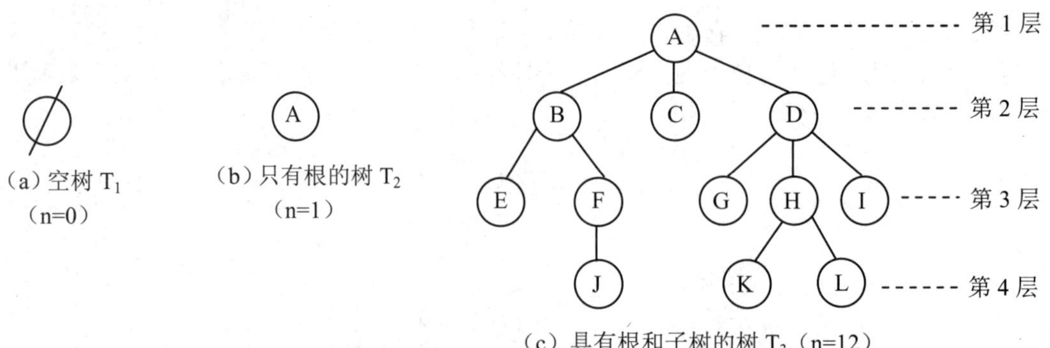

（a）空树 T_1（n=0）

（b）只有根的树 T_2（n=1）

（c）具有根和子树的树 T_3（n=12）

图 5.2　树的三种基本形态

注意：树的递归定义刻画了树的固有特性，即一棵非空树是由若干棵子树构成的，而子树又可由若干棵更小的子树构成。

2. 树的相关概念

结点的度：结点所拥有的子树个数称为该结点的度（degree）。例如图 5.2（c）所示的树 T_3 中，结点 A 和结点 D 的度为 3；结点 B 和结点 H 的度为 2；结点 F 的度为 1；其余结点的度为 0。

树的度：树中各结点度的最大值称为该树的度。图 5.2（c）所示的树 T_3 的度为 3。

叶子结点：树中度为 0 的结点称为叶子（leaf）结点或终端结点。图 5.2（c）所示的树 T_3 中，结点 C、E、G、I、J、K、L 都是叶子结点。

分支结点：树中度不为 0 的结点称为分支结点或非终端结点。图 5.2（c）所示的树 T_3 中，结点 A、B、D、F、H 都是分支结点。

双亲和孩子：树中若结点 y 是结点 x 的一棵子树的根，则 x 是 y 的双亲（parent），反之则称 y 是 x 的孩子（child）。在一棵树中，根结点无双亲，而所有的叶子结点均无孩子。图 5.2（c）所示的树 T_3 中，A 是 B、C、D 的双亲，而 B、C、D 都是 A 的孩子。对于 B 而言，它是 E、F 的双亲，而 E、F 都是它的孩子。

结点的层数：树中规定根的层数为 1，其余结点的层数等于其双亲的层数加 1。

树的深度：树中结点层数的最大值称为该树的深度（depth）或高度。图 5.2（c）所示的树 T_3 的深度为 4。

兄弟和堂兄弟：同一双亲的孩子之间互称为兄弟（sibling），其双亲在同一层的结点互为堂兄弟。图 5.2（c）所示的树 T_3 中，B、C、D 互为兄弟，但 E、F 与 G、H、I 互为堂兄弟。

祖先和子孙：结点的祖先是从根到该结点所经分支上的所有结点。而以某结点为根的子树中的所有结点都是该结点的子孙。图 5.2（c）所示的树 T_3 中，G 的祖先是 A 和 D，而 D 的子孙是 G、H、I、K 和 L。

森林：n（n≥0）棵互不相交的树的集合称为森林。

有序树和无序树：如果将树中结点的各子树看成从左至右是有次序的（即不能互换位置），则称该树为有序树，否则称为无序树。在有序树中最左边的子树称为根的第 1 棵子树，最右边的子树称为根的最后一棵子树。

注意：若不特别指明，一般讨论的树都是有序树。

5.2.2 树在 Java 类库中的实现

Java 类库中主要采用 javax.swing 包中的 JTree 类、javax.swing.tree 包中的 DefaultMutableTreeNode 类及 TreeSelectionListener 接口实现对树的操作。

1. javax.swing.JTree 类

该类的父类是 JComponent，是容器中的组件。在操作的过程中，JTree 必须构造到 JScrollPane 上，其常用的构造器和成员方法如下。

（1）JTree()：无参数构造器，可创建一个树对象。

（2）JTree(Hashtable value)：以给定的哈希表值 value 来创建一个树对象。

（3）JTree(TreeNode root)：以树的根结点为参数创建一个树对象。

例如：新建一个 JTree 对象 t，并置于 JPanel 容器中，实现代码如下：

```
JTree t = new JTree();                    //新建 JTree 对象 t
JPanel panel = new JPanel();              //新建 JPanel 对象 panel
panel.add( new JScrollPane(t));           //t 通过 JScrollPane 置于 panel 上
```

2. javax.swing.tree.DefaultMutableTreeNode 类

该类创建的对象是树中的一个具体的结点元素。DefaultMutableTreeNode 类常用的构造器和成员方法如下。

（1）DefaultMutableTreeNode (String value)：构造方法，用于创建结点对象，value 是结点的名称。

（2）void add(DefaultMutableTreeNode node)：该方法用于添加结点 node 为当前结点的子结点。

例如：为根结点 root 添加子结点 snode，实现代码如下：

```
DefaultMutableTreeNode root=new DefaultMutableTreeNode ("根结点" );
DefaultMutableTreeNode snode = new DefaultMutableTreeNode ("子结点");
```

```
root.add(snode);
JTree t = new JTree(root);
```

3．javax.swing.tree. TreeSelectionListener 接口

该接口中定义了一个抽象方法 void valueChanged(TreeSelectionEvent e)，用来处理 JTree 对象所产生的事件。当树中元素的选择发生变化时，如鼠标单击或双击某个结点，该方法被调用。

在实际使用时，为 JTree 对象注册事件侦听方法 tree.addTreeSelectionListener(this)，然后在实现时，使用 void valueChanged(TreeSelectionEvent e)侦听树中结点元素的变化。

5.3 二叉树

【学习任务】掌握二叉树的性质和逻辑结构，理解二叉树的存储结构及算法实现，熟练掌握二叉树的遍历方法。

5.3.1 二叉树的逻辑结构

1．二叉树的定义

二叉树（binary tree）是 n（n≥0）个结点的有限集合，满足以下两个条件：

（1）它或者为空树（n=0）；

（2）或者是由一个根结点和称为根的左、右子树的两棵互不相交的二叉树构成的。

这是二叉树的递归定义。从定义可知，二叉树可以有如图 5.3 所示的五种基本形态。

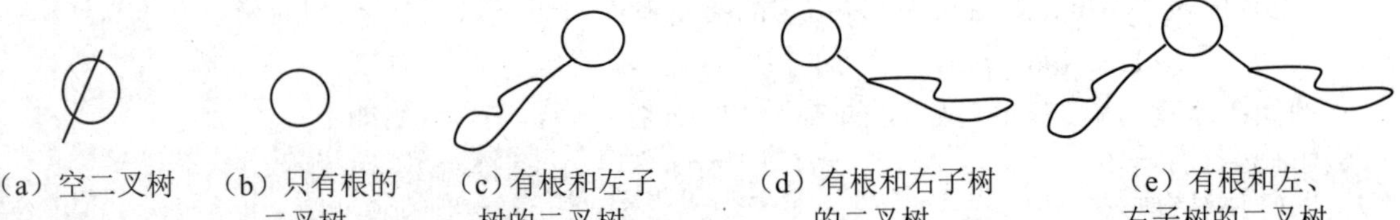

图 5.3　二叉树的五种基本形态

注意：二叉树不是树的特例，尽管树和二叉树的概念之间有许多类似之处，但它们是不同的树结构。因为从定义看，二叉树既不是只有两棵子树的树，也不是最多有两棵子树的树。树和二叉树之间最主要的差别是二叉树中结点的子树要严格区分左子树和右子树，即使在结点只有一棵子树的情况下，也要明确指出该子树是左子树还是右子树。如图 5.3（c）、（d）是两棵不同的二叉树，但如果作为树（在子树结构相同的情况下），它们就是相同的了。

2．两种特殊形态的二叉树

（1）满二叉树

定义：深度为 d 且具有 2^d-1 个结点的二叉树称为满二叉树。图 5.4 所示的是一棵深度为 4

的满二叉树。

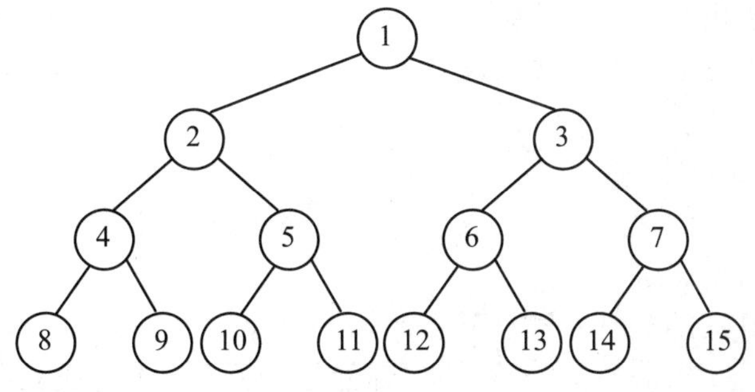

图 5.4　满二叉树图例

特点：

- 它的每一层都是满的；
- 整棵树也是满的；
- 树中只有叶子和度为 2 的结点；
- 叶子都分布在最后一层上。

【例 5.1】对一棵具有 n 个结点的二叉树的结点按层次次序编号，约定从第一层根结点开始，不同层从上到下，同层从左到右依次编号 1…n。图 5.4 所示的就是一棵按层次次序编号法表示的满二叉树。

（2）完全二叉树

定义：一棵深度为 d 的二叉树，如果它的前 d-1 层构成了一棵深度为 d-1 的满二叉树，而最后一层上的结点是向左充满分布的，则称此二叉树为完全二叉树。图 5.5 给出了深度为 4 的一棵完全二叉树和一棵非完全二叉树。

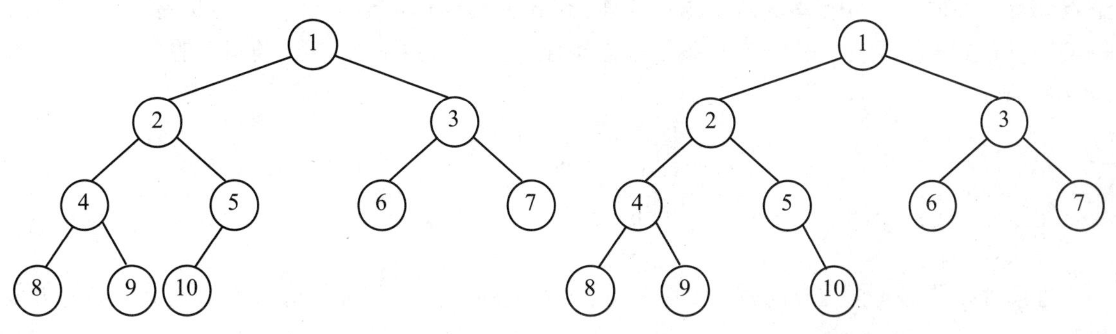

（a）完全二叉树　　（b）非完全二叉树

图 5.5　二叉树的图例

特点：

- 它的前 d-1 层是满二叉树；

- 其最后一层的结点是向左充满的；
- 其叶子只可能出现在最后两层。

注意：满二叉树与完全二叉树之间关系是，满二叉树一定是完全二叉树，而完全二叉树不一定是满二叉树。

5.3.2 二叉树的性质

二叉树具有下列重要性质。

性质 1：二叉树的第 i（i≥1）层上至多有 2^{i-1} 个结点。

证明：当 i=1 时，只有根结点 1 个结点。显然 $2^{1-1}=2^0=1$，命题成立。

假定对于所有的 j（1≤j<i），命题成立，即第 j 层上至多有 2^{j-1} 个结点。那么，可以证明 j=i 时命题也成立。

事实上，由归纳假设可知，在第 i-1 层上的结点至多有 2^{i-2} 个。由于二叉树的每个结点的度至多为 2，故在第 i 层上至多结点数为在第 i-1 层上至多结点数的 2 倍，即为 $2\times2^{i-2}=2^{i-1}$。性质 1 得证。

性质 2：深度为 d（d≥1）的二叉树至多有 2^d-1 个结点。

证明：根据性质 1，深度为 d 的二叉树结点数至多为

$$\sum_{i=1}^{d}(\text{第 i 层上至多结点数})=\sum_{i=1}^{d}2^{i-1}=2^{1-1}+2^{2-1}+\ldots+2^{d-2}+2^{d-1}=2^d-1$$

性质 2 得证。

性质 3：对于任一非空二叉树 T，若其叶子数为 n_0，度为 2 的结点数为 n_2，则有 $n_0=n_2+1$。

证明：设二叉树 T 中度为 1 的结点数为 n_1，结点总数为 n。由于 T 中所有结点度数均不大于 2，因此，T 中结点总数 $n=n_0+n_1+n_2$。下面考虑树 T 的分支数。除了根结点外，其余每个结点都有一条向上的分支与其双亲结点相连，因此总共有 n-1 条向上的分支。从另一个角度看，每个结点有其度数条向下的分支与孩子结点相连，因此总共有 n_1+2n_2 条向下的分支。因此有 $n-1=n_1+2n_2$。

由

$$\begin{cases}n=n_0+n_1+n_2\\ n-1=n_1+2n_2\end{cases}$$

得

$$n_0=n_2+1$$

性质 3 得证。

性质 4：具有 n 个结点的完全二叉树的深度为$\lfloor \log_2{}^n \rfloor+1$。（符号$\lfloor x \rfloor$表示不大于 x 的最大整数）

证明：假设树的深度为 d，根据性质 2 和完全二叉树的定义有：

$$2^{d-1}-1<n\leqslant 2^d-1 \text{ 或 } 2^{d-1}\leqslant n<2^d$$

于是 $d-1\leqslant \log_2{}^n<d$，因为 d 是整数，所以 $d=\lfloor \log_2{}^n \rfloor+1$。性质 4 得证。

性质 5：如果对一棵具有 n 个结点的完全二叉树按层次次序给各个结点编号，则对于编号

为 i（1≤i≤n）的结点有：

（1）若 i>1，则 i 的双亲的编号为⌊i/2⌋；若 i=1，则 i 是根结点，无双亲。

（2）若 2i≤n，则 i 的左孩子编号为 2i；否则 i 无左孩子。

（3）若 2i+1≤n，则 i 的右孩子编号为 2i+1；否则 i 无右孩子。

证明：先证明（2）和（3），然后由（2）、（3）导出（1），用归纳法。

当 i=1 时，i 是根结点。由于是完全二叉树，则根的左孩子编号显然是 2，根的右孩子编号显然是 3。这说明当 2i=2×1=2≤n 时，i 的左孩子是 2i 的结论正确，同样当 2i+1=2×1+1=3≤n 时，i 的右孩子是 2i+1 的结论正确。反之，若 2i=2×1=2>n，这说明该二叉树没有 2 个结点，自然 i 无左孩子，同样若 2i+1=2×1+1=3>n，这说明该二叉树没有 3 个结点，自然 i 无右孩子。

现在假定，对于所有的 j（1≤j≤i），（2）和（3）成立。即 2j≤n，2j 是 j 的左孩子，否则 j 无左孩子；2j+1≤n，2j+1 是 j 的右孩子，否则 j 无右孩子。那么当 j=i+1 时，根据完全二叉树的结构特征和层次次序编号原则，i 和 i+1 或者处在相邻的层次上，如图 5.6（a）所示；或者处在同一层次上，如图 5.6（b）、（c）所示。

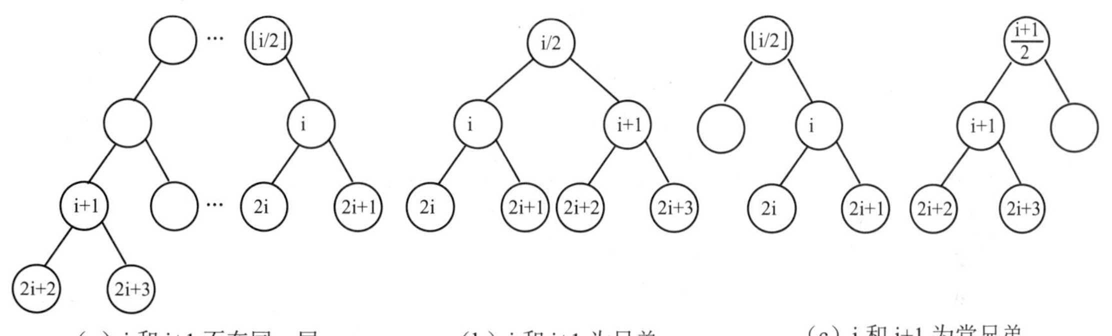

（a）i 和 i+1 不在同一层　　（b）i 和 i+1 为兄弟　　（c）i 和 i+1 为堂兄弟

图 5.6　完全二叉树中结点 i 和 i+1 的左、右孩子及双亲

当 i 和 i+1 同层时，它们或是兄弟，或是相邻的堂兄弟，因而它们的左右孩子一定都在下一层的相邻位置上，且 i+1 的左孩子一定左邻 i 的右孩子。根据上述假定，i 的左、右孩子分别是 2i 和 2i+1。因此，i+1 的左孩子应是 2i+2=2(i+1)，若 2(i+1)>n，则 2(i+1)不存在，即 i+1 无左孩子；而 i+1 的右孩子应是 2i+3=2(i+1)+1，若 2(i+1)+1>n，则 2(i+1)+1 不存在，即 i+1 无右孩子。这说明当 i 和 i+1 同层时，命题（2）和（3）对于 j=i+1 也是成立的。

当 i 和 i+1 不同层时，i 应处在 i+1 的上一层的最右边，i+1 应处在 i 的下一层的最左边。因此 i 的左、右孩子应处在 i+1 所在层的最右边，i+1 的左、右孩子应处在 i+1 下一层的最左边。根据层次次序编号原则，i 的左、右孩子与 i+1 的左、右孩子的编号应是连续的。由于 i 的右孩子编号为 2i+1，则 i+1 的左、右孩子编号应分别是 2i+2 和 2i+3。即 i+1 的左孩子应是 2i+2=2(i+1)，若 2(i+1)>n，则 i+1 无左孩子；而 i+1 的右孩子应是 2i+3=2(i+1)+1，若 2(i+1)+1>n，则 i+1 无右孩子。这说明当 i 和 i+1 不同层时，命题（2）和（3）对于 j=i+1 也是成立的。至此，（2）和（3）得证。

现在由（2）和（3）导出（1）。当 i=1 时，i 是根结点，根无双亲。当 i>1 时，由（2）和（3）可知，若 i 是左孩子，则 i 为偶数，令 i=2j，根据（2）可知 j 是 i 的双亲；若 i 是右孩子，则 i 为奇数，令 i=2j+1，根据（3）可知 j 是 i 的双亲。

因为 $\lfloor 2j/2 \rfloor = \lfloor (2j+1)/2 \rfloor = j$，所以当 i>1 时，i 的双亲为$\lfloor i/2 \rfloor$。（1）得证。

5.3.3 二叉树的存储结构及运算实现

1. 完全二叉树的顺序存储表示

对于一棵具有 n 个结点的完全二叉树（或满二叉树），可以用一组地址连续的存储单元，按自上而下、自左至右的层次次序依次将完全二叉树各结点的值存储在一个一维数组中，数组元素的下标正好是完全二叉树中结点在层次次序中的编号，而结点之间的关系可以借用性质 5 求得。

图 5.7 所示为一棵完全二叉树及其顺序存储结构图。

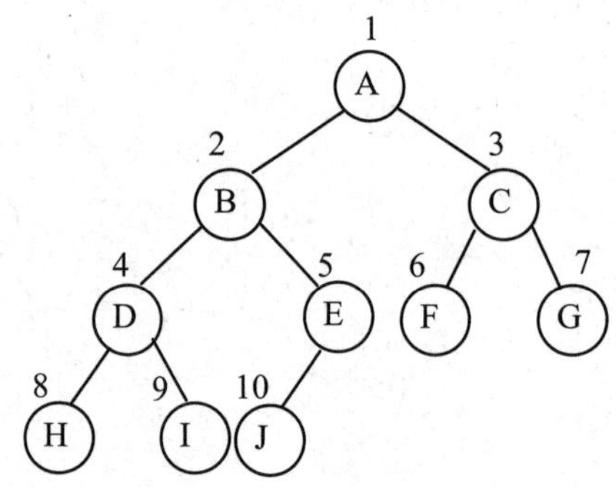

（a）完全二叉树 T

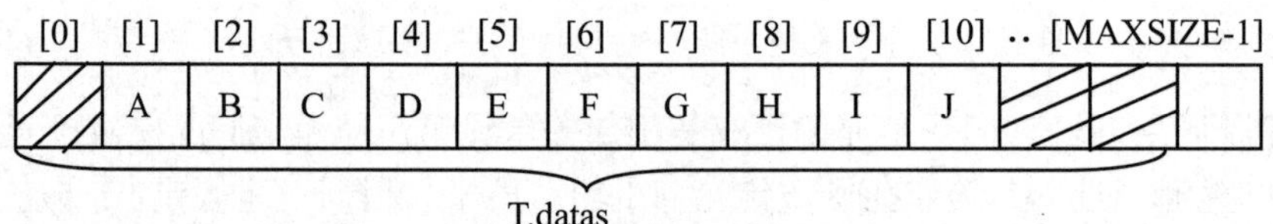

（b）完全二叉树 T 的顺序存储结构图

图 5.7 完全二叉树的顺序存储表示

2. 一般二叉树的顺序存储表示

（1）具体方法

①将一般二叉树添上一些“虚结点”，成为“完全二叉树”；

②为了用结点在向量中的相对位置来表示结点之间的逻辑关系，按完全二叉树的形式给结点编号；

③将结点按编号存入向量对应分量，其中“虚结点”用“Ø”表示。

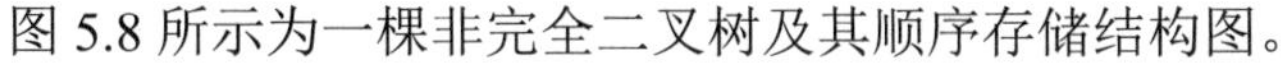
图 5.8 所示为一棵非完全二叉树及其顺序存储结构图。

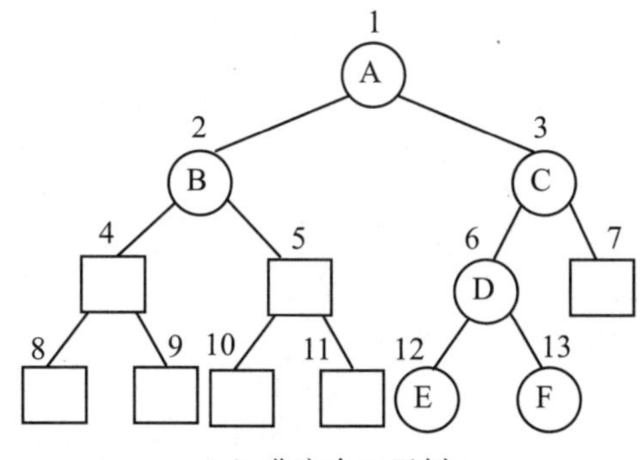

（a）非完全二叉树 t

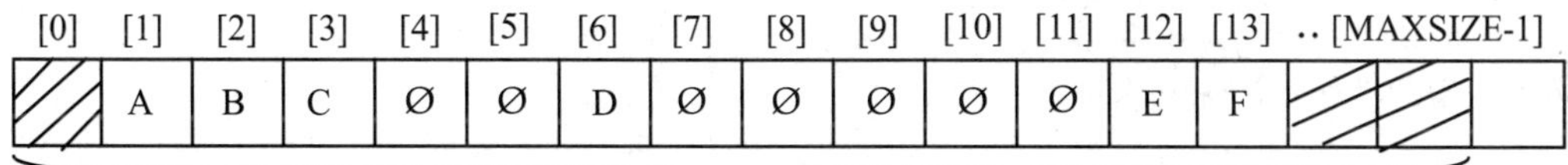

（b）非完全二叉树 t 的顺序存储结构图

图 5.8　非完全二叉树的顺序存储表示

（2）二叉树的顺序存储表示

```
public class ArrayBinaryTree {
    private String[] datas;
    // 指定的树的深度
    private int treeDeep;
    // 实际的数组个数
    private int arraySize;
    public ArrayBinaryTree(int deep) {
    arraySize = (int) Math.pow(2, deep) - 1;
    datas = new String[arraySize];
    }
    public ArrayBinaryTree(int deep, String data) {
    // 按指定深度
    treeDeep = deep;
    arraySize = (int) Math.pow(2, treeDeep) - 1;
    datas = new String[arraySize];
    datas[0] = data;
    }
    public boolean addNode(int index, String data, boolean isLeft) {
    if (index * 2 + 1 > arraySize || datas[index] == null) {
    throw new RuntimeException("标记无效");
    }
    if (isLeft) {
    datas[index * 2 + 1] = data;
```

```
        } else {
        datas[index * 2 + 2] = data;
        }
        return true;
        }
        public String getParent(int index) {
        if (index >= arraySize || datas[index] = = null) {
        throw new RuntimeException("标记无效");
        }
        return datas[(index - 1) / 2];
        }
        public String getLeftNode(int index) {
        if (index * 2 + 1 > =arraySize || datas[index] = = null) {
        throw new RuntimeException("标记无效");
        }
        return datas[index * 2 + 1];
        }
        public String getRightNode(int index) {
        if (index * 2 + 2 > =arraySize || datas[index] = = null) {
        throw new RuntimeException("标记无效");
        }
        }
}
```

（3）优点和缺点

①对完全二叉树（及满二叉树）而言，顺序存储结构既简单又节省存储空间，它仅仅只存储了树中结点的信息，而树中结点间的关系没有任何存储开销，只是借用性质 5 隐含在结点编号中。

②一般的二叉树采用顺序存储结构时，虽然简单，但易造成存储空间的浪费。

【例 5.2】 在最坏的情况下，一个深度为 k 且只有 k 个结点的右单支树需要 2^k-1 个结点的存储空间。

③在对顺序存储的二叉树做插入和删除结点操作时，要移动大量结点。

3. 二叉树的链式存储表示

（1）结点的结构

根据二叉树的定义可知，二叉树中的每个结点至多只有一个双亲，至多只有左、右两个孩子，如图 5.9（a）所示。因此二叉树结点常用的链式存储表示可以是含有指向左、右孩子两个指针的结点和含有指向双亲和左、右孩子三个指针的结点，如图 5.9（b）和（c）所示。

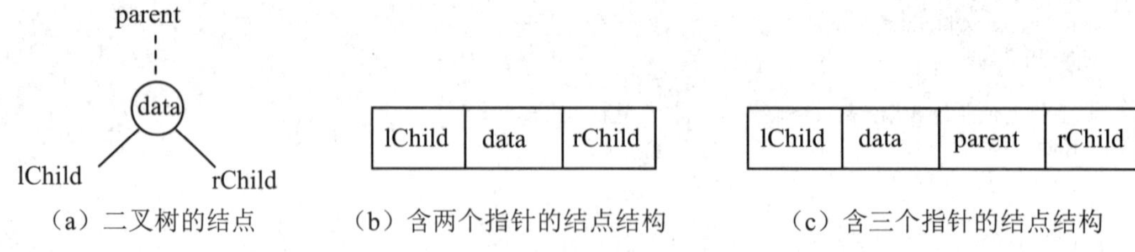

（a）二叉树的结点　（b）含两个指针的结点结构　（c）含三个指针的结点结构

图 5.9　二叉树的结点及其存储结构

（2）结点类型说明

结点是构造二叉树的根本，只有建立了结点，才能在此基础上进行二叉树的设计。二叉树结点类的定义如下。

```
public class BinTreeNode{                                    //二叉树结点类
    private BinTreeNode lChild;                              //左孩子结点对象引用
    private BinTreeNode rChild;                              //右孩子结点对象引用
    public Object data;                                      //数据元素
    private int key;                                         //结点层序编码
    private boolean isVisted=false;                          //结点被访问标志
    BinTreeNode(){                                           //构造二叉树结点
        lChild=null;
        rChild=null;
    }
    BinTreeNode(Object item, BinTreeNode left, BinTreeNode right){
    //构造二叉树结点
        data=item;
        lChild=left;
        rChild=right;
    }
    BinTreeNode(int num,Object item){                        //构造二叉树结点
        key=num;
        data=item;
        lChild=null;
        rChild=null;
    }
    public BinTreeNode getLeft(){                            //返回左孩子
        return lChild;
    }
    public BinTreeNode getRight(){                           //返回右孩子
        return rChild;
    }
    public Object getData(){                                 //返回数据元素
        return data;
    }
    public void setLeft(BinTreeNode left){                   //设置左孩子
        lChild=left;
    }
    public void setRight(BinTreeNode right){                 //设置右孩子
        rChild=right;
    }
}
```

（3）二叉链表（二叉树的常用链式存储结构）

在一棵二叉树中，所有类型为 BinTreeNode 的结点构成了二叉树的链式存储结构，将其称为二叉链表。二叉树类的定义如下。

```
public class BinTree{     //二叉树类
    private BinTreeNode root;
```

```
BinTree(){    //构造方法
        root=null;
}
BinTree(String item, BinTree left, BinTree right) {   //构造二叉树
      root = new BinTreeNode(item);
      if (left != null) {
      root.setlChild(left.root);
      }
        if (right != null) {
        root.setrChild(right.root);
      }
}
public BinTreeNode getRoot() {   // 返回根结点元素
      return root;
 }
public void MakeTree(String rootData) {
      root = new BinTreeNode(rootData);
}
public void MakeTree(String rootData, BinTree left, BinTree right) {
// 用其他树设置树
      root = new BinTreeNode(rootData);
      if (left != null) {
            root.setlChild(left.root);
      }
      if (right != null) {
            root.setrChild(right.root);
      }
      public void visited(BinTreeNode subTree){
            subTree.isVisited=true;
            System.out.println("key:"+subTree.key+"--name:"+subTree.data);
      }
}
```

【例 5.3】图 5.11（a）给出了图 5.10 所示二叉树 t 的二叉链表存储结构图。

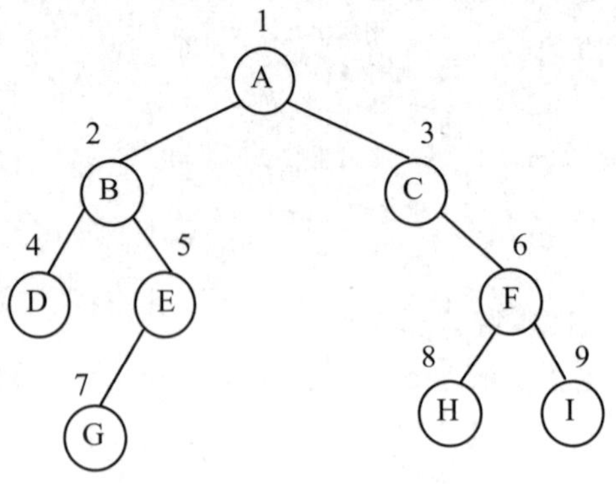

图 5.10　二叉树 t

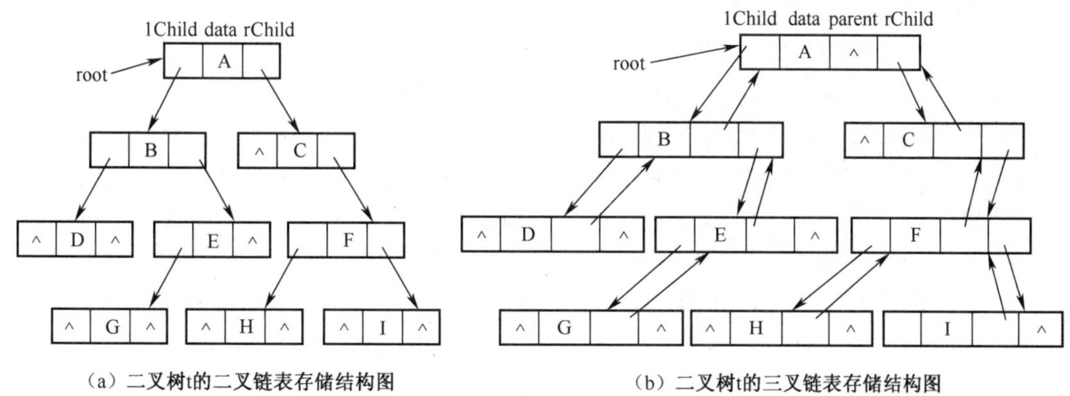

（a）二叉树t的二叉链表存储结构图　　（b）二叉树t的三叉链表存储结构图

图 5.11　二叉树的链表存储表示

（4）三叉链表（带双亲域的二叉链表）

经常要在二叉树中查找某结点的双亲时，可在每个结点上再加一个指向其双亲的域 parent，形成一个带双亲的三叉链表。

【例 5.4】 图 5.11（b）给出了图 5.10 所示二叉树 t 的三叉链表存储结构图。

注意：二叉树存储方法的选择，主要依赖于所要实施的各种运算的频度。

5.3.4　二叉树的遍历

在二叉树的一些应用中，常常会遇到在树中查找具有某种特征的结点，或者对树中全部结点逐一进行某种处理的情况。这就产生了一个遍历二叉树（traversing binary tree）的问题，即按照某种方式遍访树中的每一个结点，使每个结点被访问且仅被访问一次。所谓“访问”的含义是广泛的，可以是对结点作某种处理（如输出结点值等）。

回顾二叉树的定义可知，二叉树由三个基本单元构成：根结点、左子树和右子树。因此，无论以何种方式遍历一棵二叉树，都包括这样三个步骤：访问根结点、遍历根的左子树和遍历根的右子树。如果用 N 表示访问根，用 L 和 R 分别表示遍历根的左子树和遍历根的右子树，那么，执行这三个步骤的先后次序可以有六种不同的遍历方式：

NLR，LNR，LRN，NRL，RNL，RLN

为了简便起见，若限定对子树的遍历先左后右，则只有前三种遍历方式：NLR 称为先序（根）遍历，LNR 称为中序（根）遍历，LRN 称为后序（根）遍历。

下面分别介绍二叉树的先序、中序和后序遍历，并给出相应的算法，算法中采用二叉链表作为二叉树的存储结构。

1．二叉树的先序（根）遍历

定义：若二叉树为空，则遍历结束；否则

（1）访问根结点；

（2）先序遍历根的左子树；

（3）先序遍历根的右子树。

这是一个递归的定义，因为在对根的左、右子树进行遍历时，仍然要按照先序的方式对其进行遍历。对于图 5.10 所示的二叉树 t，其先序遍历的过程是：首先访问根结点 A，然后依次分别遍历 A 的左子树（由 B、D、E、G 构成）和 A 的右子树（由 C、F、H、I 构成）。而在递归地先序遍历 A 的左子树时，首先访问左子树的根 B，然后再递归地遍历 B 的左子树（由 D 构成）和 B 的右子树（由 E、G 构成）。再先序遍历 B 的左子树时，首先访问结点 D，由于 D 的左、右子树均为空，则对 B 的左子树遍历完毕。再先序遍历 B 的右子树：访问 E 之后接着访问 G，G 也同 D 一样，其左、右子树均为空，则遍历完毕。最后再来先序遍历 E 的右子树，但其为空，遍历完毕。至此 A 的左子树先序遍历完毕。同理，再先序遍历 A 的右子树，其结点的访问次序是：C、F、H、I。

总之，可以根据二叉树先序遍历的定义（根、左、右）方便地写出遍历过程中输出的结点值的线性表，该线性表被称为二叉树的先序遍历序列。

图 5.10 所示二叉树 t 的先序遍历序列是：ABDEGCFHI。

下面给出二叉树先序遍历的递归算法。

```
//先序遍历的递归实现
public void preOrderTraverse(BinTreeNode node) {
    if (node != null) {
        System.out.println(node.getData());
        preOrderTraverse(node.getlChild());
        preOrderTraverse(node.getrChild());
    }
}
```

一个用递归定义的操作是很容易用递归算法来描述的。在上述二叉树的先序遍历的递归算法中，对根的左、右子树的遍历是通过方法 preOrderTraverse()调用自身来实现的。其中：外层 preOrderTraverse() 方法的参数是整棵树的根结点 node，而内层中递归调用的 preOrderTraverse()方法的参数是根的左、右子树的根 node.getlChild()和 node.getrChild()。

递归算法用代码描述时十分清晰简捷，但在人工追踪递归执行过程时往往感到十分复杂。其实，一个递归算法在调用执行过程中，隐式地使用了一个递归工作栈，其作用是在不同层次递归调用时进行信息（包括断点地址、参数值等）的保护和恢复。如果我们在算法中显式地使用一个栈，就可以设计出容易理解的非递归算法。

下面给出二叉树先序遍历的非递归算法。

```
//先序遍历的非递归实现
public void nonRecPreOrder(BinTreeNode p){
    Stack<BinTreeNode> stack=new Stack<BinTreeNode>();
    BinTreeNode node=p;
    while(node!=null||stack.size()>0){
        while(node!=null){
            visited(node);
```

```
                stack.push(node);
                node=node.lChild;
            }
            while(stack.size()>0){
                node=stack.pop();
                node=node.rChild;
            }
        }
}
```

2. 二叉树的中序（根）遍历

定义：若二叉树为空，则遍历结束；否则

（1）中序遍历根的左子树；

（2）访问根结点；

（3）中序遍历根的右子树。

根据定义，图 5.10 所示二叉树 t 的中序遍历序列是：DBGEACHFI。

下面给出二叉树中序遍历的递归算法。

```
//中序遍历的递归实现
public void InOrderTraverse(BinTreeNode node) {
    if (node != null) {
        InOrderTraverse(node.getlChild());
        System.out.println(node.getData());
        InOrderTraverse(node.getrChild());
    }
}
```

同样，二叉树的中序遍历也有非递归算法，下面给出该算法。

```
//中序遍历的非递归实现
public void nonRecInOrder(BinTreeNode p){
    Stack<BinTreeNode> stack=new Stack<BinTree.BinTreeNode>();
 BinTreeNode node = p;
    while(node!=null||stack.size()>0){
        //存在左子树
        while(node!=null){
            stack.push(node);
            node=node.lChild;
        }
        //栈非空
        if(stack.size()>0){
            node=stack.pop();
            visited(node);
            node=node.rChild;
        }
    }
}
```

请读者对图 5.10 所示二叉树 t 追踪中序遍历的递归及非递归算法的执行过程。

3．二叉树的后序（根）遍历

定义：若二叉树为空，则遍历结束；否则

（1）后序遍历根的左子树；

（2）后序遍历根的右子树；

（3）访问根结点。

根据定义，图 5.10 所示二叉树 t 的后序遍历序列是：DGEBHIFCA。

下面给出二叉树后序遍历的递归算法。

```
//后序遍历的递归实现
public void PostOrderTraverse(BinTreeNode node) {
      if (node != null) {
            PostOrderTraverse(node.getlChild());
            PostOrderTraverse(node.getrChild());
            System.out.println(node.getData());
      }
}
```

同样，二叉树的后序遍历也有非递归算法，下面给出该算法。

```
//后序遍历的非递归实现
public void    nonRecPostOrder(BinTreeNode p){
            Stack<BinTreeNode> stack=new Stack<BinTree. BinTreeNode>();
            BinTreeNode node = p;
            while(p!=null){
               //左子树入栈
             for(;p.lChild!=null;p=p.lChild)
               stack.push(p);
               //当前结点无右子树或右子树已经输出
             while(p!=null&&(p.rChild==null||p.rChild==node)){
                 visited(p);
                 //记录上一个已输出结点
                 node =p;
                 if(stack.empty())
                   return;
                 p=stack.pop();
               }
               //处理右子树
               stack.push(p);
               p=p.rChild;
            }
      }
```

请读者对图 5.10 所示二叉树 t 追踪后序遍历的递归及非递归算法的执行过程。

【例 5.5】写出图 5.12 所示二叉树的先序遍历、中序遍历、后序遍历序列。

根据先序遍历、中序遍历、后序遍历的定义及算法，得出如下结果。

先序遍历序列：ABDGHJKECFIM

中序遍历序列：GDJHKBEACFMI

后序遍历序列：GJKHDEBMIFCA

4. *二叉树的层序遍历*

二叉树的层序遍历即从上到下按层次访问该树，每一层结点的访问顺序为从左到右。这种遍历方式比较简单。图 5.12 所示二叉树的层次遍历序列是：ABCDEFGHIJKM。

【例 5.6】已知二叉树的中序遍历序列为 abcdefg，后序遍历序列为 bdcafge，画出该二叉树并写出前序遍历序列。

分析：通过分段来解决，找到根结点（通过后序），然后将中序序列分成左右子树两段，然后递归进行。

（1）由后序遍历的定义可知最后一个结点一定是根结点，该例中为 e。

（2）中序对应的根就是 e，将中序序列分为两部分，左子树为 abcd，右子树为 fg。

（3）将后序分段，左为 bdca，右为 fg。

（4）由（3）推得左子树根为 a，右子树根为 g。

（5）重复步骤（1）～（3），得知（2）中中序的左子树以 a 为根，bcd 为其右子树；中序的右子树以 g 为根，f 为其左子树。

（6）bcd 子树由后序遍历结果可知 c 为根，其左、右子树分别为 b 和 d。

该二叉树的形状如图 5.13 所示，其先序遍历序列为：eacbdgf。

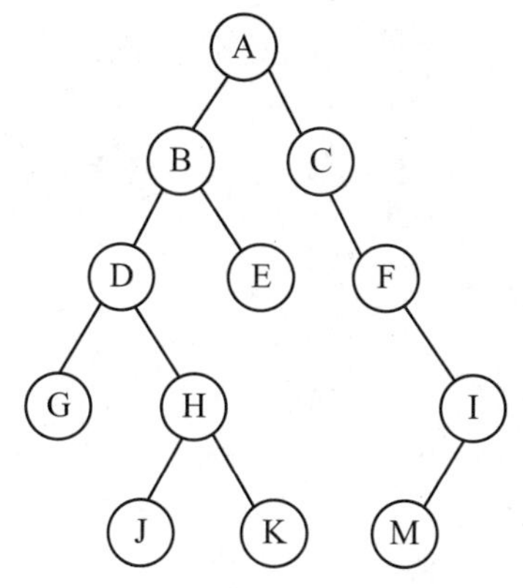

图 5.12　二叉树示例

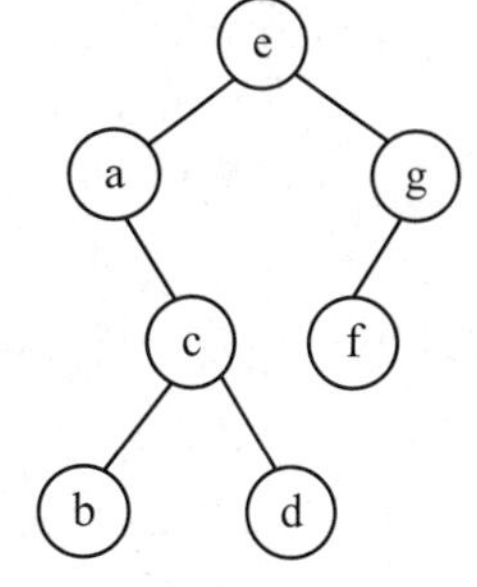

图 5.13　例 5.6 图

注意：*根据二叉树先序遍历和后序遍历序列都可以直接确定根结点，再根据中序遍历序列（左根右）划分出左右子树，如此循环下去，便可唯一确定二叉树的形状。具体方法如下：*

（1）先（后）序得根，然后将中序分段；

（2）判断出左右两个子树，得到两个子树中结点的个数，然后根据先（后）序的特征将其分段，接着确定子树的根，再对中序中的左右子树分段。最后对左右两个子树重复（1）、（2）的步骤，即以递归的方式，最终得到整个树的形状。

5.4 树、森林和二叉树的关系

【学习任务】了解树的存储方式，能够完成树与二叉树、森林与二叉树的相互转换，理解树的遍历方法。

5.4.1 树的存储结构

树的存储表示，不仅要存储树中结点的信息，而且还要存储表示结点间关系的信息。由于结点之间的关系有父子关系、兄弟关系等，因此在实际应用中，可以采用多种形式的存储结构来表示树。下面介绍三种常用的存储表示方法。

1. 双亲表示法

一棵具有 n 个结点的树，如果存储每个结点的信息，并且存储每个结点的双亲信息，那么这棵树也就唯一地确定了。

假设以一组地址连续的空间存储树的各个结点，每个结点设置两个信息项 data 和 parent，其中 data 用以存储结点信息；parent 用以存储结点的双亲信息，而一个结点的双亲信息可以用其双亲结点在树中结点的序号表示。

双亲表示的形式说明如下：

```
class Pnode
{   char data;
    int parent;
    Pnode(char i,int j)
    {   data = i;
        parent = j; }
}
class Psqtree
{   Pnode nodes[]=new Pnode[MAXSIZE];
    int num;                          // num 存储树的实际结点数
}
```

图 5.14 所示的树 T 的双亲表示存储结构如图 5.15 所示。

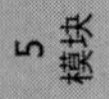

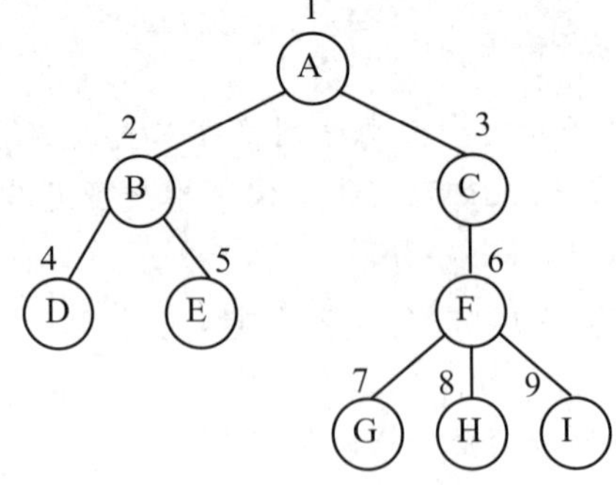

图 5.14　树 T

	[0]	[1]	[2]	[3]	[4]	[5]	[6]	[7]	[8]	[9]			[MAXSIZE-1]	
data		A	B	C	D	E	F	G	H	I	……			9
parent		0	1	1	2	2	3	6	6	6				

T.nodes

图 5.15　树 T 的双亲数组表示存储结构

树的这种存储表示方法便于进行查找结点双亲的操作，但是要查找结点孩子时，则必须扫描整个数组。

2. *孩子表示法*

一棵具有 n 个结点的树，如果存储每个结点的信息，并且存储每个结点的孩子信息，那么这棵树也就唯一确定了。

对于树中的一个结点可以采用带头结点的单链表来表示，其表结点和头结点结构如下：

其中，data 用以存储结点信息，first 是指向其第一个表结点的指针；childno 用以存储当前结点的孩子结点的序号，next 是指向下一个表结点的指针。

假如将 n 个单链表的头结点收集起来构成一个线性表，这就是树的孩子链表表示，其形式说明如下：

```
//树的孩子链表表示
class Listnode
{ int childno;
  Listnode next;
}
class Headnode
{ char data;
  Listnode first;
}
class Clinklist
{ Headnode nodes[ ]=
  new Headnode[MAXSIZE];
  int num;
}
```

图 5.14 所示的树 T 的孩子表示存储结构如图 5.16 所示。

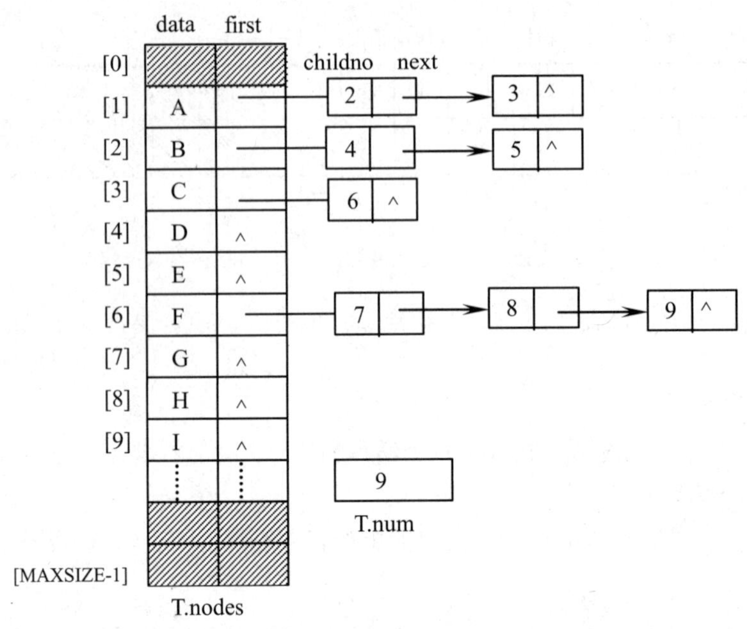

图 5.16 树 T 的孩子链表表示存储结构

上述表示法确切地讲应该是孩子单链表表示法，除此之外，孩子链表表示还可以采用多重链表表示。假设树的度为 d，则结点结构可设计为：

data	child1	child2	--------	childd

其中，data 存储当前结点的信息，child1…childd 分别指向第 1～d 个孩子结点。

在这种多重链表中结点结构是同构的，每个结点均含有 d+1 个域。但由于很多结点的度小于 d，因此链表中含有很多空链域，造成存储浪费。不难推出，在一棵具有 n 个结点的度为 d 的树中，这种存储表示中必定有 n(d-1)+1 个空链域。

为了避免同构结点中产生过多的空链域，还可以采用如下不同构的结点构成多重链表。

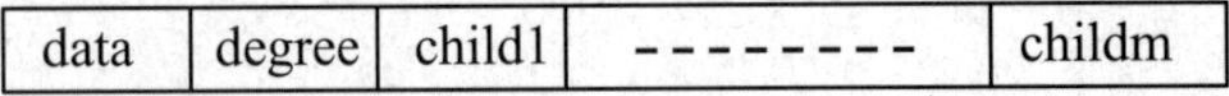

data	degree	child1	--------	childm

其中，degree 为本结点的度（设其值为 m），child1…childm 分别指向其第 1～m 个孩子结点。这种由不同构结点构成的树的多重链表结构，虽然能节省存储空间，但操作不太方便。

3. 孩子兄弟表示法

这种表示法类似于上面提到的多重链表表示法，不同的是结点结构中只设两个链域：指向其左孩子（第一个孩子）的链域 lchild 和指向右兄弟（下一个兄弟）的链域 rsibling。

一棵具有 n 个结点的树，如果存储每个结点的信息及其指向左孩子和右兄弟的指针，那么这棵树也就唯一确定了，其形式说明如下：

```
// 树的孩子兄弟（二叉链表）表示
class Lrnode
{ char data;
  Lrnode lchild, rsibling;
}
```

图 5.14 所示树 T 的孩子兄弟表示的存储结构如图 5.17 所示。

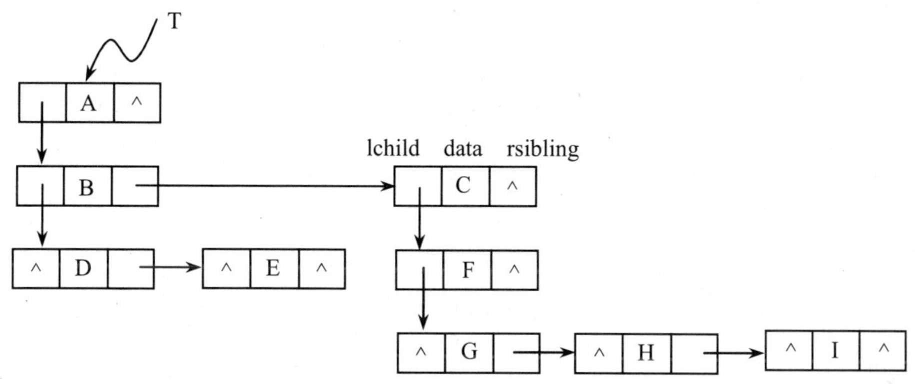

图 5.17　树 T 的孩子兄弟表示存储结构

在实际应用中，为了提高空间利用率和降低算法的难度，通常不处理一般的树，而只对二叉树进行操作，因为一般的树可以与二叉树进行相互转换。

5.4.2　树、森林与二叉树的相互转换

由于树和二叉树都可以用二叉链表作为存储结构（树的二叉链表结点结构和二叉树的二叉链表结点结构如下所示），则以二叉链表作为媒介可以导出树与二叉树之间的一个对应关系。也就是说，给定一棵树就可以找到唯一的一棵二叉树与之对应。从物理结构来看，它们的二叉链表是相同的，只是对指针域的逻辑解释不同而已。图 5.18 直观地展示了树与二叉树之间的对应关系。

树的二叉链表结点

lchild	data	rsibling

二叉树的二叉链表结点

lchild	data	rchild

这样，可以将左孩子右兄弟表示法所形成一棵树的二叉链表从形式上对应于一棵二叉树的二叉链表存储表示，并将该二叉树称为这棵树对应的二叉树。

1. 树与二叉树的转换

（1）树转换成对应的二叉树

- 加线：在同一双亲的兄弟间添加虚线相连。
- 去线：对任意结点，除保留它与最左孩子（第一个孩子）的连线外，删去与其他孩

子间的连线。

- 旋转：以根结点为轴心，将整棵树顺时针旋转 45°，使之层次分明（且变虚为实）。

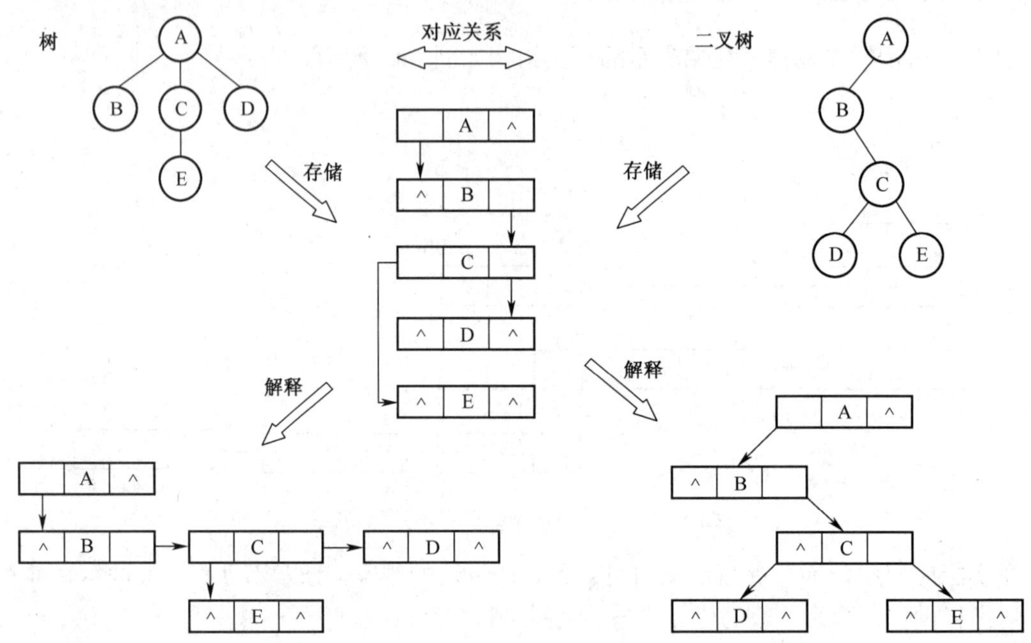

图 5.18　树与二叉树的对应关系示例

注意：根据树的左孩子右兄弟表示法的定义可知，树对应的二叉树具有如下特点。

（1）它无右子树。

（2）右链连接的结点在树中的关系是兄弟。

（3）左链连接的结点在树中的关系是父子（即上父下子，且子是其父的第一个孩子）。

【例 5.7】将图 5.19（a）中的树转换成对应的二叉树，具体步骤见图 5.19（b）～（d）。

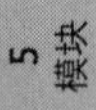

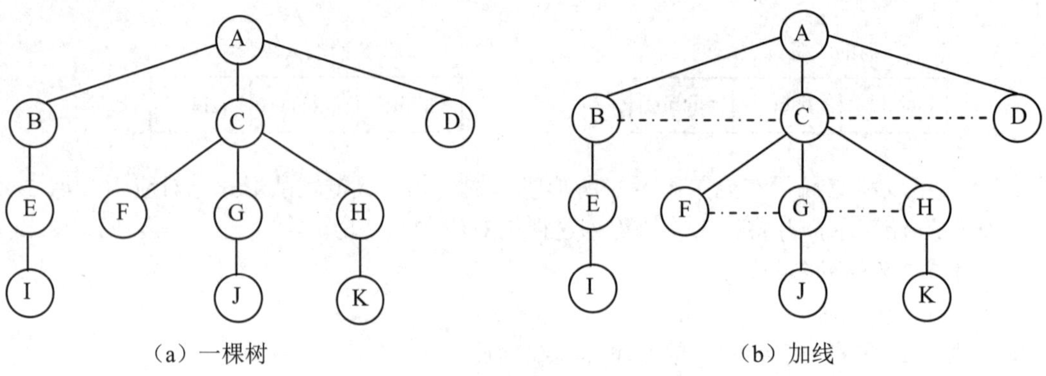

（a）一棵树　　（b）加线

图 5.19　树转换为对应的二叉树

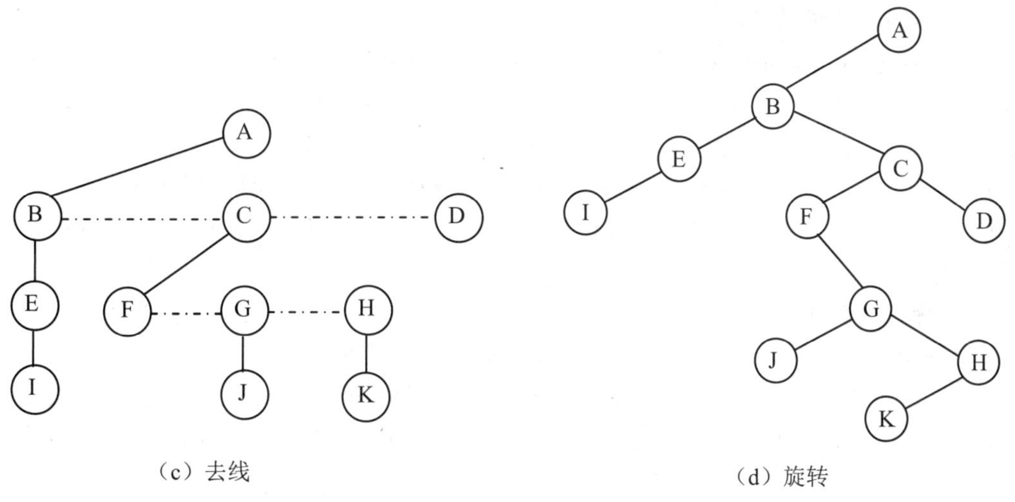

图 5.19　树转换为对应的二叉树（续图）

（2）二叉树还原为树

- 加线：若结点 j 是结点 i 的左孩子，则将 j 右链上的所有结点与 i 结点间添加虚线连接起来。
- 去线：删去二叉树中所有的实右链。
- 规整：将树图规范化，使结点按层次排列（且变虚为实）。

【例 5.8】将图 5.20（a）中的二叉树还原成对应的树，具体步骤见图 5.20（b）～（d）。

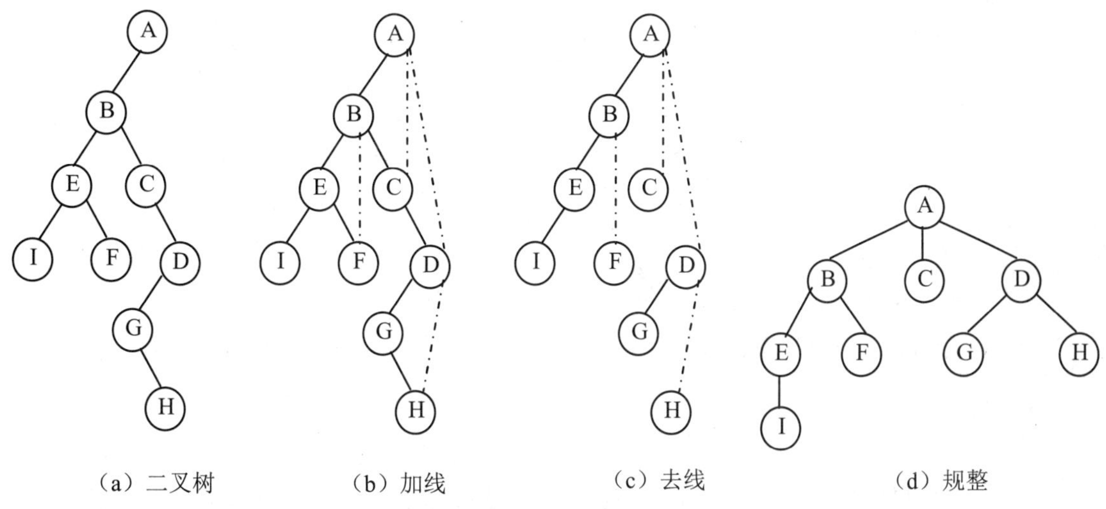

图 5.20　二叉树还原为树

2. 森林与二叉树的转换

由于森林是 m（m≥0）棵互不相交的树的集合，可以记为 $F=(T_1,T_2,\ldots,T_m)$，其中 T_i（1≤i≤m，m>0）称为森林 F 中的第 i 棵树。又由于树对应的二叉树具有无右子树及右链连接的结点是兄弟关系的特点，可以认为森林中各棵树的根结点是兄弟关系，且称 T_{i+1} 的根是 T_i 的根的右兄弟（下一个兄弟），这样就可以将后一棵树对应的二叉树作为前一棵树对应的二叉树的右子树，通过这样的连接，就可以将 m 棵树对应的二叉树互相连接成为一棵二叉树，且称这棵二叉树为森林对应的二叉树。

（1）森林转换成二叉树

- 将森林 F 中每棵树 T_i（1≤i≤m，m>0）转换成其对应的二叉树 t_i。
- 依次将后一棵树对应的二叉树作为前一棵树对应的二叉树的右子树连接起来。

【例 5.9】将图 5.21（a）中的森林转换成对应的二叉树，具体步骤见图 5.21（b）～（c）。

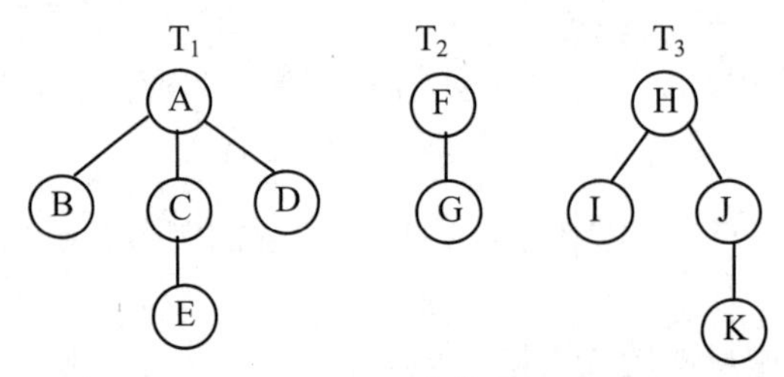

（a）森林

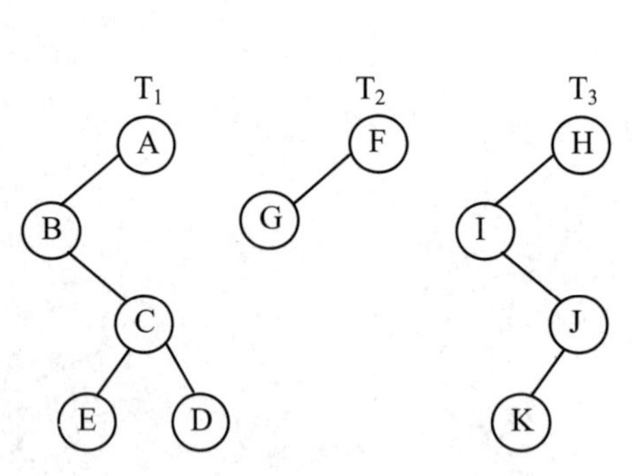

（b）对应转换成相应的二叉树

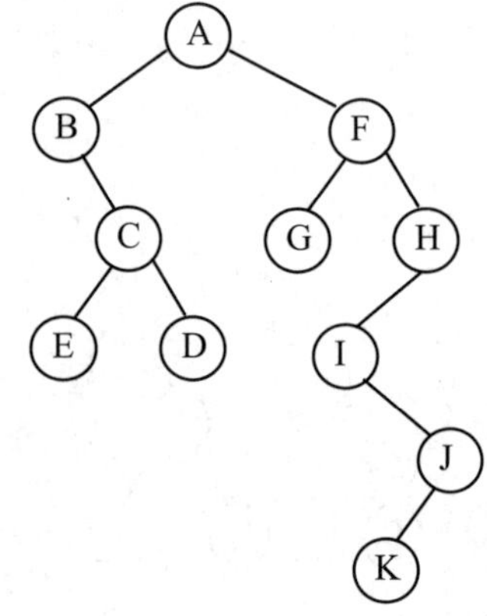

（c）连接成森林对应的二叉树

图 5.21　森林转换成二叉树

（2）二叉树还原为森林

- 将森林对应的二叉树中从根往下的所有右链全部删掉，这样就会产生若干棵无右子树的二叉树。
- 将每棵二叉树还原为对应的树，则这些树的集合就是所求的森林。

读者对图 5.21（c）所示的二叉树自行画出还原为森林的过程图。

5.4.3 树与森林的遍历

由树结构的定义可以引出两种遍历树的方法：一种是先序（先根）遍历，另一种是后序（后根）遍历。

注意：由于树的结点可以有多于两棵的子树，因此不能像二叉树那样给出中序遍历方式。

1. 先序遍历树的递归定义

（1）访问根结点；

（2）按从左至右的顺序先序遍历根的每一棵子树。

图 5.19（a）所示的树的先序遍历序列是：ABEICFGJHKD。

2. 后序遍历树的递归定义

（1）按从左至右的顺序后序遍历根的每一棵子树；

（2）访问根结点。

图 5.19（a）所示的树的后序遍历序列是：IEBFJGKHCDA。

注意：一棵树的先序遍历序列和后序遍历序列，分别与其对应的二叉树的先序遍历序列和中序遍历序列是完全一致的。

类似树的遍历，森林也有两种遍历方法：先序遍历森林和中序遍历森林。

3. 先序遍历森林的递归定义

（1）访问第一棵树的根结点；

（2）先序遍历第一棵树根的子树森林；

（3）先序遍历森林中除第一棵树外其余各树构成的森林。

图 5.21（a）所示的森林的先序遍历序列是：ABCEDFGHIJK。

4. 后序遍历森林的递归定义

（1）后序遍历第一棵树根的子树森林；

（2）访问第一棵树的根结点；

（3）后序遍历除第一棵树外其余各树构成的森林。

图 5.21（a）所示的森林的后序遍历序列是：BECDAGFIKJH。

注意：一个森林的先序遍历序列和后序遍历序列，分别与其对应的二叉树的先序遍历序列和中序遍历序列也是完全一致的。

5.5 哈夫曼树及其应用

【学习任务】掌握哈夫曼树的概念及构造方法，通过实例理解哈夫曼树的应用——哈夫曼编码。

5.5.1 哈夫曼树的定义

1. 相关概念

（1）路径和路径长度：在树结构中，任意两个结点之间有且仅有一条由分支构成的通路，称这条通路为这两个结点之间的路径。路径上所含分支的数目称为路径长度。

（2）树的路径长度：一棵具有 m 个结点的树中，从根结点到其余 m-1 个结点都有且仅有一条路经，这 m-1 条路经的路径长度之和称为树的路径长度，记作 PL。

注意：在结点数目相同的二叉树中，完全二叉树的路径长度最短。

（3）结点的权：在一些应用中，赋予树中结点的一个有某种意义的实数，记作 ω。

（4）结点的带权路径长度：结点到树根之间的路径长度 l 与该结点的权 ω 的乘积。

（5）树的带权路径长度：如果一棵二叉树具有 n 个带权的叶子结点，则称这 n 个叶子结点的带权路径长度之和为树的带权路径长度，也称为树的代价，通常记作 WPL（Weighted Path Length of Tree）。且有：

$$\mathrm{WPL}=\sum_{i=1}^{n}\omega_i l_i$$

其中，ω_i 和 l_i 分别是第 i 个叶子结点的权和根到该叶子的路径长度。

2. 哈夫曼树的定义

假定有一个权值的集合{ω_1, ω_2,⋯, ω_n}，则可以构造许多具有 n 个叶子结点的二叉树，每个结点的权为 ω_i（$1\leqslant i\leqslant n$），则其中树的带权路径长度 WPL 值最小的二叉树称为哈夫曼树（或最优二叉树）。

【例 5.10】给定 4 个叶子结点 a、b、c 和 d，分别带权 7、5、1 和 3。构造如图 5.22 所示的三棵二叉树（还有许多棵），它们的带权路径长度分别为：

（a）WPL=7×2+5×2+1×2+3×2=32

（b）WPL=7×1+5×2+1×3+3×3=29

（c）WPL=7×3+5×3+1×1+3×2=43

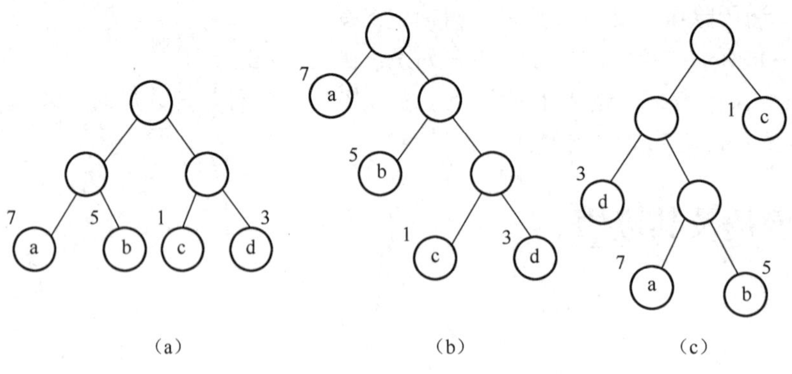

图 5.22 带有不同 WPL 值的二叉树

其中（b）树的 WPL 最小，可以验证，它就是哈夫曼树。

注意：

（1）最优二叉树中，权值越大的叶子离根越近。

（2）最优二叉树的形态不是唯一的，但 WPL 值最小。

5.5.2 哈夫曼树的构造

假设有 n 个权值$\{\omega_1, \omega_2,\cdots, \omega_n\}$，如何求得最优二叉树呢？哈夫曼（Huffman）提出了一个求解该问题的办法，称之为哈夫曼算法。描述如下：

（1）将给定的 n 个权值$\{\omega_1, \omega_2,\ldots, \omega_n\}$看成一个由 n 棵二叉树组成的森林 $F=\{T_1,T_2,\ldots,T_n\}$，其中每棵二叉树 T_i（$1\leqslant i\leqslant n$）都只有一个权值为 ω_i 的根结点，其左、右子树均为空二叉树。

（2）在 F 中选取两棵根结点的权值最小的二叉树合并，作为一棵新树的左、右子树，且置新二叉树的根结点的权值为其左、右子树的根结点的权值之和。

（3）从 F 中删去这两棵被选取的二叉树，同时将新二叉树加入到 F 中去。

（4）重复（2）、（3），直到 F 中仅剩下一棵二叉树为止，该树即为所求得的哈夫曼树。

【例 5.11】给定的权值为{7,8,10,6,3}，试画出根据哈夫曼算法求得哈夫曼树的过程并计算该哈夫曼树的 WPL 值。

图 5.23 给出了求哈夫曼树的过程。该哈夫曼树的带权路径长度为：WPL=(3+6)×3+ (7+8+10)×2=77。

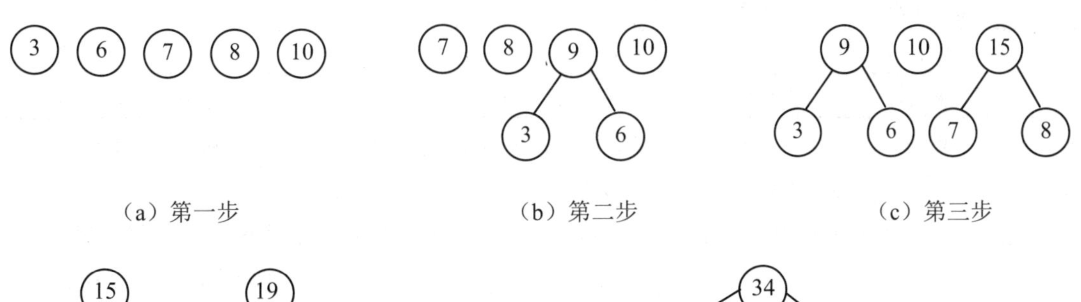

（a）第一步　　（b）第二步　　（c）第三步

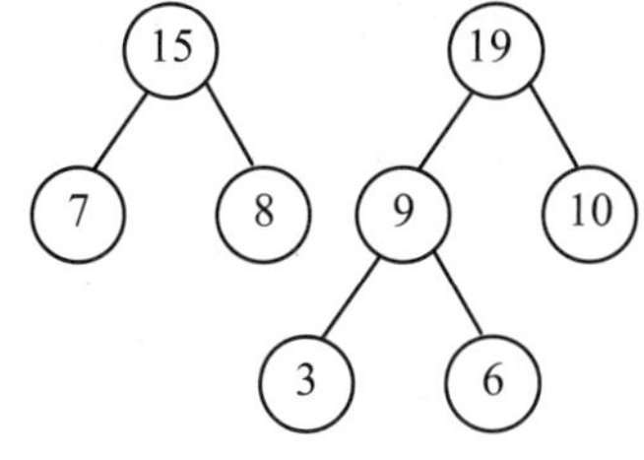

（c）第四步

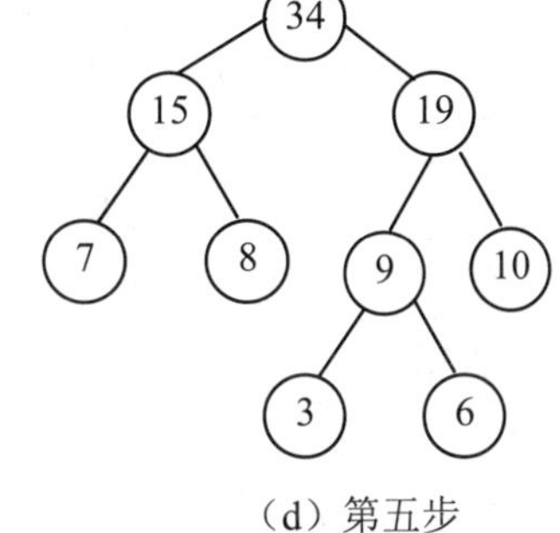

（d）第五步

图 5.23　构造哈夫曼树的过程

5.5.3 哈夫曼编码

大数据量的图像信息会给存储器的存储容量、通信干线信道的带宽以及计算机的处理速度增加极大的负担。单纯靠增加存储器容量、信道带宽以及提高计算机的处理速度等方法来解决这个问题是不现实的，这时就要考虑压缩，而压缩的关键在于编码。在进行编码设计时，有两种不同的思路：一种是定长编码，另一种是变长编码。

1. 定长编码方案和变长编码方案

（1）定长编码方案

定长编码方案将给定字符集 C 中每个字符的码长定为 lg|C|，|C|表示字符集的大小。

【例 5.12】设待压缩的数据文件共有 10000 个字符，这些字符均取自字符集 C={a,b,c,d,e,f}，定长编码需要 3 位二进制数来表示 6 个字符，因此整个文件的编码长度为 30000 位。

（2）变长编码方案

变长编码方案将出现频率高的字符编码设置较短，将频率低的字符编码设置较长。

【例 5.13】设待压缩的数据文件共有 100000 个字符，这些字符均取自字符集 C={a,b,c,d,e,f}，其中每个字符在文件中出现的次数（简称频度）见表 5.1。

表 5.1 字符编码频度

字符	a	b	c	d	e	f
频度/千次	45	13	12	16	9	5
定长编码	000	001	010	011	100	101
变长编码	0	101	100	111	1101	1100

根据计算公式：(45×1+13×3+12×3+16×3+9×4+5×4)×1000=224000，整个文件被编码为 224000 位，比定长编码方式节约了约 25%的存储空间。

注意：变长编码可能使解码产生二义性。产生该问题的原因是某些字符的编码可能与其他字符的编码开始部分（称为前缀）相同。例如，假设 E、T、W 分别编码为 00、01、0001，则解码时无法确定信息串 0001 是 ET 还是 W。

2. 前缀码方案

对字符集进行编码时，要求字符集中任一字符的编码都不是其他字符的编码的前缀，这种编码称为前缀（编）码。平均码长或文件总长最小的前缀编码称为最优前缀码。最优的前缀码对文件的压缩效果最佳。

注意：定长编码是前缀码。

3. 哈夫曼编码

哈夫曼编码是一种应用广泛且非常有效的数据压缩技术，该技术一般可将数据文件压缩掉 20%～90%，其压缩效率取决于被压缩文件的特征。利用哈夫曼树很容易求出给定字符集及其概率（或频度）分布的最优前缀码。

哈夫曼树在通信和数据传送中用来产生二进制编码，其问题的描述如下。

设 C={$c_1, c_2,\cdots, c_n$}，W={$\omega_1, \omega_2,\cdots, \omega_n$}，其中，C 是待编码的字符集，W 是各字符在电文中出现的频率集，现在要求对 C 中字符编码且满足如下条件：

- 使用频率高的字符的编码尽可能得短（这样可以保证总码长尽可能短）；
- 该编码必须是前缀编码。

（1）由哈夫曼树求得编码为最优前缀码的原因

每个叶子字符 c_i 的码长恰为从根到该叶子的路径长度 l_i，平均码长（或文件总长）又是二叉树的带权路径长度 WPL。而哈夫曼树是 WPL 最小的二叉树，因此编码的平均码长（或文件总长）亦最小。

树中没有一片叶子是另一叶子的祖先，每片叶子对应的编码就不可能是其他叶子编码的前缀，即上述编码是二进制的前缀码。

（2）构造哈夫曼编码的过程

①用 $c_1, c_2,\ldots, c_n$ 作为叶子，$\omega_1, \omega_2,\ldots, \omega_n$ 作为各叶子的权，构造一棵哈夫曼树；

②在哈夫曼树中，在左分支上标上代码 0，在右分支上标上代码 1；

③将从根到某叶子 c_i 路径上所经过的分支上的代码顺序连接起来就可以得到字符 c_i 的二进制编码。

【例 5.14】若待编码字符集 C={c_1, c_2, c_3, c_4, c_5}，相应的字符在电文中出现的频率集 W={5, 7, 10, 2, 4}。为各字符进行哈夫曼编码。

首先根据已知条件构造一棵哈夫曼树，然后标记字符以及 0、1 代码，过程如图 5.24 所示。所得编码为 c_1（00），c_2（10），c_3（11），c_4（010），c_5（011）。

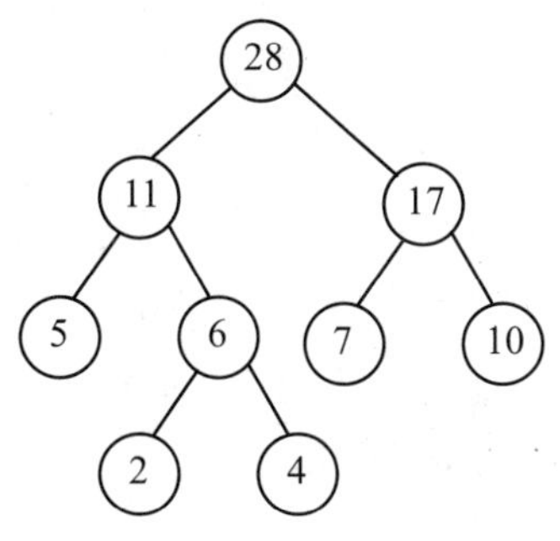

（a）构造哈夫曼树

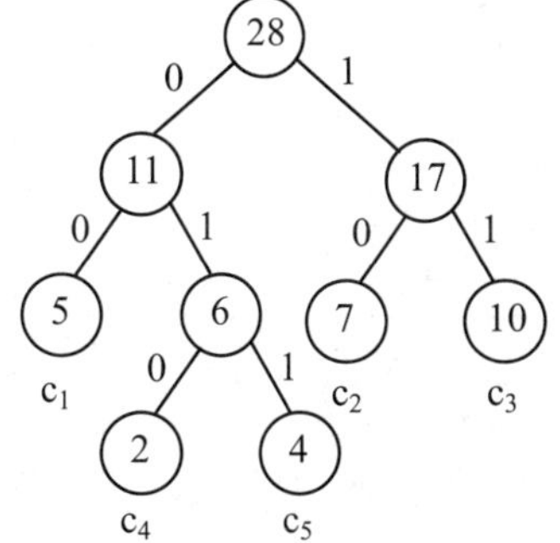

（b）对左右分支作代码标注并注明叶子所对应的字符

图 5.24　哈夫曼编码的求解过程

（3）哈夫曼编码的算法实现

```
import java.util.*;
class Node implements Comparable {
```

```
    private int value;
    private Node leftChild;
    private Node rightChild;
    public Node(int value) {
        this.value = value;
    }
    public int getValue() {
        return value;
    }
    public void setValue(int value) {
        this.value = value;
    }
    public Node getLeftChild() {
        return leftChild;
    }
    public void setLeftChild(Node leftChild) {
        this.leftChild = leftChild;
    }
    public Node getRightChild() {
        return rightChild;
    }
    public void setRightChild(Node rightChild) {
        this.rightChild = rightChild;
    }
    public int compareTo(Object o) {
        Node that = (Node) o;
        double result = this.value - that.value;
        return result > 0 ? 1 : result == 0 ? 0 : -1;
    }
}
/**
* 哈夫曼树构造类：
 */
public class HuffmanTreeBuilder {
    public static void main(String[] args) {
        List<Node> nodes = Arrays.asList(new Node(1),new Node(3), new Node(5),
            new Node(7) );
        Node node = HuffmanTreeBuilder.build(nodes);
        PrintTree(node);
        }
        /**
        * 构造哈夫曼树
        * @param nodes 结点集合
        * @return 构造出来的树的根结点
        */
          private static Node build(List<Node> nodes) {
             nodes = new ArrayList<Node>(nodes);
             sortList(nodes);
```

```
        while (nodes.size() > 1) {
            createAndReplace(nodes);}
        return nodes.get(0);
    }
/**
* 组合两个权值最小的结点，并在结点列表中用它们的父结点替换它们
* @param nodes 结点集合
*/
private static void createAndReplace(List<Node> nodes) {
    Node left = nodes.get(0);
    Node right = nodes.get(1);
    Node parent = new Node(left.getValue() + right.getValue());
    parent.setLeftChild(left);
    parent.setRightChild(right);
    nodes.remove(0);
    nodes.remove(0);
    nodes.add(parent);
    sortList(nodes);
    }
    /**
    * 将结点集合由大到小排序
    */
    private static void sortList(List<Node> nodes) {
        Collections.sort(nodes);
    }
    /**
    * 打印树结构，显示的格式是 node(left,right)
    */
    public static void PrintTree(Node node) {
        Node left = null;
        Node right = null;
        if(node!=null) {
            System.out.print(node.getValue());
            left = node.getLeftChild();
            right = node.getRightChild();
        System.out.println("("+(left!=null?left.getValue():" ") +","+ (right!= null?right.getValue():" ")+")");
        }
        if(left!=null)
            PrintTree(left);
        if(right!=null)
            PrintTree(right);
        }
    }
```

5.6 应用举例

【学习任务】在学习树结构基础知识的前提下，掌握树结构在实际生活中的应用和实现。

5.6.1 电文的编码和译码

【问题描述】

利用哈夫曼编码进行数据通信可以大大提高信道利用率，缩短数据传输时间，降低传输成本。但是，这要求在发送端通过一个编码系统对待传数据预先编码；在接收端将传来的数据进行译码（还原）。对于双工信道（即可以双向传输信息的信道），每端都需要一个完整的编/译码系统。根据用户给出字符集中的所有字符及其出现的频率（即为此字符的权值），建立哈夫曼编码树，然后利用哈夫曼编码树将输入的字符串编码成相应的哈夫曼编码；反之，根据哈夫曼译码原理将用户所输入的 0/1 代码串编译成相应的字符串。由此，让用户方便地实现电文词句的哈夫曼编码及译码。

【算法思想】

（1）初始化

从键盘读入 n 个字符以及它们的权值，建立哈夫曼树。

（2）编码算法

1）根据输入的数据，从中选取两棵根结点权值最小且没有被选过的树作为左右子树构造一棵新的二叉树，且置新的二叉树的根结点的权值为左右子树上根结点的权值之和。

2）哈夫曼树建立后，从叶子到根逆向求每一个字符的哈夫曼编码。

（3）译码算法

译码是分解电文中的字符串，从根出发，如果为字符 '0' 就找左孩子，如果为字符 '1' 就找右孩子，直至叶子结点，得到该子串相应的字符并输出。

（4）打印哈夫曼树。

【算法实现】

```
import java.util.HashMap;
import java.util.Iterator;
import java.util.Map;
import priorityqueue.heap.Heap;
public class Huffman {
//哈夫曼树结点
private static class Entry implements Comparable<Entry> {
    int freq;//结点使用频率，优先级就是据此决定
    String code;//结点哈夫曼编码
    char c;//结点所对应的字符
    Entry left, right, parent;//哈夫曼树遍历相关字段
      //结点的优先级比较
    public int compareTo(Entry entry) {
        return freq - entry.freq;
    }
    public String toString() {
        return "(" + c + ":" + code + ")";
    }
```

```
    }
    //这里只对 Unicode 前 256 个字符编码，所以只能输入 ISO8859-1 字符串
    protected final int SIZE = 256;
    //哈夫曼编码表，用于快速查询某字符的哈夫曼编码
    protected Entry[] leafEntries;
    //堆，用来动态进行优先级排序
    protected Heap<Entry> pq;
    //要编码的输入串
    protected String input;
    public Huffman(String input) {
        this.input = input;
        createPQ();
        createHuffmanTree();
        calculateHuffmanCodes();
    }
    //创建初始堆
    public void createPQ() {
        //初始化哈夫曼编码表
        Entry entry;
        leafEntries = new Entry[SIZE];
        for (int i = 0; i < SIZE; i++) {
            leafEntries[i] = new Entry();
            leafEntries[i].freq = 0;//使用频率
        //leafEntries 哈夫曼编码表中的索引与字符的编码对应，这样在读取时很方便
            leafEntries[i].c = (char) i;//结点是对应的字符
        }
        //填充哈夫曼编码表
        fillLeafEntries();
        //开始创建初始堆
        pq = new Heap<Entry>();
        for (int i = 0; i < SIZE; i++) {
            entry = leafEntries[i];
            if (entry.freq > 0) {//如果被使用过，则放入堆中
                pq.add(entry);
            }
        }
    }
    //根据输入的字符串填充 leafEntries 哈夫曼编码表
    public void fillLeafEntries() {
        Entry entry;
        for (int i = 0; i < input.length(); i++) {
            entry = leafEntries[(int) (input.charAt(i))];
            entry.freq++;
            entry.left = null;
            entry.right = null;
            entry.parent = null;
        }
    }
```

```
// 创建哈夫曼树
public void createHuffmanTree() {
    Entry left, right, parent;
    //每次需从堆中取两个，所以需大于 1，如果小于等于 1，表示哈夫曼树已创建完毕
    while (pq.size() > 1) {
        //使用贪婪算法，每次从优先级队列中读取最小的两个元素
        left = (Entry) pq.removeMin();
        left.code = "0";//如果作为左子结点，则为路径编码为 0
        right = (Entry) pq.removeMin();
        right.code = "1";//如果作为右子结点，则为路径编码为 1
        parent = new Entry();
        parent.parent = null;
        //父结点的使用频度为两者之和
        parent.freq = left.freq + right.freq;
        parent.left = left;
        parent.right = right;
        left.parent = parent;
        right.parent = parent;
        //再把父结点放入堆中，将会进行重组堆结构
        pq.add(parent);
    }
}
//计算输入串的每个字符的哈夫曼编码
public void calculateHuffmanCodes() {
    String code;
    Entry entry;
    for (int i = 0; i < SIZE; i++) {
        code = "";
        entry = leafEntries[i];
        if(entry.freq>0) {//如果使用过该字符就需要求哈夫曼编码
            do {
    //拼接从叶结点到根结点路径上各元素的路径编码，最后得到哈夫曼编码
                code = entry.code + code;
                entry = entry.parent; //要一直循环到根
            } while (entry.parent != null);
        leafEntries[i].code = code;
        }
    }
}
//得到哈夫曼编码表
public Map<String, String> getHuffmancodeTable() {
    Map<String, String> map = new HashMap<String, String>();
    for (int i = 0; i < SIZE; i++) {
        Entry entry = leafEntries[i];
        if (entry.freq > 0) {//如果使用过该字符就需求哈夫曼编码
            map.put(String.valueOf(entry.c), entry.code);
        }
    }
```

```
        return map;
    }
    //得到字符串所对应的哈夫曼编码
    public String getHuffmancodes() {
        StringBuffer sb = new StringBuffer();
        for (int i = 0; i < input.length(); i++) {
            Entry entry = leafEntries[input.charAt(i)];
            sb.append(entry.code);
        }
        return sb.toString();
    }
    //将哈夫曼消息串还原成字符串
    public static String huffmancodesToString(Map<String, String> map, String huffmanCodes) {
        Entry root = createTreeFromCode(map);
        return encoding(root, huffmanCodes);
    }
    //根据指定的哈夫曼编码创建哈夫曼树
    private static Entry createTreeFromCode(Map<String, String> map) {
        erator<Map.Entry<String, String>> itr = map.entrySet().iterator();
        Map.Entry<String, String> mapEntry;
        Entry root = new Entry(), parent = root, tmp;
        while (itr.hasNext()) {
          mapEntry = itr.next();
          //从根开始创建树
         for (int i = 0; i < mapEntry.getValue().length(); i++) {
                if (mapEntry.getValue().charAt(i) == '0') {
                tmp = parent.left;
                if (tmp == null) {
                 tmp = new Entry();
                 parent.left = tmp;
                 tmp.parent = parent;
                 tmp.code = "0";
                }
              }
           else {
                 tmp = parent.right;
                 if (tmp == null) {
                    tmp = new Entry();
                    parent.right = tmp;
                    tmp.parent = parent;
                    tmp.code = "1";
                  }
                 }
            if (i == mapEntry.getValue().length() - 1) {
                 tmp.c = mapEntry.getKey().charAt(0);
                 tmp.code = mapEntry.getValue();
                 parent = root;
                    }
            else {   parent = tmp;
                    }
```

```
            }
        }
        return root;
    }
    //根据给定的哈夫曼编码解码成字符
    private static String encoding(Entry root, String huffmanCodes) {
        Entry tmp = root;
        StringBuffer sb = new StringBuffer();
        for (int i = 0; i < huffmanCodes.length(); i++) {
        if (huffmanCodes.charAt(i) = = '0') {
            tmp = tmp.left;//找到与当前编码对应的结点
            //如果哈夫曼树左子树为空，则右子树也肯定为空，也就是说，分支结点一定是有两个结点的结点
            if (tmp.left = = null) {//如果为叶子结点，则找到完整编码
                    sb.append(tmp.c);
                    tmp = root;//准备解码下一个字符
                }
            }
        else {
                tmp = tmp.right;
                if (tmp.right == null) {
                    sb.append(tmp.c);
                  tmp = root;
                }
            }
        }
         return sb.toString();
    }
    public static void main(String[] args) {
        String inputStr = "333444455555666666777777";
        Huffman hfm = new Huffman(inputStr);
        Map<String, String> map = hfm.getHuffmancodeTable();
        String huffmancodes = hfm.getHuffmancodes();
        System.out.println("输入字符串：" + inputStr);
        System.out.println("哈夫曼编码对照表：" + map);
        System.out.println("哈夫曼编码：" + huffmancodes);
        String encodeStr = Huffman.huffmancodesToString(map,huffmancodes);
        System.out.println("哈夫曼译码：" + encodeStr);
    }
}
```

程序运行结果：

```
输入字符串：333444455555666666777777
哈夫曼编码对照表：{3=110, 5=00, 7=10, 4=111, 6=01}
哈夫曼编码：11011011011111111111111000000000000101010101011010101010101010
哈夫曼译码：333444455555666666777777
```

5.6.2　二叉树遍历实现

【问题描述】

根据完全二叉树的顺序存储结构，将已知数组中的元素构成二叉树，并完成对其的先序、

中序、后序遍历。

【算法思想】

（1）将数组中的元素转化成二叉树的结点，建立一棵二叉树；

（2）利用递归算法，实现二叉树的先序、中序和后序遍历；

（3）输出遍历结果。

【算法实现】

```
import java.util.LinkedList;
import java.util.List;
/**
 * 功能：把一个数组的值存入二叉树中，然后进行 3 种方式的遍历
*/
public class BinTreeTraverse2 {
        private int[] array = { 1, 2, 3, 4, 5, 6, 7, 8, 9 };
        private static List<Node> nodeList = null;
        /**
         * 内部类：结点
         */
        private static class Node {
                Node leftChild;
                Node rightChild;
                int data;

                Node(int newData) {
                        leftChild = null;
                        rightChild = null;
                        data = newData;
                }
        }

        public void createBinTree() {
                nodeList = new LinkedList<Node>();
                // 将一个数组的值依次转换为 Node 结点
                for (int nodeIndex = 0; nodeIndex < array.length; nodeIndex++) {
                        nodeList.add(new Node(array[nodeIndex]));
                }
                // 对前 lastParentIndex-1 个父结点按照父结点与孩子结点的数字关系建立二叉树
                for (int parentIndex = 0; parentIndex < array.length / 2 - 1; parentIndex++){
                // 左孩子
                nodeList.get(parentIndex).leftChild = nodeList.get(parentIndex * 2 + 1);
                // 右孩子
                nodeList.get(parentIndex).rightChild = nodeList.get(parentIndex * 2 + 2);
                }
                // 最后一个父结点：因为最后一个父结点可能没有右孩子，所以单独拿出来处理
                int lastParentIndex = array.length / 2 - 1;
                // 左孩子
```

```
            nodeList.get(lastParentIndex).leftChild = nodeList.get(lastParentIndex * 2 + 1);
            // 右孩子，如果数组的长度为奇数才建立右孩子
            if (array.length % 2 == 1)
                nodeList.get(lastParentIndex).rightChild = nodeList
                        .get(lastParentIndex * 2 + 2);
            }
    //先序遍历
    public static void preOrderTraverse(Node node) {
            if (node == null)return;
            System.out.print(node.data + " ");
            preOrderTraverse(node.leftChild);
            preOrderTraverse(node.rightChild);
    }
    //中序遍历
    public static void inOrderTraverse(Node node) {
            if (node == null)return;
            inOrderTraverse(node.leftChild);
            System.out.print(node.data + " ");
            inOrderTraverse(node.rightChild);
    }
    //后序遍历
    public static void postOrderTraverse(Node node) {
            if (node == null)return;
            postOrderTraverse(node.leftChild);
            postOrderTraverse(node.rightChild);
            System.out.print(node.data + " ");
    }

    public static void main(String[] args) {
            BinTreeTraverse2 binTree = new BinTreeTraverse2();
            binTree.createBinTree();
            // nodeList 中第 0 个索引处的值即为根结点
            Node root = nodeList.get(0);
            System.out.print("先序遍历：");
            preOrderTraverse(root);
            System.out.println();
            System.out.print("中序遍历：");
            inOrderTraverse(root);
            System.out.println();
            System.out.print("后序遍历：");
            postOrderTraverse(root);
    }
}
```

程序运行结果：

```
先序遍历：1 2 4 8 9 5 3 6 7
中序遍历：8 4 9 2 5 1 6 3 7
后序遍历：8 9 4 5 2 6 7 3 1
```

5.7 小结

本模块是全书的重点之一，包括的基本内容有：树的概念、存储表示和遍历；二叉树的定义、性质和存储表示；二叉树的遍历；树，森林与二叉树的相互转换以及二叉树的应用。

树是一种重要的树形结构，其常用的存储表示法有三种：双亲表示法，孩子表示法和左孩子右兄弟表示法。遍历是树的一个重要的操作，树的遍历方式有：先序遍历和后序遍历。

二叉树是另一类型的树结构，它不是树的特例，其子树要严格地区分为左子树和右子树，二叉树常用的存储表示法是二叉链表。二叉树的遍历方式有四种：先序、中序、后序和层序，在它们的非递归算法中，前三种采用栈作为辅助数据结构。

二叉树的一个应用实例是构造哈夫曼树，并用它求解哈夫曼编码。

5.8 知识巩固

5.8.1 理论知识

一、填空题

1．一棵高为 k 的 m 叉树中最少有________个结点，最多有________个结点。

2．具有 2400 个结点的完全二叉树的深度为________。

3．若二叉树 T 有 n 个叶子结点，则 T 必有________个度为 2 的结点。

4．一棵深度为 k 且有________个结点的二叉树称为满二叉树。

5．对树进行后序遍历等价于对由该树转换而得的二叉树进行________序遍历；对树进行先序遍历等价于对由该树转换而得的二叉树进行________序遍历。

6．对森林进行后序遍历等价于对由该森林转换而得的二叉树进行________序遍历；对森林进行先序遍历等价于对由该森林转换而得的二叉树进行________序遍历。

二、选择题

1．下列选项中不属于树结构逻辑特征的是（　　）。

A．有的结点有多个直接后继　　B．有的结点没有直接后继

C．有的结点有多个直接前驱　　D．有的结点没有直接前驱

2．下列叙述中错误的是（　　）。

A．树的度与该树中结点的度的最大值相等

B．二叉树就是度为 2 的有序树

C．有 5 个叶子结点的二叉树中必有 4 个度为 2 的结点

D．满二叉树一定是完全二叉树

3．一棵二叉树中第 6 层上最多有（　）个结点。

A．2　　B．31　　C．32　　D．64

4．一棵高为 k 的二叉树最少有（　）个结点。

A．k-1　　B．k　　C．k+1　　D．2k-1

E．2^k-1

5．一棵高为 k 的二叉树最多有（　）个结点。

A．k+1　　B．2^k-1　　C．2^k-1　　D．2^k

E．2^k+1

6．一棵度为 3 的树中，度为 3 的结点有 2 个，度为 2 的结点有 2 个，度为 1 的结点有 2 个，则度为 0 的结点有（　）个。

A．4　　B．5　　C．6　　D．7

7．设完全二叉树 T 中含有 n 个结点，对这些结点从 0 开始按层序进行编号，若编号为 i 的结点有左孩子，则左孩子的编号为（　）。

A．2(i-1)　　B．2i-1　　C．2i　　D．2i+1

E．2(i+1)

8．已知一棵二叉树的先序序列为 abdegcfh，中序序列为 dbgeachf，则该二叉树的后序序列为（　）。

A．gedhfbca　　B．dgebhfca

C．abcdefgh　　D．acbfedhg

9．先序遍历与中序遍历所得遍历序列相同的二叉树为（　）。

A．根结点无左孩子的二叉树　　B．根结点无右孩子的二叉树

C．所有结点只有左子树的二叉树　　D．所有结点只有右子树的二叉树

10．下列叙述中正确的是（　）。

A．由先序遍历序列和后序遍历序列可以唯一确定一棵二叉树

B．由森林转化而得的二叉树，其根结点一定有右子树

C．完全二叉树一定是满二叉树

D．在结点数目相同的二叉树中，完全二叉树的路径长度最短

11．由树转换而得的二叉树，根结点（　）。

A．没有左子树　　B．没有右子树

C．左、右子树都有　　D．视树的形态而定

12．由一个非空森林转换而得的二叉树，其根结点（　）。

A．一定没有左子树　　B．一定没有右子树

C．左、右子树一定都有　　D．左、右子树可能都有，也可能都没有

三、应用题

1．画出所有先序遍历序列为 ABCD 的二叉树。

2．已知完全二叉树 T 上共有 900 个结点，试求：（1）T 的高度；（2）T 中叶子结点的个数；（3）T 中度为 1 的结点个数。

3．对于图 5.25 所示的树 T，指出树中的根结点、叶子结点和分支结点，并指出各个结点的度和层次。

4．对于图 5.26 所示的二叉树 t，分别写出它的先序、中序、后序和层序遍历的序列。

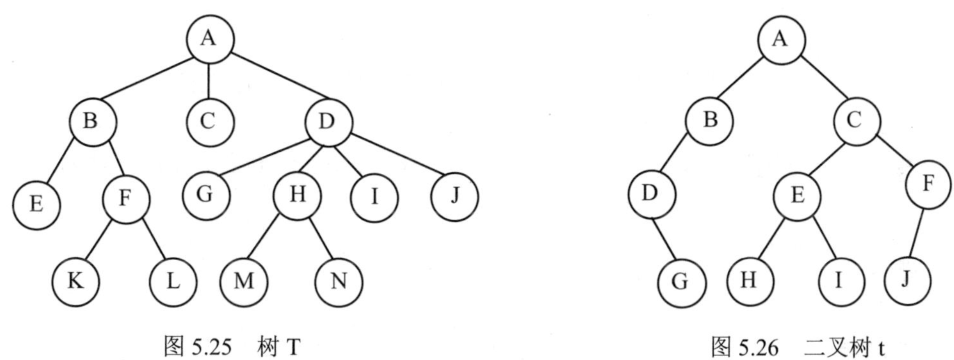

图 5.25　树 T　　图 5.26　二叉树 t

5．由遍历序列画出二叉树：

（1）设某二叉树的先序遍历序列为 ABCDEFG，中序遍历序列为 CBEDFAG，试画出该二叉树。

（2）设某二叉树的中序遍历序列为 DBGEHAFCI，后序遍历序列为 DGHEBFICA，试画出该二叉树。

（3）设一棵二叉树的先序序列为 EBADCFHGIKJ，中序序列为 ABCDEFGHIJK，试画出该二叉树。

6．试将图 5.27 中的森林转为二叉树。

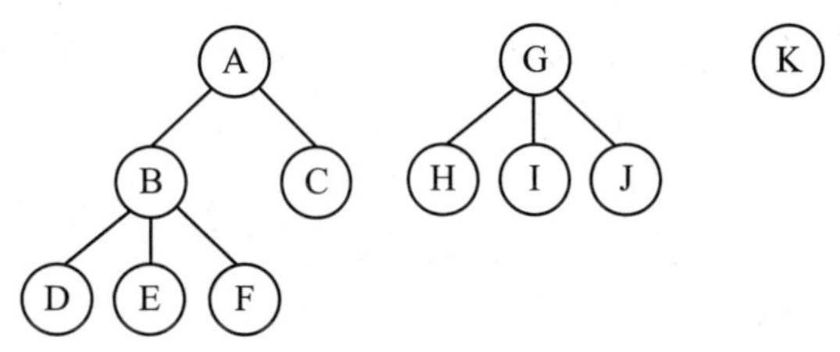

图 5.27　森林

7．试将图 5.28（a）和（b）中的树转为二叉树。

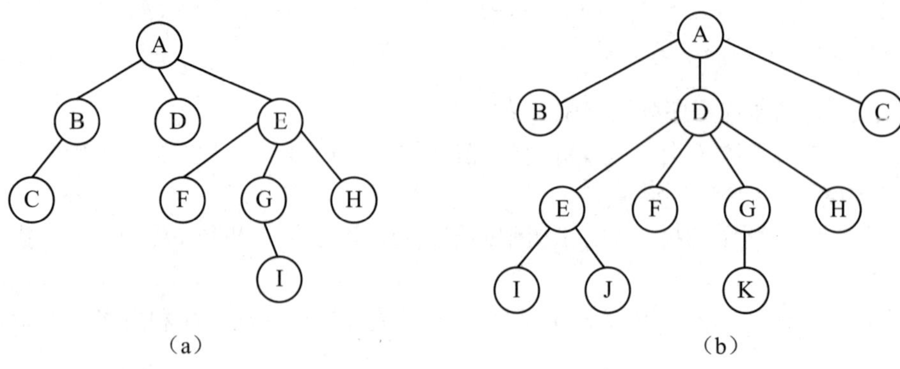

图 5.28　树

8．请构造权值为{5,13,21,7,18,30,41}的哈夫曼树，并计算它的带权路径长度。

9．设用于通信的电文仅由 8 个字符 C1、C2、C3、C4、C5、C6、C7、C8 组成，字符在电文中出现的频率分别为 0.07、0.19、0.02、0.06、0.32、0.03、0.21、0.10，试为这 8 个字符设计哈夫曼编码。

5.8.2　真题在线

一、选择题

1．树是结点的集合，它的根结点数目是（　　）。（全国计算机等级考试二级 2010-9）

A．有且只有 1　　　　B．1 或多于 1

C．0 或 1　　　　D．至少 2

2．一棵二叉树共有 70 个叶子结点和 80 个度为 1 的结点，则该二叉树中的总结点数为（　　）。（全国计算机等级考试二级 2007-9）

A．219　　B．221　　C．229　　D．231

3．某二叉树共有 7 个结点，其中叶子结点只有 1 个，则该二叉树的深度为（　　）。（假设根结点在第 1 层）（全国计算机等级考试二级 2011-3）

A．3　　B．4　　C．6　　D．7

4．下列关于二叉树的叙述中，正确的是（　　）。（全国计算机等级考试二级 2011-9）

A．叶子结点总是比度为 2 的结点少一个

B．叶子结点总是比度为 2 的结点多一个

C．叶子结点数是度为 2 的结点数的两倍

D．度为 2 的结点数是度为 1 的结点数的两倍

5．某二叉树中有 n 个度为 2 的结点，则该二叉树中的叶子结点数为（　　）。（全国计算机等级考试二级 2007-9）

A．n+1　　B．n-1　　C．2n　　D．n/2

二、填空题

1．在深度为 7 的满二叉树中，度为 2 的结点个数为________。（全国计算机等级考试二级 2007-9）

2．在树结构中，树的根结点没有________。（全国计算机等级考试二级 2013-3）

5.8.3 实训任务

【实训任务 1】判断两棵二叉树是否相等。

【问题描述】

编写一个程序实现：先建立两棵以二叉链表存储结构表示的二叉树，然后判断这两棵二叉树是否相等并输出测试结果。

【实训任务 2】二叉树的遍历。

【问题描述】

编写一个程序实现：先建立一棵以孩子兄弟链表存储结构表示的树，然后输出这棵树的先序遍历序列和后序遍历序列。

6

图

主要内容

- 图的概念，计算机中最常用的两种图的存储结构。
- 深度优先搜索遍历和广度优先搜索遍历这两种遍历图的算法及其应用。
- 典型的图结构的应用问题，包括最小生成树、拓扑排序、关键路径和相关的算法等内容。
- 图的应用举例。

学习目标

重点：

- 掌握图的基本概念和存储结构，图的遍历及生成树和最小生成树。

难点：

- 构造最小生成树的典型算法，最短路径及其算法，拓扑排序及其算法，AOV 网络和关键路径。

图是一种比线性表和树更加复杂的数据结构。在线性表中，数据元素之间呈现一种线性关系，即每个元素只有一个直接前驱和一个直接后继；在树结构中，结点之间是一种层次关系，即每个结点只有一个直接前驱，但可有多个直接后继；而在图结构中，每个结点既可以有多个直接前驱，也可以有多个直接后继。前面讲述的线性表和树都可以看成是两种特殊的图。

6.1 实例引入

【学习任务】通过生活实例初步了解图的特征，从感性上认识图及其简单操作。

【实例 1】在日常生活中，对象和对象之间的关系常常可以用包括点和线的示意图来表示。

例如我国几个城市之间的铁路交通图，反映了这几个城市之间的铁路分布情况。其中，城市用点表示，点和点之间的连线代表了对应的两个城市之间的铁路线，如图 6.1 所示。

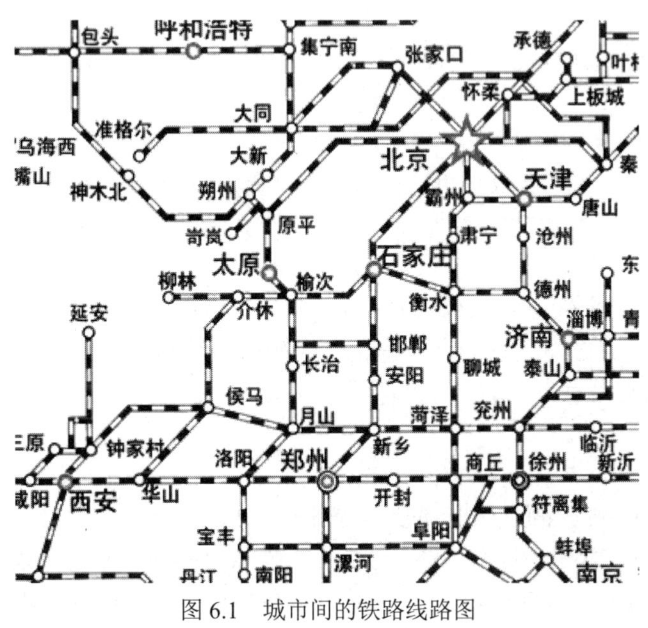

图 6.1 城市间的铁路线路图

【实例 2】图 6.2 所示为在 5 个球队之间安排比赛的情况。图中的点表示球队，而点和点之间的连线则表示对应的两个球队要进行的比赛。

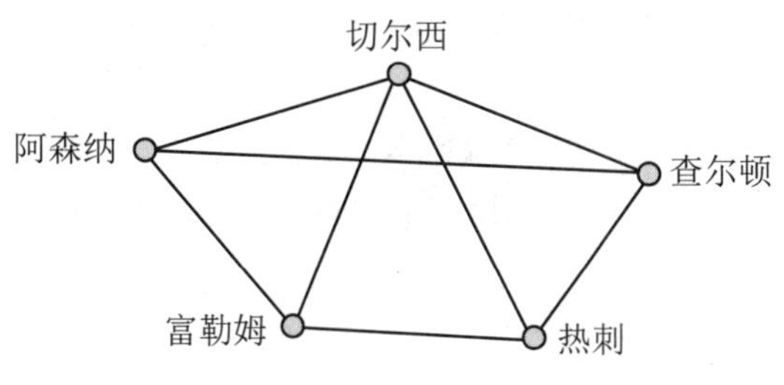

图 6.2 球队比赛安排示意图

从上例可以看出，点及点之间的连线可被用来反映客观世界中某些对象之间的特定关系。通常可用点来代表所研究的对象，而点与点之间的连接则表示这两个对象之间存在着某种特定的关系。

这样的例子无处不在，例如设计一个校园导游咨询系统，要求有学校的校园平面图，所含景点不少于 10 个。以图中顶点表示学校各景点，存放景点名称、代号、简介等信息；以边表示路径，存放路径长度等相关信息，为来访客人提供图中任意景点的路径及景点相关信息查询。下面对图进行详细介绍。

6.2 图的逻辑结构

【学习任务】理解图的定义，熟练掌握图的相关概念及基本运算。

6.2.1 图的定义

图是由顶点（vertex）集合及顶点间的关系边（edges）集合组成的一种数据结构，通常可使用符号表示为：

$$G=(V,E)$$

其中，V={x|x∈某个数据对象}是顶点的有穷非空集合；E={(x,y)|x,y∈V}或 E={(x,y)|x,y∈V&&Path(x,y)}是顶点之间关系的有穷集合，也叫做边（edges）集合。Path(x,y)表示从 x 到 y 的一条单向通路，它是有方向的。

6.2.2 图的基本概念

1. 有向图（directed graph）与无向图（undirected graph）

在有向图中，顶点对<x,y>是有序的，它称为从顶点 x 到顶点 y 的一条有向边。因此，<x,y>与<y,x>是两条不同的边。顶点对<x,y>用一对尖括号括起来，x 是有向边的始点，y 是有向边的终点。而<y,x>有向边的始点是 y，终点是 x。在无向图中，顶点对(x,y)是无序的，它称为与顶点 x 和顶点 y 相关联的一条边，这条边没有特定的方向，(x,y)与(y,x)是同一条边。一般为了区别于有向图，无向图顶点对用一对圆括号括起来。

在图 6.3 中画出了 2 个图，其中图 6.3（a）中 G_1 为无向图，G_1 的结点集合 V 和边集合 E 分别表示为

$$V(G_1) = \{1, 2, 3, 4\}$$
$$E(G_1) = \{(1,2),(1,4),(2,3),(2,4),(3,4)\}$$

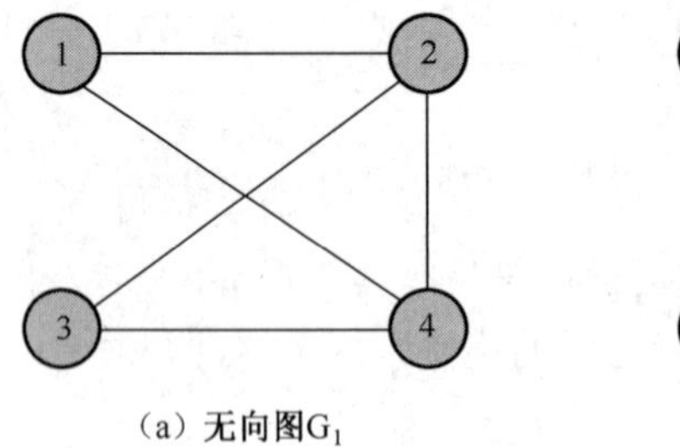

（a）无向图G_1

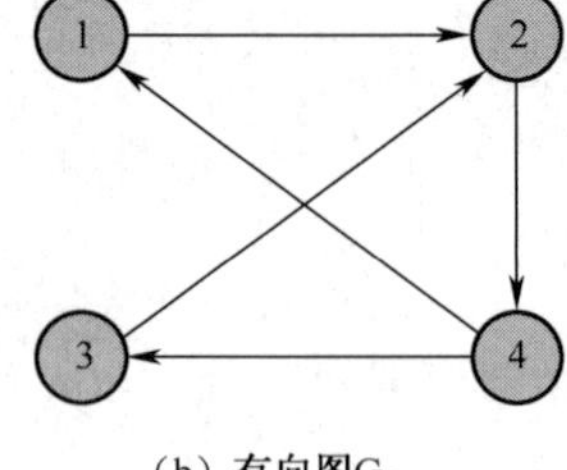

（b）有向图G_2

图 6.3 图结构

图 6.3（b）中 G_2 是有向图。G_2 的结点集合 V 和边集合 E 可分别表示为

$$V(G_2) = \{1, 2, 3, 4\}$$

$$E(G_2) = \{<1,2>,<4,3>,<4,1>,<2,4>,<3,2>\}$$

2. 完全图

在具有 n 个结点的无向图 G 中，其边的最大数目为 n×(n-1)/2，当边数为最大值时，则称图 G 为无向完全图（undirected complete graph）。在具有 n 个结点的有向图 G 中，其边的最大数目为 n×(n-1)，当有向图 G 的边数为最大值时，则称图 G 为有向完全图（directed complete graph）。完全图如图 6-4 所示。

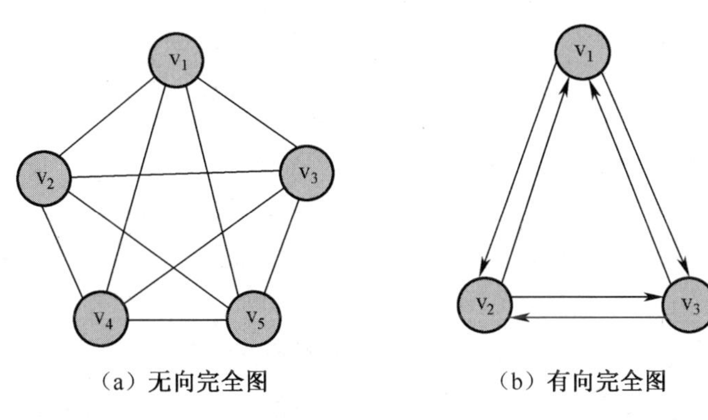

（a）**无向完全图**　　（b）**有向完全图**

图 6.4　完全图

3. 稠密图和稀疏图

当一个图接近完全图时，则称该图为稠密图（dense graph），如图 6.5（a）所示；相反，当一个图含有较少的边数时，则称该图为稀疏图（sparse graph），如图 6.5（b）所示。

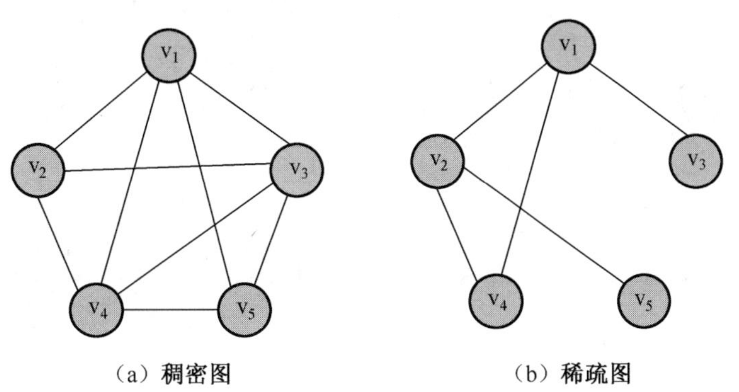

（a）**稠密图**　　（b）**稀疏图**

图 6.5　稠密图和稀疏图

4. 子图

设有两个图 G=(V,E)和 G'=(V',E')，如果 V'是 V 的子集，即 V'∈V，而且 E'是 E 的子集，即 E'∈E，则称 G'为 G 的子图（subgraph），子图就是图 G 中的部分集合。图 6.3 所示的无向图 G_1 和有向图 G_2 的部分子图如图 6.6 所示。

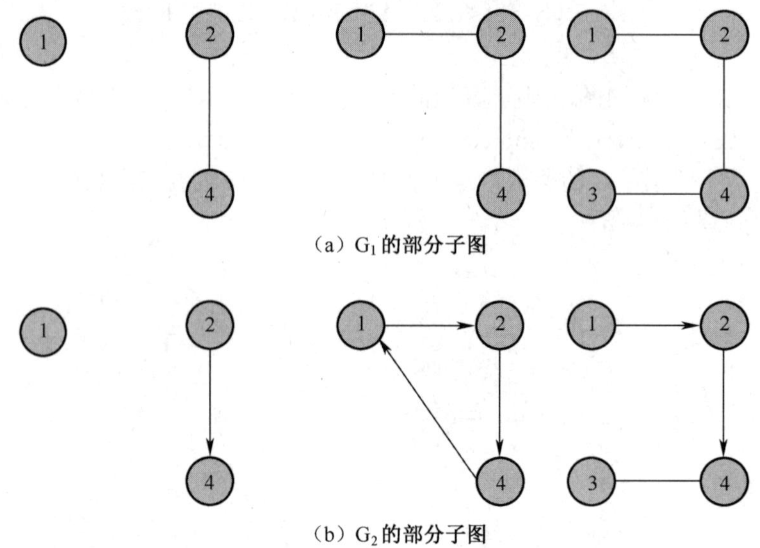

（a）G_1 的部分子图

（b）G_2 的部分子图

图 6.6　子图示例

如果 G'为 G 的子图，且 V'=V，称 G'为 G 的生成子图（spanning subgraph），即 V'=V，且 E'∈E。

5. 权和网

在一个图中，每条边可以标上具有某种含义的数值，此数值称为该边上的权（weight），通常权是一个非负实数。权可以表示从一个结点到另一个结点的距离、花费的代价或时间等含义。边上标有权的图称为网（network），也称为带权图（weighted graph），如图 6.7 所示。

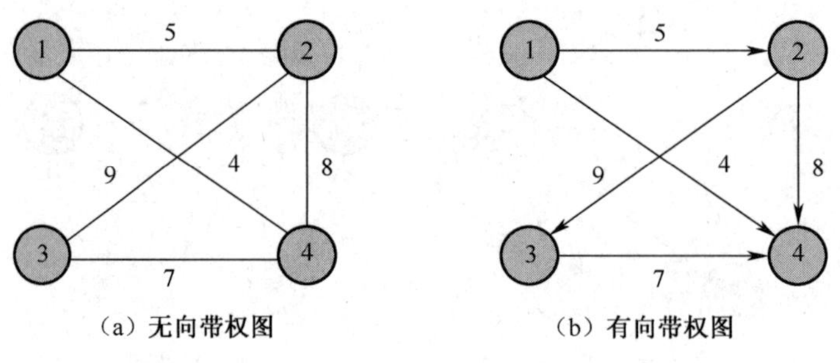

（a）无向带权图　　（b）有向带权图

图 6.7　带权图

6. 邻接点

在一个无向图中，若存在一条边(v_i,v_j)，则称结点 v_i、v_j 互为邻接点（adjacent）。边(v_i,v_j)是结点 v_i 和 v_j 相关联的边，结点 v_i 和 v_j 是边(v_i,v_j)相关联的结点。

在一个有向图中，若存在一条边$<v_i,v_j>$，则称结点 v_i、v_j 互为邻接点。边$<v_i,v_j>$是结点 v_i 和 v_j 相关联的边，结点 v_i 和 v_j 是边$<v_i,v_j>$相关联的结点。

7. 结点的度

结点的度（degree）是图中与结点相关联的边的数目，记为 D(v)。例如，在图 6.3（a）所示的无向图 G_1 中，结点 1 的度为 2，记为 $D(v_1)=2$。度为 1 的结点称为悬挂点（pendant nodes）。在有向图中，结点 v 的度有入度和出度之分，以 v 为终点的弧的数目称为入度（in degree），记为 ID(v)；以 v 为起点的弧的数目称为出度（out degree），记为 OD(v)。出度为 0 的结点称为终端结点或叶子结点。结点的度等于它的入度和出度之和，即 D(v)=ID(v)+OD(v)。例如，在图 6.3（b）所示的有向图 G_2 中，结点 1 的入度 $ID(v_1)=1$，出度 $OD(v_1)=1$，度 $D(v_1)=ID(v_1)+OD(v_1)=2$。如果一个图中有 n 个结点和 e 条边，则该图所有顶点的度 $D(v_i)$与边数 e 满足如下关系：

$$e=\frac{1}{2}\sum_{i=1}^{n}D(v_i)$$

该式表示度与边的关系。每条边连接着两个结点，所以全部结点的度数为所有边数的 2 倍。

8. 路径与回路

在一个图 G 中，从顶点 v 到顶点 v'的一条路径（path）是一个顶点序列$(v_1,v_2,\ldots,v_m)$。其中$v_1=v$，$v_m=v'$。若此图是无向图，则$(v_{i-1},v_i)\in E(G)(2\leqslant i\leqslant m)$;若此图是有向图，则$<v_{i-1},v_i>\in E(G)(2\leqslant i\leqslant m)$。路径长度是指该路径上经过的边或弧的数目。如果在一条路径上，序列中的所有结点均不同，则称该路径为简单路径。如果在一条路径上，起点和终点两个结点相同，则该路径被称为回路（cycle）或环。除了第一个结点和最后一个结点相同，其余结点不重复出现的回路称为简单回路或简单环。

例如在图 6.8（a）所示的有向图中，从结点 v_2 到结点 v_5 的路径为$<v_2,v_1>,<v_1,v_3>,<v_3,v_5>$，缩写简记为$\{v_2,v_1,v_3,v_5\}$，路径的长度为 3，而且该路径属于简单路径。$\{v_2,v_1,v_4,v_2,v_1,v_3,v_5\}$不是简单路径，因为在这条路径中结点 v_1 和结点 v_2 重复出现。$\{v_2,v_1,v_4,v_2\}$是一条简单回路，路径长度为 3。

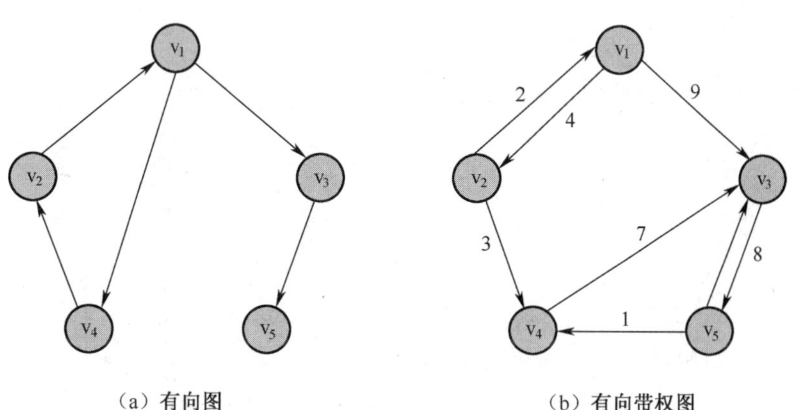

图 6.8　有向图

另外，在带权图中，从起点到终点的路径上各条边的权值之和，称为该路径的长度。例如，图 6.8（b）所示的带权图，从结点 v_2 到结点 v_5 的一条路径$\{v_2,v_1,v_3,v_5\}$的路径长度为2+9+8=19。

9. 连通、连通图和连通分量

在无向图 G 中，如果从结点 v_i 到结点 v_j 有路径，则称 v_i 与 v_j 是连通（connected）的。若在无向图 G 中，任意两个不同的结点都连通，则称 G 为连通图（connected graph）；否则，称为非连通图。无向图 G 的极大连通子图，称为图 G 的连通分量（connected component）。显然，任何连通图的连通分量都只有一个，即其本身，如图 6.9（a）所示；而非连通图可能有多个连通分量，如图 6.9（b）所示的无向图有两个连通分量。

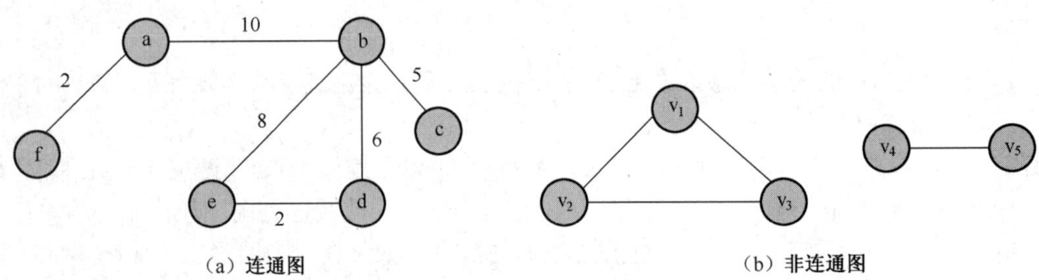

图 6.9　连通图和非连通图

10. 强连通图和强连通分量

在有向图 G 中，如果任意两个结点 v_i 和 v_j，从结点 v_i 到结点 v_j 有路径，同时，从结点 v_j 到结点 v_i 也有路径，则称图 G 是强连通图（strongly connected graph）。有向图 G 中的极大强连通子图称为图 G 的强连通分量。显然，强连通图只有一个强连通分量，即其本身；非强连通图可能有多个强连通分量。图 6.10（a）所示为强连通图，图 6.10（b）所示为非强连通图，其有两个强连通分量。

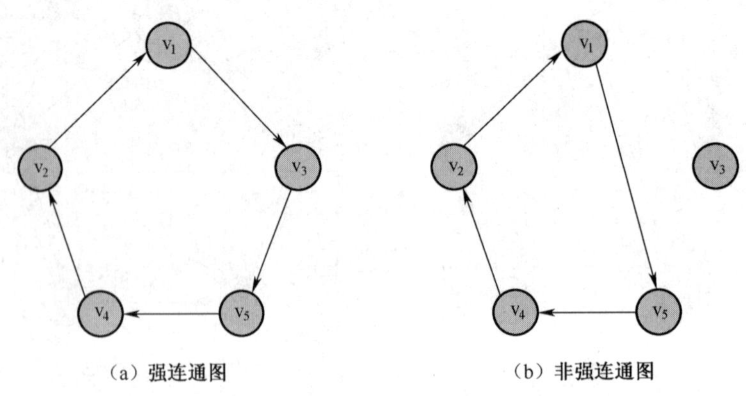

图 6.10　强连通图和非强连通图

6.3 图的存储结构及算法实现

【学习任务】了解无向图、有向图和带权图的邻接矩阵和邻接表的存储方式，掌握每种方式的具体思路及不同表达方式之间的联系。

由于图的结构比较复杂，任意两个顶点之间都可能存在关系，无法以顶点在存储区中的物理位置来表示元素之间的关系，因此很难使用顺序存储结构来存放图。如果使用多重链表表示图，即由一个数据域和多个指针域组成的结点表示图中的一个顶点，顶点之间的边或弧用指针关联起来。虽然这是一种简单的链式存储结构，但是由于图中各顶点的度各不相同，这样结点的指针域不定长，给算法的设计带来很大的困难。在实际应用中，应该根据具体的图来设计适当的存储结构。

本节将讲述常用的图的存储结构：邻接矩阵表示法及邻接表表示法。

6.3.1 邻接矩阵

定义：在邻接矩阵（adjacency matrix）存储表示中，除了一个记录各个顶点信息的顶点表以外，还有一个表示各顶点之间关系的矩阵，这个矩阵就称为邻接矩阵。

邻接矩阵的表示法：设 G(V,E)是具有 n 个顶点的图，则 G 的邻接矩阵是具有如下性质的 n 阶方阵。

如果图 G 是无权图，则图 G 的邻接矩阵定义为：

$$A[i,j]=\begin{cases}1 & (v_i,v_j)\in E \text{ 或 } <v_i,v_j>\in E\\ 0 & \text{其他情况}\end{cases}$$

如果图 G 是带权图，则图 G 的邻接矩阵定义为：

$$A[i,j]=\begin{cases}W_{i,j} & (v_i,v_j)\in E \text{ 或 } <v_i,v_j>\in E\\ \infty & \text{其他情况}\end{cases}$$

对于一个具有 n 个结点的图 G 来说，可以将图 G 的邻接矩阵存储在一个二维数组 matrix1 中，声明一个 Graph 类，表示代码如下：

```
public class Graph{                      //使用邻接矩阵存储图类
    protected int n;                     //图的结点个数
    protected int matrix1[][];           //利用二维数组存储图的邻接矩阵
}
```

【例 6.1】用邻接矩阵表示图 6.11 中结点间的关系。

实例分析：用邻接矩阵表示图，很容易判断两个结点之间是否有边，并容易求出各个结点的度。对于无向图，邻接矩阵的第 i 行或第 i 列非零元素的个数正好是第 i 个结点 v_i 的度。对于有向图，邻接矩阵的第 i 行非零元素的个数正好是第 i 个结点 v_i 的出度；第 i 列非零元素的个数正好是第 i 个结点 v_i 的入度。

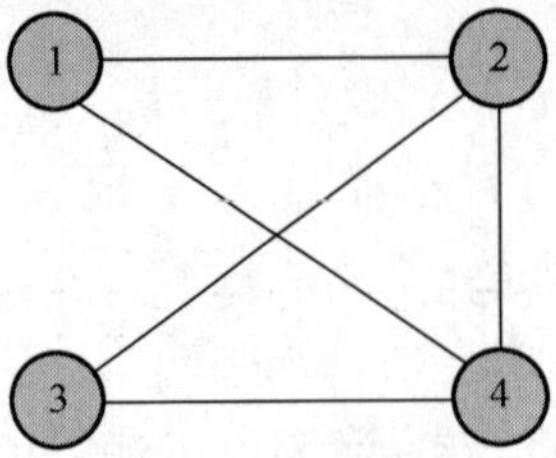

（a）G_1 无向图

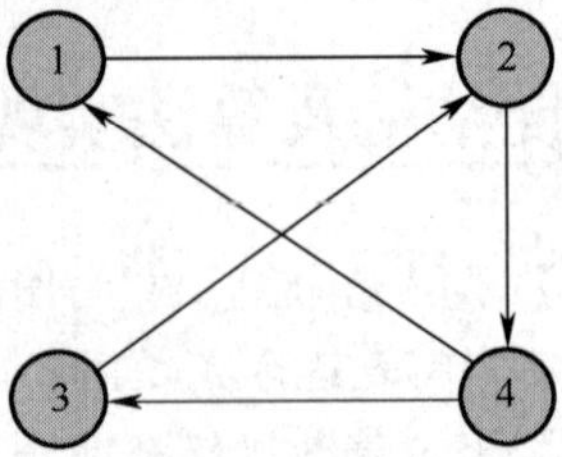

（b）G_2 有向图

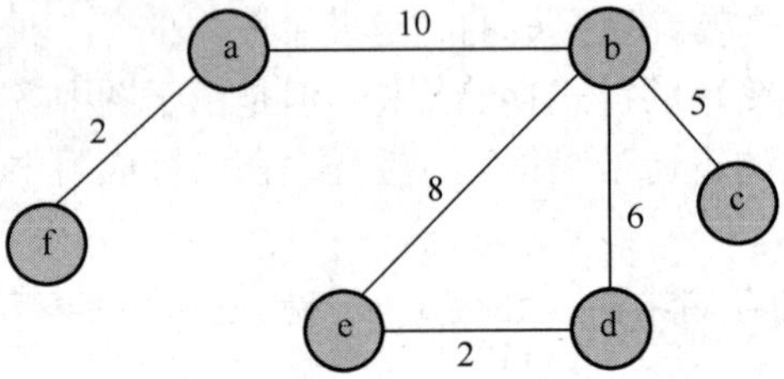

（c）G_3 带权图

图 6.11　三种图

G_1 无向图的邻接矩阵是：

$$G_1.arc=\begin{bmatrix}0 & 1 & 0 & 1\\1 & 0 & 1 & 1\\0 & 1 & 0 & 1\\1 & 1 & 1 & 0\end{bmatrix}$$

G_2 有向图的邻接矩阵是：

$$G_2.arc=\begin{bmatrix}0 & 1 & 0 & 0\\0 & 0 & 0 & 1\\0 & 1 & 0 & 0\\1 & 0 & 1 & 0\end{bmatrix}$$

G_3 带权图的邻接矩阵是：

$$G_3.arc=\begin{bmatrix}0 & 10 & \infty & \infty & \infty & 2\\10 & 0 & 5 & 6 & 8 & \infty\\\infty & 5 & 0 & \infty & \infty & \infty\\\infty & 6 & \infty & 0 & 2 & \infty\\2 & \infty & \infty & \infty & \infty & 0\end{bmatrix}$$

邻接矩阵表示法的特点：

（1）优点

①便于判断两个顶点之间是否有边，即根据 A[i][j] = 0 或 1 来判断。

②便于计算各个顶点的度。对于无向图，邻接矩阵第 i 行元素之和就是顶点 v_i 的度；对于有向图，第 i 行元素之和就是顶点 v_i 的出度，第 i 列元素之和就是顶点 v_i 的入度。

（2）缺点

①不便于增加和删除顶点。

②不便于统计边的数目，需要扫描邻接矩阵所有元素才能统计完毕，时间复杂度为 $O(n^2)$。

③空间复杂度高。如果是有向图，n 个顶点需要 n^2 个单元存储边。如果是无向图，因其邻接矩阵是对称的，所以对规模较大的邻接矩阵可以采用压缩存储的方法，仅存储下三角（或上三角）的元素，这样需要 n(n-1)/2 个单元即可。但无论以何种方式存储，邻接矩阵表示法的空间复杂度均为 $O(n^2)$，这对于稀疏图而言尤为浪费空间。下面介绍的邻接表将邻接矩阵的 n 行改成 n 个单链表，适合表示稀疏图。

6.3.2　邻接表

定义：邻接表（adjacency list）是图的一种链式存储结构，既适用于无向图又适用于有向图。在邻接表中，对图中的每一个顶点建立一个单链表，第 i 个单链表中的结点表示依附于顶点 v_i 的边（对有向图是以顶点 v_i 为尾的弧）。

邻接表的表示法：邻接表的每个结点由 3 个域组成。

（1）邻接点域（adjvex）指示与顶点 v_i 邻接的点在图中的位置。

（2）链域（nextarc）指示下一条边或弧的结点。

（3）数据域（info）存储和边或弧相关的信息，如权值等。

在邻接表中，每个单链表上附设一个表头结点，表头结点由两个域组成。

（1）链域（firstarc）指向链表中第一个结点。

（2）数据域（data）存储顶点 v_i 的名或其他有关信息。

这些表头结点通常以顺序结构的形式存储（也可以链相接），以便随机访问任一顶点的链表。邻接表中的表结点和头结点结构，如图 6.12 所示。

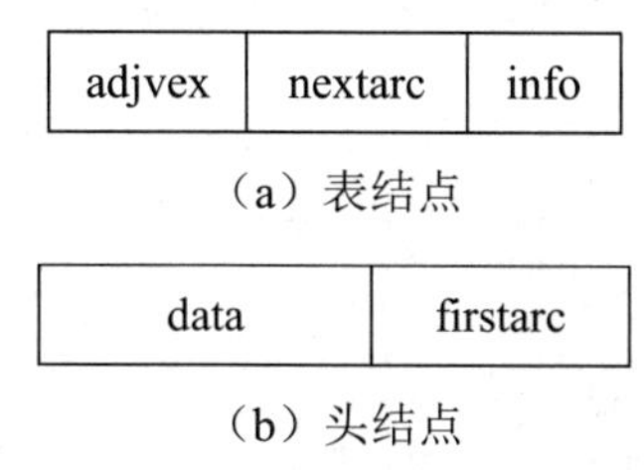

（a）表结点

（b）头结点

图 6.12　邻接表的结点结构

【例 6.2】用邻接表表示图 6.13 中结点间的关系。

实例分析：用邻接表表示图，表结点包括邻接点域、链域和数据域 3 个成员。邻接点域指示与结点 v_i 邻接的点在图中的位置；链域指示下一条边或弧的结点；数据域存储与边相关的信息，如权值等。图中的每个点用表结点表示，表结点中都对应与该结点相关的一条边。

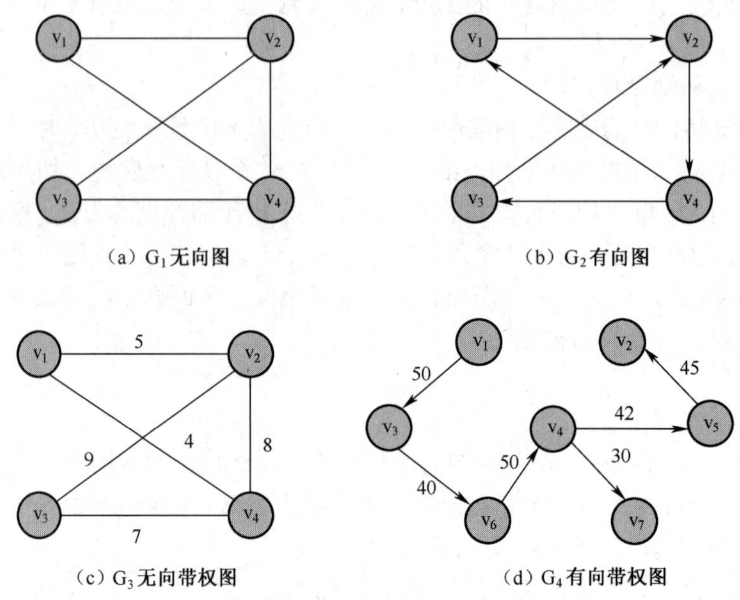

（a）G_1无向图　（b）G_2有向图
（c）G_3无向带权图　（d）G_4有向带权图

图 6.13　无向图和有向图

G_1无向图的邻接表如图 6.14 所示。

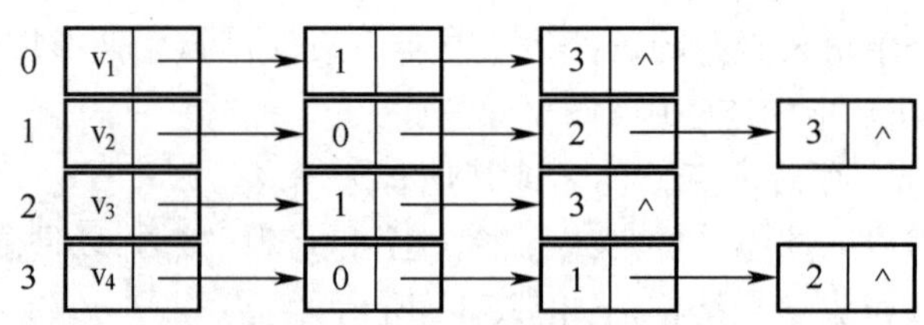

图 6.14　G_1无向图的邻接表

G_2有向图的邻接表如图 6.15 所示。

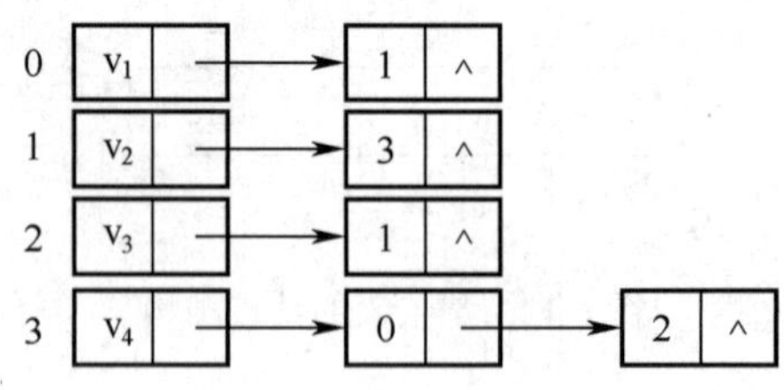

图 6.15　G_2有向图的邻接表

G_3无向带权图的邻接表如图 6.16 所示。

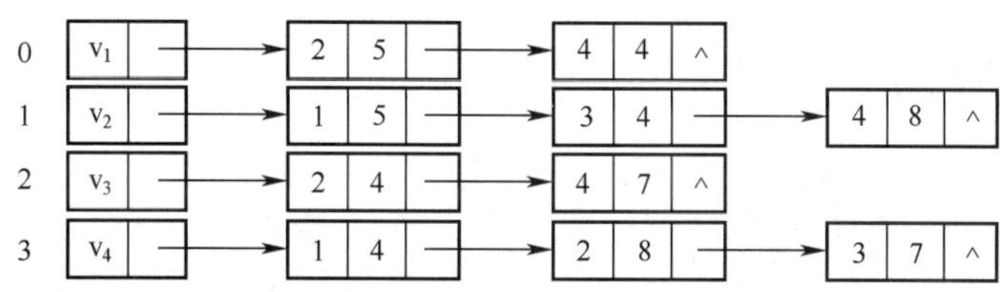

图 6.16 G_3 无向带权图邻接表

G_4 有向带权图的邻接表如图 6.17 所示。

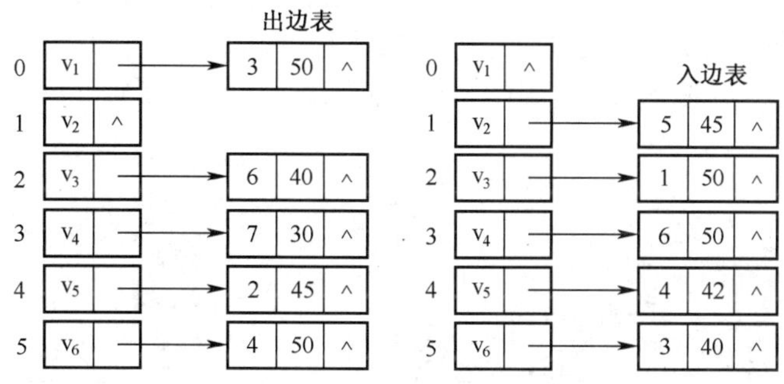

图 6.17 G_4 有向带权图的邻接表

邻接表表示法的特点：

①邻接表的表示不是唯一的。因为在每个结点的邻接表中，各边结点的链接次序可以随意安排，取决于建立邻接表的算法及边的输入次序。

②在无向图的邻接表中，结点 v_i 的度恰为该结点的邻接表中边结点的个数；而在有向图中，结点 v_i 的邻接表中边结点的个数仅为该结点的出度。有向图中结点的入度，可以通过建立一个有向图的逆邻接表得出。

③对于有 n 个结点和 e 条边的无向图，其邻接表有 n 个结点和 2e 个边结点。显然，在边数小于 n×(n-1)/2 时，邻接表比邻接矩阵节省存储空间。

6.4 图的遍历

【学习任务】理解图的遍历的方法，掌握图的遍历的算法及程序实现。

图的遍历是指从图中某个指定的顶点出发，按照某一原则对图中所有顶点都访问一次，得到一个由图中所有顶点组成的序列的过程。常见的图的遍历方式有两种：深度优先搜索遍历 DFS（Depth First Search）和广度优先搜索遍历 BFS（Breadth First Search），这两种遍历方式对有向图和无向图均适用。这是图算法的基础，许多问题的求解可以转化为这两种算法及其变形形式。因此，理解这两种经典算法有助于后续课程的学习。但是，理解这两种算法有一定的难度。为此，下面分别分层次介绍有关内容。

6.4.1 深度优先搜索遍历

算法定义：DFS 类似于树的先序遍历，是树的先序遍历的推广。DFS 在访问图中某一起始顶点 L 后，由 L 出发，访问它的任一邻接顶点 z；再从 z 出发，访问与 z 邻接但还没有访问过的顶点 y；然后再从 y 出发，进行类似的访问，如此进行下去，直至到达所有的邻接顶点都被访问过的顶点为止。接着，退回一步，退到前一次访问过的顶点，看是否还有其他没有被访问的邻接顶点。如果有，则访问此顶点，之后再从此顶点出发，进行与前述类似的访问；如果没有，就再退回一步进行搜索。重复上述过程，直到连通图中所有顶点都被访问过为止。

【例 6.3】说明图 6.18 深度优先搜索遍历的执行过程，不妨讨论 dfs(1)的执行过程，为描述清楚，用实箭头表示其搜索过程，用虚箭头表示其返回（回溯）过程，如图 6.19 所示。

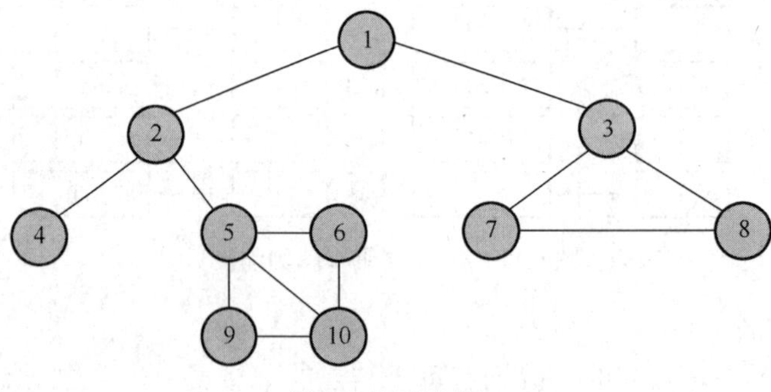

图 6.18　无向图

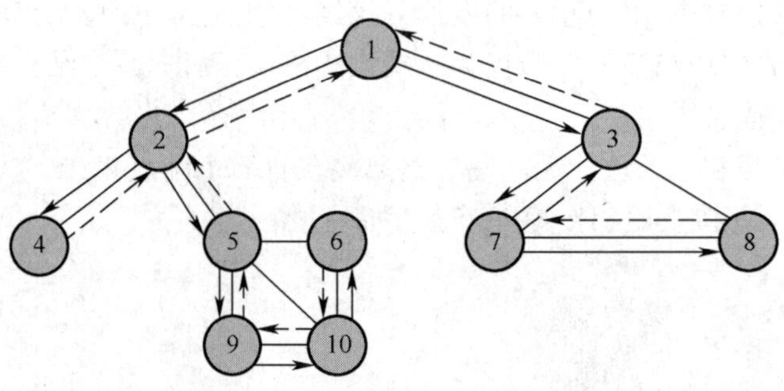

图 6.19　dfs(1)的执行过程示意图

实例分析：按算法描述，执行 dfs(1)包含如下部分操作。

依次从顶点 1 的未被访问的邻接点(即 2 和 3)出发深度遍历，即要依次执行 dfs(2)和 dfs(3)。首先执行 dfs(2)（此处假设顶点 2 作为顶点 1 的第一个邻接点）。

注意：执行 dfs(y)时，在图上的顶点 y 附近标出 dfs(y)，再从 dfs(y)中调用 dfs(z)，即从顶点 y 转向其邻接点 z 执行 dfs(z)时，在从顶点 y 到 z 的边（弧）旁标记一个实箭头以示其执行线路。例如，图 6.19 中顶点 1 到顶点 2 之间的边旁边有一条实箭头。

在执行 dfs(2)时，也同样包括两部分操作。

（1）访问顶点 2。

（2）依次从顶点 2 的未被访问的邻接点（有 4 和 5 这两个顶点，另一个邻接点 1 已经被访问）出发深度遍历，即要依次执行 dfs(4)和 dfs(5)。不妨假设首先执行的是 dfs(4)。

在执行 dfs(4)时，也同样包括两部分操作。

（1）访问顶点 4。

（2）依次从顶点 4 的未被访问的邻接点出发进行深度遍历。由于此时顶点 4 已经不存在这样的顶点了，故 dfs(4)的执行到此结束。因此，应返回到调用层，即返回到 dfs(2)（用从顶点 4 到 2 的虚箭头表示这一返回过程）以执行 dfs(2)中未完成的操作。由前述可知，dfs(2)中还有 dfs(5)没有执行，故需要执行 dfs(5)（同样用从 2 到 5 的实箭头表示其调用过程）。

以下操作类似，下面简要叙述。

执行 dfs(5)，包括访问顶点 5 和从其邻接点 9（此时有 9、10、6 共 3 个未被访问的邻接点，不妨假设顶点 9 作为其第一个邻接点）出发深度遍历，即执行 dfs(9)。

执行 dfs(9)，包括访问顶点 9 和执行 dfs(10)。

执行 dfs(10)，包括访问顶点 10 和执行 dfs(6)。

执行 dfs(6)时，由于此时顶点 6 的全部邻接点都已被访问，因而 dfs(6)的操作仅有访问顶点 6 这一项。然后返回到调用层，即返回到 dfs(10)中；dfs(10)由于顶点 10 也没有其他邻接点可访问，故也结束执行并返回到 dfs(9)。类似地，由于 dfs(9)中的操作全部结束，故返回到 dfs(5)，然后从 dfs(5)返回到 dfs(2)，再返回到 dfs(1)中。此时，对于 dfs(1)来说，由于还有顶点 1 的另一个邻接点 3 未被访问，故要执行 dfs(3)。因此，余下操作依次如下。

访问顶点 3，执行 dfs(7)。

执行 dfs(7)，包括访问顶点 7 和执行 dfs(8)。

执行 dfs(8)，仅有访问顶点 8 这一个操作。然后返回到 dfs(7)中，再返回到 dfs(3)中，最后返回到 dfs(1)中。至此，dfs(1)的执行过程结束。

整个执行过程如图 6.20 所示，所得到的顶点访问序列为 1,2,4,5,9,10,6,3,7,8。

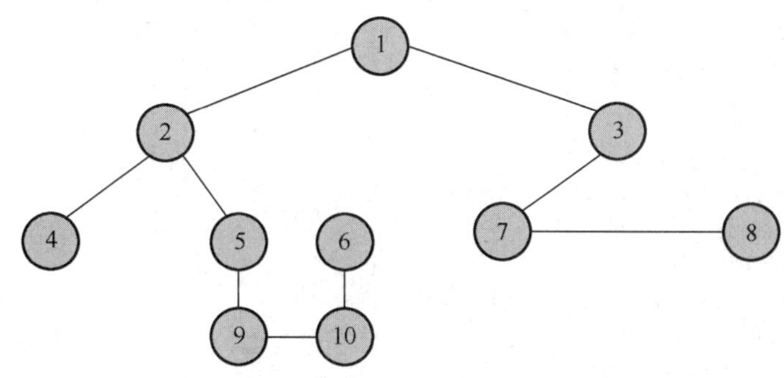

图 6.20　dfs(1)的访问过程

如果将访问过程中搜索顶点的实箭头所对应的边（弧）连起来，则可构成一棵树（如果是连通的，或者所选择的起点能到达所有顶点），称这棵树为深度遍历生成树（简称 dfs 生成树）。由图 6.19 所描述的 dfs(1)生成树如图 6.20 所示。对 dfs 生成树的先序遍历反映了对原图的深度优先搜索遍历过程。

算法实现：

```
import java.io.*;
import java.util.*;
public class Example6_1{
    public static void main(String[] args)throws IOException{
    BufferedReader br=new BufferedReader(new InputStreamReader(System.in));
    System.out.println("**********************************");
    System.out.print("                    请输入图形的顶点数:\n");
    System.out.println("**********************************");
    int n=Integer.parseInt(br.readLine());//输入顶点数
    System.out.println();
    Graph g=new Graph(n);
    while(true){
      System.out.println("**********************************");
      System.out.println("              1、插入顶点；");
      System.out.println("              2、插入边；");
      System.out.println("              3、进行 DFS；");
      System.out.println("              4、结束；");
      System.out.println("              请输入您的选择：");
      System.out.println("**********************************");
      int choice=Integer.parseInt(br.readLine());
      System.out.flush();
      int m=1;
      if(choice==1)
        while(m==1)
            {System.out.print("请输入顶点名字：");
             g.insertNode(br.readLine());
             System.out.print("如退出输入，请按数字 0，继续输入请按 1！");
             m=Integer.parseInt(br.readLine());
            }
      else if(choice==2)
        {m=1;
         while(m==1)
            {System.out.println();
             System.out.print("请输入第一个顶点名字：");
             String node1=br.readLine();
             System.out.println();
             System.out.print("请输入第二个顶点名字：");
             String node2=br.readLine();
             g.insertEdge(node1,node2);
             System.out.print("如退出输入，请按数字 0，继续输入请按 1！");
             m=Integer.parseInt(br.readLine());}
```

```
            }
        else if(choice==3)
            {System.out.println();
             System.out.print("DFS:");
             g.depthFirstSearch(0);}
             else if(choice==4)
             System.exit(0);}
            }
        }
    class GraphNode {
    private String name;   //顶点名称
    private int ID;//顶点序号
    public GraphNode(String name)
    {this.name=name;}
    public void setName(String name)
    {this.name=name;}
    public String getName()
    {return name;}
    public String toString()
    {return name;}
    public void setID(int num)          //设置顶点序号
    {ID=num;}
    public int getID()
    {return ID;}
}
interface GraphADT{                    //接口 GraphADT 用于定义图的数据操作
void insertNode(String name);         //插入结点
void insertEdge(String node1, String node2);  //插入边
void depthFirstSearch(int startNode);              //深度优先搜索遍历
}
class Graph implements GraphADT{
    private GraphNode[ ] nodeArray;   //存放图形的顶点
    private int nodeCount;//顶点计数器
    private int nodeNum;//顶点个数
    private int[][] edgeArray;//一个二维数组，用于存放边
    private Boolean[] visitedNode;//在进行遍历时，标识顶点是否已经被访问过
    public Graph(int n){
    nodeNum=n;
    nodeCount=0;
    nodeArray=new GraphNode[nodeNum];
    edgeArray=new int[nodeNum][nodeNum];
    visitedNode=new Boolean[nodeNum];
    for(int i=0;i<nodeNum;i++)
      {visitedNode[i]=false;
        for(int j=0;j<nodeNum;j++)
        edgeArray[i][j]=0;
      }
    }
```

```
public void insertNode(String name){ //插入顶点
if(nodeCount<nodeNum){      //判断是否可以继续插入新的顶点
    nodeCount++;
    GraphNode temp=new GraphNode(name);
    nodeArray[nodeCount-1]=temp;
    temp.setID(nodeCount-1);    //设置顶点序号
    }else
{System.out.println("图形顶点数已满，不能再插入新顶点");}//不能容纳新的顶点
}
public int searchNode(String name)
{ boolean find=false;
  int i=0;
  while(!find&&(i<nodeCount)){
    if(nodeArray[i].getName().equals(name)){
        find=true;}
    else
        i++;
  }
  if(find) return i;    //如找到顶点，返回顶点在数组中的序号
    else return -1;}

public void insertEdge(String node1, String node2){ //插入边
    int i=searchNode(node1); //返回找到顶点在数组中的序号
    int j=searchNode(node2);
    if(i!=-1){
      if(j!=-1){
        System.out.println(i+"   "+j);
        edgeArray[i][j]=1;edgeArray[j][i]=1;}//初始化顶点边
      else
    System.out.println(node2+"没有插入");
    }
    else
      System.out.println(node1+"没有插入");}
public void depthFirstSearch(int startNode){ //深度优先遍历
    for(int i=0;i<nodeNum;i++)
    visitedNode[i]=false;
    if((startNode<0)||( startNode>nodeCount))
        System.out.print("无效的访问顶点"+startNode);
    else
        depthFirstSearchtoo(startNode);}//从顶点 startNode 开始访问，进行深度优先遍历

public void depthFirstSearchtoo(int startNode){ //开始深度优先遍历
    int i=0;
    visitedNode[startNode]=true;
    System.out.print(nodeArray[startNode].getName()+"        ");
    while(i<nodeCount)
  {if(!visitedNode[i]&&(i!=startNode)&&(edgeArray[startNode][i]!=0))
        depthFirstSearchtoo(i);
```

```
            i++;}
        }
}
```

程序运行结果：

```
*********************************
      请输入图形的顶点数：
*********************************
10


*********************************
            1、插入顶点；
            2、插入边；
            3、进行DFS；
            4、结束；
    请输入您的选择：
*********************************
1
请输入顶点名字：1
如退出输入，请按数字0，继续输入请按1！1
请输入顶点名字：2
如退出输入，请按数字0，继续输入请按1！1
请输入顶点名字：3
如退出输入，请按数字0，继续输入请按1！1
请输入顶点名字：4
如退出输入，请按数字0，继续输入请按1！1
请输入顶点名字：5
如退出输入，请按数字0，继续输入请按1！1
请输入顶点名字：6
如退出输入，请按数字0，继续输入请按1！1
请输入顶点名字：7
如退出输入，请按数字0，继续输入请按1！1
请输入顶点名字：8
如退出输入，请按数字0，继续输入请按1！1
请输入顶点名字：9
如退出输入，请按数字0，继续输入请按1！1
请输入顶点名字：10
如退出输入，请按数字0，继续输入请按1！0

*********************************
            1、插入顶点；
            2、插入边；
            3、进行DFS；
            4、结束；
    请输入您的选择：
*********************************
2
 请输入第一个顶点名字：1
请输入第二个顶点名字：2
如退出输入，请按数字0，继续输入请按1！1
 请输入第一个顶点名字：1
请输入第二个顶点名字：3
如退出输入，请按数字0，继续输入请按1！1
 请输入第一个顶点名字：2
请输入第二个顶点名字：4
如退出输入，请按数字0，继续输入请按1！1
 请输入第一个顶点名字：2
请输入第二个顶点名字：5
如退出输入，请按数字0，继续输入请按1！1
 请输入第一个顶点名字：5
请输入第二个顶点名字：9
如退出输入，请按数字0，继续输入请按1！1
 请输入第一个顶点名字：9
请输入第二个顶点名字：10
如退出输入，请按数字0，继续输入请按1！1
 请输入第一个顶点名字：6
请输入第二个顶点名字：10
如退出输入，请按数字0，继续输入请按1！1
 请输入第一个顶点名字：3
请输入第二个顶点名字：7
如退出输入，请按数字0，继续输入请按1！1
 请输入第一个顶点名字：7
请输入第二个顶点名字：8
如退出输入，请按数字0，继续输入请按1！0
```

```
**********************************
        1、插入顶点；
        2、插入边；
        3、进行DFS；
        4、结束；
   请输入您的选择：
**********************************
3

DFS:1    2    4    5    9   10    6    3    7    8
**********************************
        1、插入顶点；
        2、插入边；
        3、进行DFS；
        4、结束；
   请输入您的选择：
**********************************
```

算法分析：在深度优先搜索遍历算法中，直接使用了图的抽象数据类型，运算时间主要花费在 while 循环中。设图中有 n 个顶点、e 条边，如果我们用邻接表表示图，沿 link 链可以找到某个顶点 v 的所有邻接顶点 w。由于总共有 2e 个边结点，所以扫描边的时间为 O(e)，而且对所有顶点递归访问一次，所以遍历图的时间复杂度为 O(n+e)。如果我们用邻接矩阵表示图，则查找每一个顶点所有的边，所需时间为 O(n)，则遍历图中所有顶点所需的时间为 $O(n^2)$。

6.4.2 广度优先搜索遍历

算法定义：BFS 遍历类似于树的按层次遍历的过程。BFS 的表示法：设初始状态是图中所有顶点未曾被访问。

（1）从图中某个顶点 v 出发，访问此顶点。

（2）依次访问 v 的各个未曾访问的邻接点。

（3）分别从这些邻接点出发依次访问它们的邻接点，并使“先被访问的顶点的邻接点”先于“后被访问的顶点的邻接点”被访问，直至图中所有已被访问的顶点的邻接点都被访问到。

（4）若此时图中尚有顶点未被访问，则另选图中一个未曾被访问的顶点作起始点，重复（1）、（2）和（3），直至图中所有顶点都被访问到为止。

也就是说，广度优先搜索遍历的过程是以 v 为起始点，由近至远，依次访问和 v 路径相通并且路径长度分别为 1、2、…的顶点。

【例 6.4】说明图 6.18 的广度优先搜索遍历的执行过程，不妨讨论 dfs(1)的执行过程，为描述清楚起见，用实箭头表示其搜索过程，用虚箭头表示其返回（回溯）过程。

实例分析：BFS 在访问了起始顶点 v 之后，由 v 出发，依次访问 v 的各个未被访问过的邻接顶点 $w_1, w_2, \ldots, w_t$，然后再顺序访问 $w_1, w_2, \ldots, w_t$ 的所有还未被访问过的邻接顶点。再从这些访问过的顶点出发，访问它们的所有还未被访问过的邻接顶点，依此类推，直到图中所有顶点都被访问到为止，图 6.21 所示为 BFS 遍历搜索过程。

广度优先搜索是一种分层的搜索过程，每向前走一步可能访问一批顶点，不像深度优先搜索那样有回退的情况。因此，广度优先搜索不是一个递归的过程。广度优先搜索遍历生成树如图 6.22 所示。

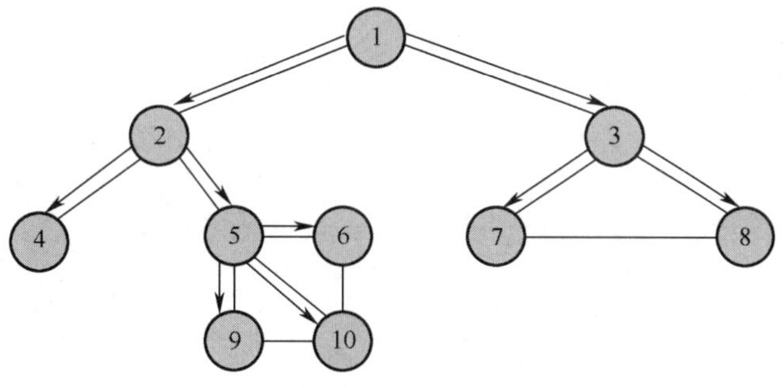

图 6.21 BFS 遍历搜索过程

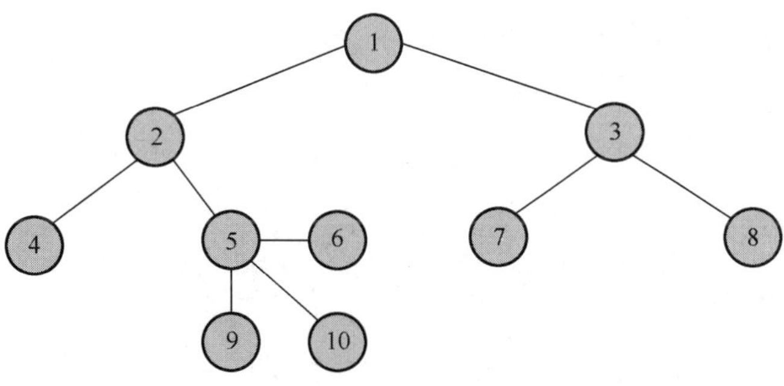

图 6.22 广度优先搜索遍历生成树

为了实现逐层访问，算法中使用了一个队列记忆正在访问的这一层和下一层的顶点，以便于向下一层访问。为避免重复访问，需要一个辅助数组 visitedNode[]给被访问过的顶点作标记。

算法实现：

```
import java.io.*;
import java.util.*;
public class Example6_2{
    public staticvoid main(String[] args)throws IOException{
    BufferedReader br=newBufferedReader(new InputStreamReader(System.in));
    System.out.println("**********************************");
    System.out.print("                请输入图形的顶点数:\n");
    System.out.println("**********************************");
    int n=Integer.parseInt(br.readLine());
    System.out.println();
    Graph g=newGraph(n);
    while(true){
    System.out.println("**********************************");
    System.out.println("            1、插入顶点；");
    System.out.println("            2、插入边；");
    System.out.println("            3、进行 BFS；");
    System.out.println("            4、结束；");
```

```
System.out.println("                请输入您的选择：");
System.out.println("**********************************");
int choice=Integer.parseInt(br.readLine());
System.out.flush();
int m=1;
if(choice= =1)
while(m= =1)
{System.out.print("请输入顶点名字：");
g.insertNode(br.readLine());
System.out.print("如退出输入，请按数字 0，继续输入请按 1！");
m=Integer.parseInt(br.readLine());
}
else if(choice==2)
{m=1;
while(m==1)
{System.out.println();
System.out.print(" 请输入第一个顶点名字：");
String node1=br.readLine();
System.out.println();
System.out.print("请输入第二个顶点名字：");
String node2=br.readLine();
g.insertEdge(node1,node2);
System.out.print("如退出输入，请按数字 0，继续输入请按 1！");
m=Integer.parseInt(br.readLine());}
}
else if(choice==3)
{System.out.println();
System.out.print("BFS:");
g.breadFirstSearch(0);}
else if(choice==4)
System.exit(0);}
         }
}
class GraphNode {
    private String name;   //顶点名称
    private int ID;//顶点序号
    public GraphNode(String name){
    this.name=name;}
    public void setName(String name){
    this.name=name;}
    public String getName(){
    return name;}
    public String toString(){
    return name;}
    public void setID(int num){
      ID=num;}
    Public int getID(){
      Return ID;}
```

```
}

interface GraphADT{                    //接口 GraphADT 用于定义图的数据操作
    void insertNode(String name);         //插入结点
    void insertEdge(String node1, String node2);   //插入边
    void breadFirstSearch(int startNode);                //广度优先搜索遍历
}
class Graph implements GraphADT{
    private GraphNode[ ] nodeArray;   //顶点数组，存放图形的顶点
    private int nodeCount;//顶点计数器
    private int nodeNum;//顶点个数
    private int[][] edgeArray;//图的邻接矩阵，一个二维数组，用于存放边
    private Boolean[] visitedNode;//在进行遍历时，标识顶点是否已经被访问过
public Graph(int n){
    nodeNum=n;
    nodeCount=0;
    nodeArray=new GraphNode[nodeNum];
    edgeArray=new int [nodeNum][nodeNum];
    visitedNode=new Boolean[nodeNum];
    for(int i=0;i<nodeNum;i++)
        {visitedNode[i]=false;
    for(int j=0;j<nodeNum;j++)
        edgeArray[i][j]=0;
    }
}
public void insertNode(String name){
if(nodeCount<nodeNum){
    nodeCount++;
    GraphNode temp=new GraphNode(name);
    nodeArray[nodeCount-1]=temp;
    temp.setID(nodeCount-1);
}else
{System.out.println("图形顶点数已满，不能再插入新顶点");
  }
}
Public int searchNode(String name)
  { boolean find=false;
    int i=0;
    while(!find&&(i<nodeCount)){
        if(nodeArray[i].getName().equals(name)){
            find=true;}
        else
    i++;
    }
        if(find) return i;
        else return -1;}

public void insertEdge(String node1, String node2){
```

```
        int i=searchNode(node1);
        int j=searchNode(node2);
        if(i!=-1){
            if(j!=-1){
            System.out.println(i+"    "+j);
            edgeArray[i][j]=1;edgeArray[j][i]=1;}
            else
                System.out.println(node2+"没有插入 ");
            }
    else
        System.out.println(node2+"没有插入");}

    public void breadFirstSearch(int startNode){//广度优先遍历
        LinkedList queue=new LinkedList();      //创建存放遍历过程中的顶点
        for(int i=0;i<nodeNum;i++)
        visitedNode[i]=false;
         if((startNode<0)||( startNode>nodeCount))
            System.out.print("无效的顶点访问"+startNode);
         else
        {System.out.print(nodeArray[startNode]+"    ");
         visitedNode[startNode]=true;
         queue.addLast(nodeArray[startNode]);//开始访问的第一个顶点入队
    while(!queue.isEmpty())
        {GraphNode temp=(GraphNode)queue.removeFirst();
         int i=0;
      while(i<nodeCount){
          if((!visitedNode[i])&&(i!=temp.getID())&&(edgeArray[temp.getID()][i]!=0))
          //判断与该顶点相邻的并且没有被访问过的顶点
             {visitedNode[i]=true;
          System.out.print(nodeArray[i]+"      ");
          queue.addLast(nodeArray[i]);}
          i++;}
          }
      }
    }
}
```


程序运行结果：

```
********************************
     请输入图形的顶点数：
********************************
10


********************************
        1、插入顶点；
        2、插入边；
        3、进行BFS；
        4、结束；
    请输入您的选择：
********************************
```

```
1
请输入顶点名字: 1
如退出输入，请按数字0，继续输入请按1! 1
请输入顶点名字: 2
如退出输入，请按数字0，继续输入请按1! 1
请输入顶点名字: 3
如退出输入，请按数字0，继续输入请按1! 1
请输入顶点名字: 4
如退出输入，请按数字0，继续输入请按1! 1
请输入顶点名字: 5
如退出输入，请按数字0，继续输入请按1! 1
请输入顶点名字: 6
如退出输入，请按数字0，继续输入请按1! 1
请输入顶点名字: 7
如退出输入，请按数字0，继续输入请按1! 1
请输入顶点名字: 8
如退出输入，请按数字0，继续输入请按1! 1
请输入顶点名字: 9
如退出输入，请按数字0，继续输入请按1! 1
请输入顶点名字: 10
如退出输入，请按数字0，继续输入请按1! 0

*********************************
          1、插入顶点;
          2、插入边;
          3、进行BFS;
          4、结束;
    请输入您的选择:
*********************************
2
请输入第一个顶点名字: 1
请输入第二个顶点名字: 2
如退出输入，请按数字0，继续输入请按1! 1
请输入第一个顶点名字: 1
请输入第二个顶点名字: 3
如退出输入，请按数字0，继续输入请按1! 1
请输入第一个顶点名字: 2
请输入第二个顶点名字: 4
如退出输入，请按数字0，继续输入请按1! 1
请输入第一个顶点名字: 2
请输入第二个顶点名字: 5
如退出输入，请按数字0，继续输入请按1! 1
请输入第一个顶点名字: 5
请输入第二个顶点名字: 9
如退出输入，请按数字0，继续输入请按1! 1
请输入第一个顶点名字: 9
请输入第二个顶点名字: 10
如退出输入，请按数字0，继续输入请按1! 1
请输入第一个顶点名字: 6
请输入第二个顶点名字: 10
如退出输入，请按数字0，继续输入请按1! 1
请输入第一个顶点名字: 3
请输入第二个顶点名字: 7
如退出输入，请按数字0，继续输入请按1! 1
请输入第一个顶点名字: 7
请输入第二个顶点名字: 8
如退出输入，请按数字0，继续输入请按1! 0

*********************************
          1、插入顶点;
          2、插入边;
          3、进行BFS;
          4、结束;
    请输入您的选择:
*********************************
3

BFS:1  2   3   4   5   7   9   8   10   6
*********************************
          1、插入顶点;
          2、插入边;
          3、进行BFS;
          4、结束;
    请输入您的选择:
*********************************
```

算法分析：在遍历图时，每个顶点至多进一次队列。遍历图的过程实质上是通过边或弧找邻接点的过程，因此广度优先搜索遍历的时间复杂度和深度优先搜索遍历相同，两者不同之处仅仅在于对顶点访问的顺序不同。

6.5 图的应用

【学习任务】利用图的遍历算法可以求解图的连通性问题，掌握生成树和最小生成树的基本概念。利用普里姆（Prim）算法和克鲁斯卡尔（Kruskal）算法、最短路径算法、拓扑排序算法思想及实现方法。

6.5.1 最小生成树

算法定义：假设在某地有一个煤气供应站点及 n-1 个生活小区，现在要给这些小区铺设煤气管道。请问应该怎样铺设管道才能使总造价最低（假设已知各小区之间是否可连接以及相应的造价）。

可将这类问题转化为图的问题，将各个小区和煤气供应站分别表示为图的一个顶点，可连接的两点之间表示为一条边，连接的造价表示为边的权值。在这种表示下，原问题就变成了这样的问题：从图中选取若干条边并将其所有顶点连接起来，保证所选取的这些边的权值之和最小。显然，所选取的边不会构成回路（否则，可去掉回路中的一条边使权值之和更小），因而构成了一棵树，称这样的树为生成树。由于这一生成树的权值之和最小，故称为最小生成树。

最小生成树的求解有两种较为典型的算法——普里姆（Prim）算法和克鲁斯卡尔（Kruskal）算法。下面分别讨论这两种算法。

1. 普里姆（Prim）算法

定义：Prim 算法是以每次加入结点的一个邻接边来建立最小生成树，直到找到 n-1 个边为止。

算法的基本思想：假设图 G=(V,E)是一个具有 n 个结点的带权连通图，T=(TV,TE)是图 G 的最小生成子树。其中 TV 是 T 的结点集，TE 是 T 的边集，则最小生成树的构造步骤如下：

从 T=(v_0,{})（v_0∈V 且 v_0∈TV）开始，在所有结点 v_0∈TV，v∈V-TV 中找一条代价最小的边(v_0,v)，将边(v_0,v)加入集合 TE，同时将结点 v 加入结点集 TV 中，再以结点集 TV={v_0,v}为开始结点，从 E 中选取次小的边(v_i,v_k)（v_i∈TV，v_k∈V-TV），将边(v_i,v_k)加入集合 TE，同时将结点 v_k 加入集合 TV 中。重复上述过程，直到 TV=V 时，最小生成树 T 构造完毕。

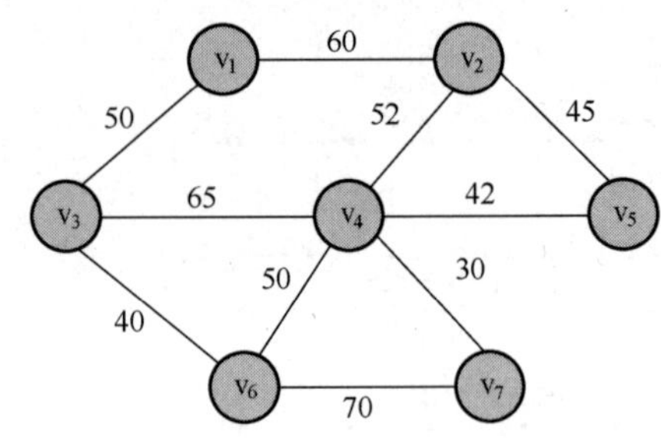

图 6.23 无向带权连通图

【例 6.5】如图 6.23 所示的无向带权连通图，利用 Prim 算法构造 G 的最小生成树。

实例分析：从顶点 v_1 开始构造最小生成树，其构造过程及顶点集、边集的变化情况如下。

（1）初始时，U={v_1}，V-U={ v_2,v_3,v_4,v_5,v_6,v_7}，T={}，如图 6.24 所示。

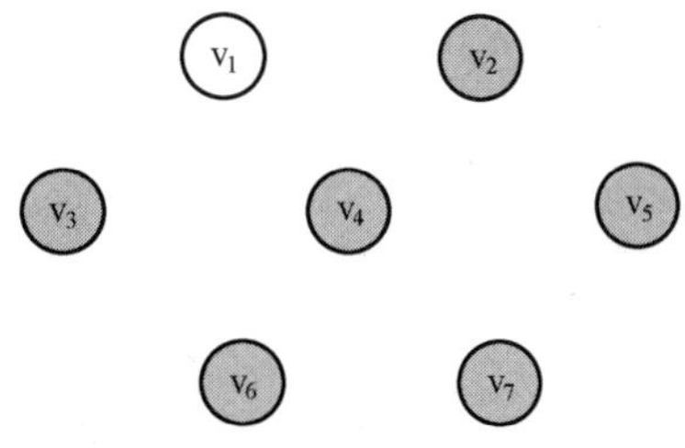

图 6.24　构造生成树的结点的初始状态

（2）在 U 和 V-U 顶点集合中，选择一个顶点在 U 中、另一个顶点在 V-U 中的权值最小的边加入到 T 中，同时将该边所关联的顶点从 V-U 中移至 U 中。此时，各集合状态为 U={v_1,v_3}，V-U={v_3,v_4,v_5,v_6,v_7}，T={(v_1,v_3)}，如图 6.25 所示。

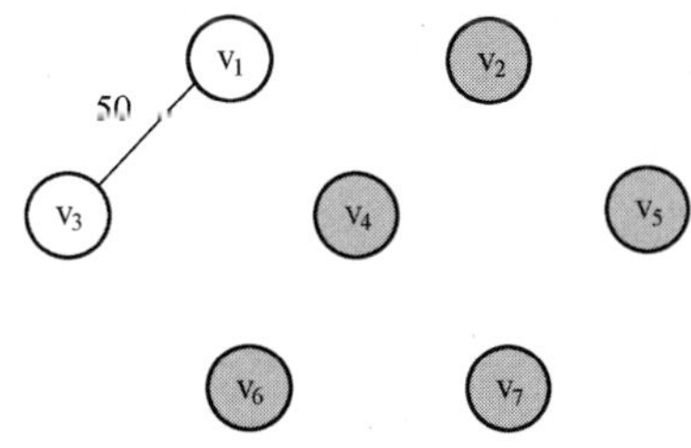

图 6.25　将与 V_1 权值最小的边加入树 T={(v_1,v_3)}中

（3）重复（2）中的操作，使 U 不断扩大，直至 U={$v_1,v_2,v_3,v_4,v_5,v_6,v_7$}，V={}，T={($v_1,v_3$),($v_3,v_6$),($v_6,v_4$),($v_4,v_7$),($v_4,v_5$),($v_5,v_2$)}，如图 6.26 所示。

算法实现：

```
import java.io.*;
import java.util.*;
public class Example6_3{
public static void main(String args[]) throws Exception{
   int n=7;
   WeightedGraph p=new WeightedGraph(n);
   p.insertNode("1");//初始化顶点
   p.insertNode("2");
   p.insertNode("3");
   p.insertNode("4");
   p.insertNode("5");
   p.insertNode("6");
   p.insertNode("7");
   Edge[] edge={new Edge("1","2",60), new Edge("1","3",50), new Edge("2","5",45), new Edge("2","4",52),
new Edge("3","4",65), new Edge("4","5",42), new Edge("3","6",40), new Edge("4","6",50), new Edge("6","7",70),
new Edge("4", "7",30)};//初始化边及权值
```

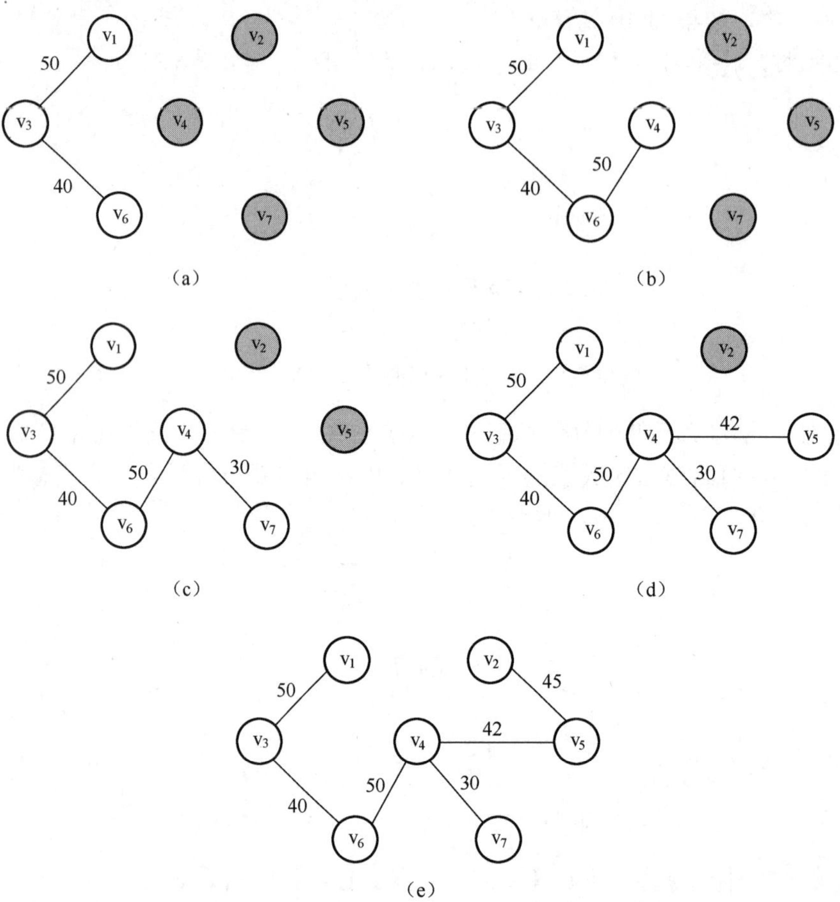

图 6.26　使用 Prim 算法构造最小生成树的过程

```
        for(int i=0;i<edge.length;i++)
           {String node1=edge[i].nodeName1;
             String node2=edge[i].nodeName2;
             int w=edge[i].weight;
             p.insertEdge(node1,node2,w);
           }
        System.out.println("\n 普里姆算法构造的无向带权图的最小生成树的边及权值为： ");
           p.primMtree(0);
           p.printMtree();
           }
    }

    class GraphNode {
          private String name;    //顶点名称
          private intID;//顶点序号
          public GraphNode(String name){
```

```
            this.name=name;}
        public void setName(String name){
            this.name=name;}
        public String getName(){
            return name;}
        public String toString(){
            return name;}
        public void setID(int num){
            ID=num;}
        public int getID(){
            return ID;}
        }
    class Edge{
        String nodeName1;    //边的头结点
        String nodeName2;      //边的尾结点
        int weight;    //边的权值
          public Edge(String n1,String n2,int w)
             {nodeName1=n1;
              nodeName2=n2;
               weight=w;}
          }
        interface WeightGraphADT{                    //接口 GraphADT 用于定义图的数据操作
          void insertNode(String nodeName);          //插入结点
          void insertEdge(String nodeName1, String nodeName2,int weight);    //插入边
          void primMtree(int start);//构造最小生成树
          void printMtree();             //输出最小生成树
        }

    class WeightedGraph implements WeightGraphADT{
        private GraphNode[] nodeArray;   //顶点数组，存放图形的顶点
        private int nodeCount;//顶点计数器
        private int nodeNum;//顶点个数
        private int[][] edgeArray;//图的邻接矩阵，一个二维数组，用于存放边
        final int maxWeight=10000;//表示无穷大的边的权值
        Edge[]msTree;//存放最小生成树的边
        public WeightedGraph(int n){ //初始化具有 n 个顶点的无向带权图
            nodeNum=n;
            nodeCount=0;
            nodeArray=new GraphNode[nodeNum];//初始化顶点数组
            edgeArray=new int[nodeNum][ nodeNum];//初始化邻接矩阵
            msTree=new Edge[n];//初始化最小生成树数组
            for(int i=0;i<nodeNum;i++){
              for(int j=0;j<nodeNum;j++){
              if(i==j)
                edgeArray[i][j]=0;
              else
                edgeArray[i][j]=maxWeight;
              }
```

```
        }
    }
    public void insertNode(String nodeName){//插入一个顶点
          if(nodeCount<nodeNum){
          nodeCount++;
          GraphNode temp=new GraphNode(nodeName);
          nodeArray[nodeCount-1]=temp;
          temp.setID(nodeCount-1);
        }else
          {System.out.println("图形顶点数已满，不能再插入新顶点");
      }
    }
    public int getNodeID(String nodeName){//返回顶点在数组中的序号
      boolean find=false;
      int i=0;
      while(!find&&(i<nodeCount)){
        if(nodeArray[i].getName().equals(nodeName))
            find=true;
        else
            i++;
    }
    if(find) return i;
        else return -1;}
    public void insertEdge(String nodeName1, String nodeName2,int weight){
    //返回两个顶点在数组中对应的编号
        int i=getNodeID(nodeName1);
        int j=getNodeID(nodeName2);
        if(i!=-1){
          if(j!=-1){
            edgeArray[i][j]=weight;edgeArray[j][i]=weight;}
          else
            System.out.println(nodeName2+"没有插入");
        }
      else
        System.out.println(nodeName1+"没有插入");}
    public int getNodeNum(){//获得图的顶点个数
      return nodeNum;}
    public GraphNode getNode(int k){//获得图的边的个数
      return nodeArray[k];}
    public void primMtree(int start)//Prim 算法构造最小生成树
      {int n=nodeNum;
        int lowcost[]=new int[n];//存放权值
        int closest[]=new int[n]; //存放最小生成树的顶点集合
        msTree=new Edge[n]; // 最小生成树的权值数组
        int min,i,j,k=-1;
        for(i=0;i<n;i++)//初始化生成树的边和顶点集合
```

```
            {lowcost[i]=edgeArray[start][i];
              closest[i]=start;}
        String nodeName1, nodeName2;
          for(i=1;i<n;i++){
            min=maxWeight;
            for(j=0;j<n;j++)
              if(lowcost[j]!=0&&lowcost[j]<min){
                min=lowcost[j];
                k=j;
                }
        nodeName1=getNode(closest[k]).getName();
        nodeName2=getNode(k).getName();
        msTree[i]=new Edge(nodeName1,nodeName2,min);
        lowcost[k]=0;// 标记顶点 k 已经加入到最小生成树的集合
        for(j=0;j<n;j++)
            {if(edgeArray[k][j]!=0&&edgeArray[k][j]<lowcost[j])
              {lowcost[j]=edgeArray[k][j];
               closest[j]=k;}
            }
        }
    }
    public void printMtree(){//输出最小生成树
        for(int i=1;i<msTree.length;i++)
            if(msTree[i]!=null)
        {System.out.print(" 边("+msTree[i].nodeName1+","+msTree[i].nodeName2+")");
            System.out.print("，权值是"+msTree[i].weight+"\n");
        }
    }
}
```

程序运行结果：

```
普里姆算法构造的无向带权图的最小生成树的边及权值为:
边（1,3），权值是50
边（3,6），权值是40
边（6,4），权值是50
边（4,7），权值是30
边（4,5），权值是42
边（5,2），权值是45
```

算法分析：

该算法的时间复杂度为 $O(n^2)$，与图中边数无关。该算法适用于稠密图。

2. 克鲁斯卡尔（Kruskal）算法

定义：Kruskal 算法是按照图中边的权值递增顺序构造最小生成树的。

算法的基本思想：假设图 G=(V,E)是一个无向带权连通图，其中 V 为图的顶点集合，E 为图中边的权值的集合。设图 G 的最小生成树为 $T=(V_1,E_1)$，初始时，$V_1=V$，$E_1=\{\}$，即初始时，最小生成树的边集为空，顶点集合为图 G 的全部顶点。这样，如果把 T 中的每个顶点看做一个连通分量，然后按照边的权值递增顺序逐条考察图 G 中的边，若被考察的边的两个顶点属于两个不同的连通分量，则将该条边加入到生成树 T 中，同时把这两个连通分量合成一个连通分量。如此下去，当 T 中的连通分量只有一个时，T 中的这个连通分量就是图 G 的一棵最小生成树。

【例 6.6】采用【例 6.5】的无向带权图，利用 Kruskal 算法构造 G 的最小生成树。

实例分析：最小生成树的构造过程及顶点集、边集的变化情况如下。

（1）初始时，E_1={ }，V_1={ $v_1,v_2,v_3,v_4,v_5,v_6,v_7$},$V_1$ 拥有 7 个连通分量，如图 6.27 所示。

（2）在 G 的边集 E 中选择权值最小的边(v_4,v_7)并加入到 E_1 中，且(v_4,v_7)的两个顶点分别位于不同的连通分量中，此时，E_1={(v_4,v_7)}，V_1={ v_1,v_2,v_3,(v_4,v_7),v_5,v_6}，如图 6.28 所示。

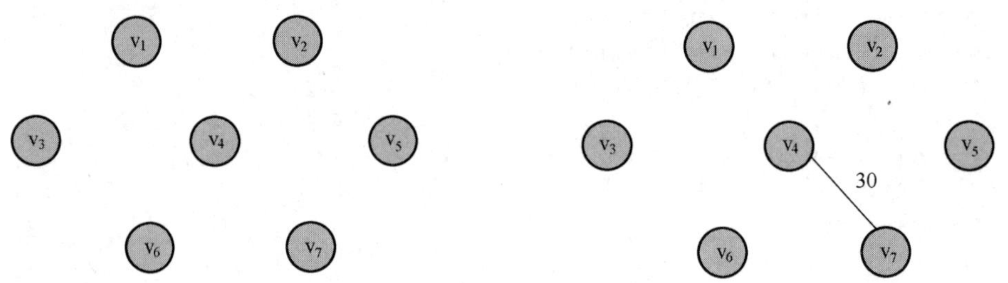

图 6.27　构造生成树的结点的初始状态　　　图 6.28　将与 V_1 权值最小的边加入树 T={(v_4,v_7)}中

（3）重复（2）中的操作，使 E_1 不断扩大，使 V_1 中的顶点全部连通起来。最后，V_1 成为一个连通分量，E_1={(v_4,v_7),(v_3,v_6),(v_4,v_5),(v_2,v_5),(v_1,v_3),(v_4,v_6)}，其操作过程如图 6.29 所示。

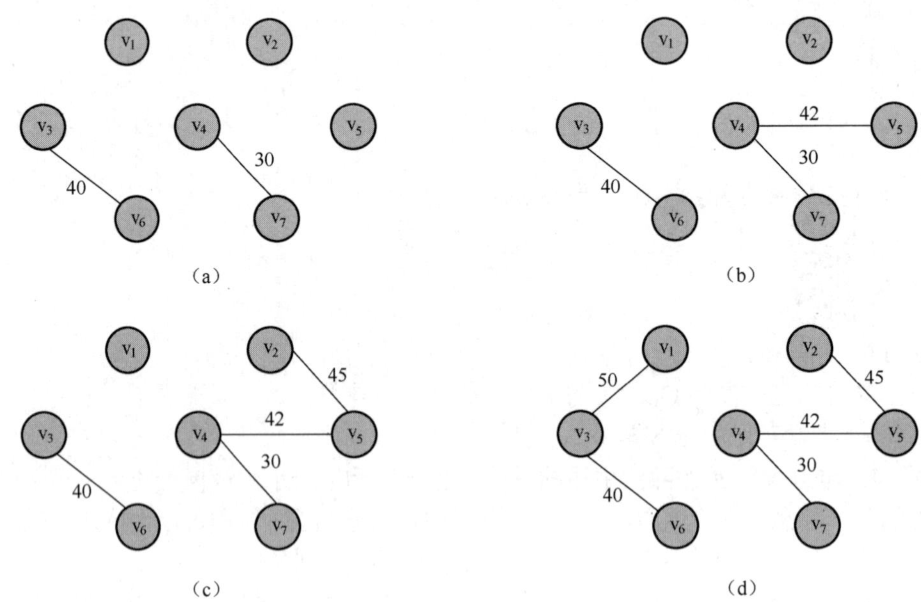

图 6.29　使用 Kruskal 算法构造最小生成树的过程

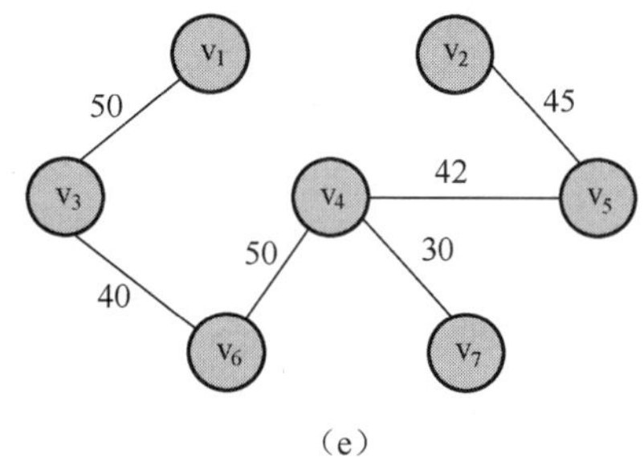

（e）

图 6.29　使用 Kruskal 算法构造最小生成树的过程（续图）

算法分析：该算法的时间复杂度为 $O(e\log_2 e)$。Kruskal 算法的时间消耗主要取决于图的边数 e，适用于稀疏图。

6.5.2　最短路径

求解最短路径（shortest path）是个很有实际应用价值的问题。例如，交通网络可以看成是带权的图，图中顶点表示城市，边表示城市间的交通路线，边上的权表示交通路线的长度或花费的代价。对这样的交通网络，应考虑如下问题：

（1）从 A 城市到 B 城市是否有公路可通？

（2）在从 A 城市到 B 城市有若干条公路可通的情况下，哪一条公路的路程最短或所花费的代价最低？

此时，路径的长度不是路径上边的数目，而是路径上的边所带权值的总和。如果从图中某一顶点（称为源点）到达另一顶点（称为终点）的路径可能不止一条，如何找到一条路径使得沿此路径各边上的权值总和达到最小。

问题解法：

（1）Dijkstra 算法，即边上权值非负情形的单源最短路径问题。

（2）Bellman-Ford 算法，即边上权值为任意值的单源最短路径问题。

（3）Floyd 算法，即所有顶点之间的最短路径。

本节重点讨论 Dijkstra（迪杰斯特拉）算法。

算法定义：Dijkstra 按路径长度递增的次序产生最短路径。

算法的基本思想：给定一个带权有向图 D 与源点 v，求从 v 到 D 中其他顶点的最短路径。限定各边上的权值大于或等于 0，首先求出长度最短的一条路径，再参照它求出长度次短的一条路径，依次类推，直到从顶点 v 到其他各顶点的最短路径全部求出为止。

【例 6.7】图 6.30 所示为一个交通网的例图，邻接边上的权值表示城市间的距离。如何求城市 v_0 到各个城市的最短路径呢？请用 Dijkstra 算法说明如何求从 v_0 到其他各城市的最短距离。表 6.1 列出了 v_0 到其余各点的最短路径。

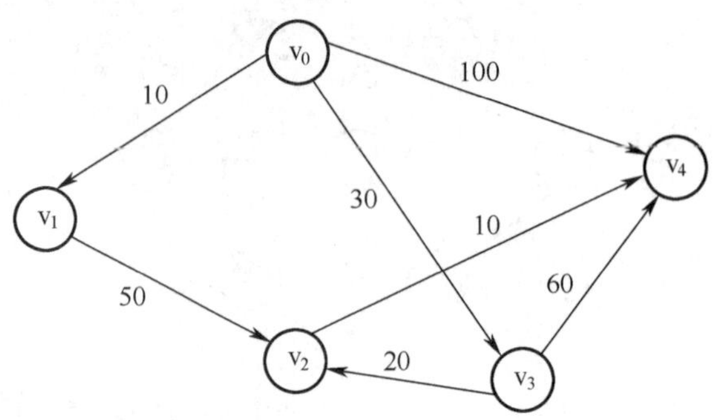

图 6.30　交通网例图

表 6.1　v_0 到其余各点的最短路径

源点	终点	最短路径	路径长度
v_0	v_1	(v_0,v_1)	10
	v_2	(v_0,v_1,v_2) (v_0,v_3,v_2)	∞,60,50
	v_3	(v_0,v_3)	30
	v_4	$(v_0,v_4)(v_0,v_3,v_4)(v_0,v_3,v_2,v_4)$	100,90,60

从表 6.1 中可见，从顶点 v_0 到顶点 v_4 有三条路径，(v_0,v_4)、(v_0,v_3,v_4)和(v_0,v_3,v_2,v_4)，路径长度分别为 100,90,60。因此，(v_0,v_3,v_2,v_4)是从顶点 v_0 到顶点 v_4 的最短路径。

实例分析：引入辅助数组 dist，它的每一个分量 dist[i]表示当前找到的从源点 v_0 到终点 v_i 的最短路径的长度。初始状态：若从源点 v_0 到顶点 v_i 有边，则 dist[i]为该边上的权值；若从源点 v_0 到顶点 v_i 无边，则 dist[i]为 9999。

算法实现：

```
public class Example6_4 {
        public static void main(String[] args) {
            int n = 5;
            int begin = 0;
            int[][] cost = { { 0, 10, 9999, 30, 100 }, { 9999, 0, 50, 9999, 9999 },
                        { 9999, 9999, 0, 9999, 10 }, { 9999, 9999, 20, 0, 60 },
                        { 9999, 9999, 9999, 9999, 0 } };
            dijkstra(cost, n, begin);
        }

        public static void dijkstra(int[][] cost, int n, int begin) {
                //cost[][]是有向网络的邻接矩阵，n 是顶点数，begin 是源点
            int[] dist = new int[n];//最短路径长度数组
            int[] path = new int[n];//最短路径数组
            int[] s = new int[n];//最短路径顶点集
```

```
        int max = 9999;
        int i, j, k, mindist;
        for (i = 0; i < n; i++) {
            dist[i] = cost[begin][i];//dist 数组初始化
            s[i] = 0;//集合 s 初始化
            if (cost[begin][i] < max)
                path[i] = begin;//path 数组初始化
            else
                path[i] = -1;
        }
        s[begin] = 1;path[begin] = 0;//顶点 begin 加入顶点集合
        for (i = 0; i < n-1; i++) {//从顶点 begin 确定 n-1 条路径
            mindist = max;
            k = -1;
            for (j = 0; j < n; j++) {//选当前不在集合 s 中具有最短路径的顶点 k
                if (s[j] == 0 && dist[j] < mindist) {
                    k = j;
                    mindist = dist[j];
                }
            }
            if (k != -1) {
                s[k] = 1;//将顶点 k 加入集合 s，表示它已在最短路径上
                for (j = 0; j < n; j++)
                    if (s[j] == 0 && cost[k][j] < max&& (dist[k] + cost[k][j])< dist[j])
                    {//顶点 j 未加入 s，且绕过 k 可以缩短路径
                        dist[j] = dist[k] + cost[k][j];
                        path[j] = k;//修改到 j 的最短路径
                    }
            }
        }
        outPathLength(begin, path, dist, s);//打印各顶点的最短路径
    }

    public static void outPathLength(int begin, int path[], int dist[], int s[])    {
        int i, pre;
        StringBuffer string = new StringBuffer();
        System.out.print("顶点" + begin);
        System.out.println("到其余各顶点的最短路径长度及路径序列如下：\n");
        for (i = 0; i < dist.length; i++)
            if (i != begin) {
                System.out.print("顶点"+begin + "到顶点" + i + "：");
                if (s[i] != 0) {
                    pre = i;
                    string.delete(0, string.length());
                    while (pre != begin) {
                        string.append(pre + "        ");
```

```
                        pre = path[pre];
                    }
                System.out.print("路径长度为" + dist[i]);
                System.out.print("，路径序列为"+begin+string.reverse()+"\n");
                } else
                    System.out.print("不存在路径！");
            }
        System.out.println();
    }
}
```

程序运行结果：

```
顶点0到其余各顶点的最短路径长度及路径序列如下：

顶点0到顶点1:路径长度为10,路径序列为0    1
顶点0到顶点2:路径长度为50,路径序列为0    3    2
顶点0到顶点3:路径长度为30,路径序列为0    3
顶点0到顶点4:路径长度为60,路径序列为0    3    2    4
```

算法分析：Dijkstra 算法的时间复杂度是 $O(n^2)$。

6.5.3 拓扑排序

1. AOV 网络

计划、施工过程、生产流程、程序流程等都是“工程”。除了很小的工程外，一般都把工程分为若干个叫做“活动”的子工程。完成了这些活动，这个工程就可以完成了。

【例 6.8】计算机专业学生的学习也是一个工程，每一门课程的学习就是整个工程的一些活动。其中有些课程要求先修课程，有些则不要求，如表 6.2 所示。这样在有的课程之间存在领先关系，有的课程则可以并行地学习。

表 6.2 教学授课计划表

课程代号	课程名称	先修课程
K_1	高等数学	
K_2	C 语言程序设计	
K_3	离散数学	K_1，K_2
K_4	数据结构	K_3，K_2
K_5	Java 语言程序设计	K_2
K_6	Android 系统开发	K_5，K_4
K_7	计算机网络操作系统	K_4，K_9
K_8	企业管理	K_1
K_9	计算机组装与维护	K_8

可以用有向图表示一个工程。在这种有向图中，用顶点表示活动，用有向边$<v_i,v_j>$表示活

动 v_i 必须先于活动 v_j 进行。这种有向图叫做顶点表示活动的 AOV 网络（Activity On Vertices）。表 6.2 所示的教学授课计划表可用图 6.31 所示的有向图表示。

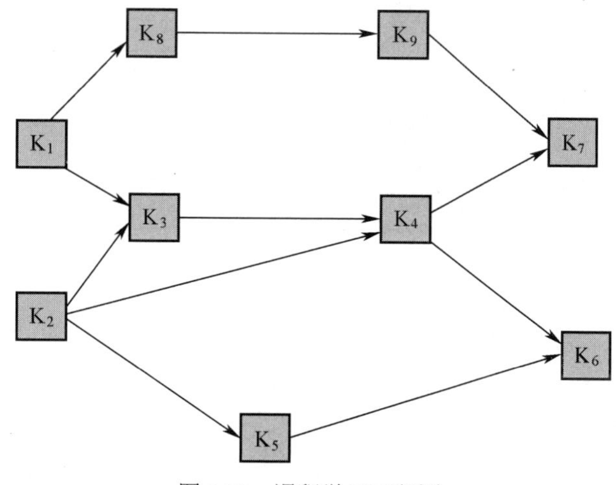

图 6.31　课程学习工程图

在 AOV 网络中不能出现有向回路，即有向环。如果出现了有向环，则意味着某项活动应以其本身作为先决条件。因此，对给定的 AOV 网络，必须先判断它是否存在有向环。

检测有向环的一种方法是对 AOV 网络构造它的拓扑有序序列。即将各个顶点（代表各个活动）排列成一个线性有序的序列，使得 AOV 网络中所有应存在的前驱和后继关系都能得到满足。

2. 拓扑排序

算法定义：拓扑排序（topological sort）是有向图的一种重要的运算，它是构造 AOV 网络全部顶点的拓扑有序序列的运算。做拓扑排序使得所有的前驱和后继关系都能得到满足，而那些没有次序关系的顶点，在拓扑排序中可以插到任意位置。拓扑排序是对非线性结构有向图进行线性化的重要环节。如果通过拓扑排序能将 AOV 网络的所有顶点都排入一个拓扑有序的序列中，则该网络中必定不会出现有向环。如果 AOV 网络中存在有向环，此 AOV 网络所代表的工程是不可行的。

【例 6.9】绘出图 6.31 所示的 AOV 网络的拓扑排序过程。

实例分析：根据 AOV 网络绘制拓扑排序的过程如下：

（1）在有向图中选择一个没有直接前驱的顶点输出；

（2）从图中删除该顶点和所有以它为尾结点的边；

（3）重复上述步骤，直到全部顶点输出为止。

最后得到的拓扑序列为 K_1、K_8、K_9、K_2、K_3、K_4、K_7、K_5、K_6，如图 6.32 所示。

算法分析：对一个具有 n 个结点和 e 条边的 AOV 网络，若没有回路，则每个结点最多均入栈、出栈一次，算法总的时间复杂度为 O(n+e)。

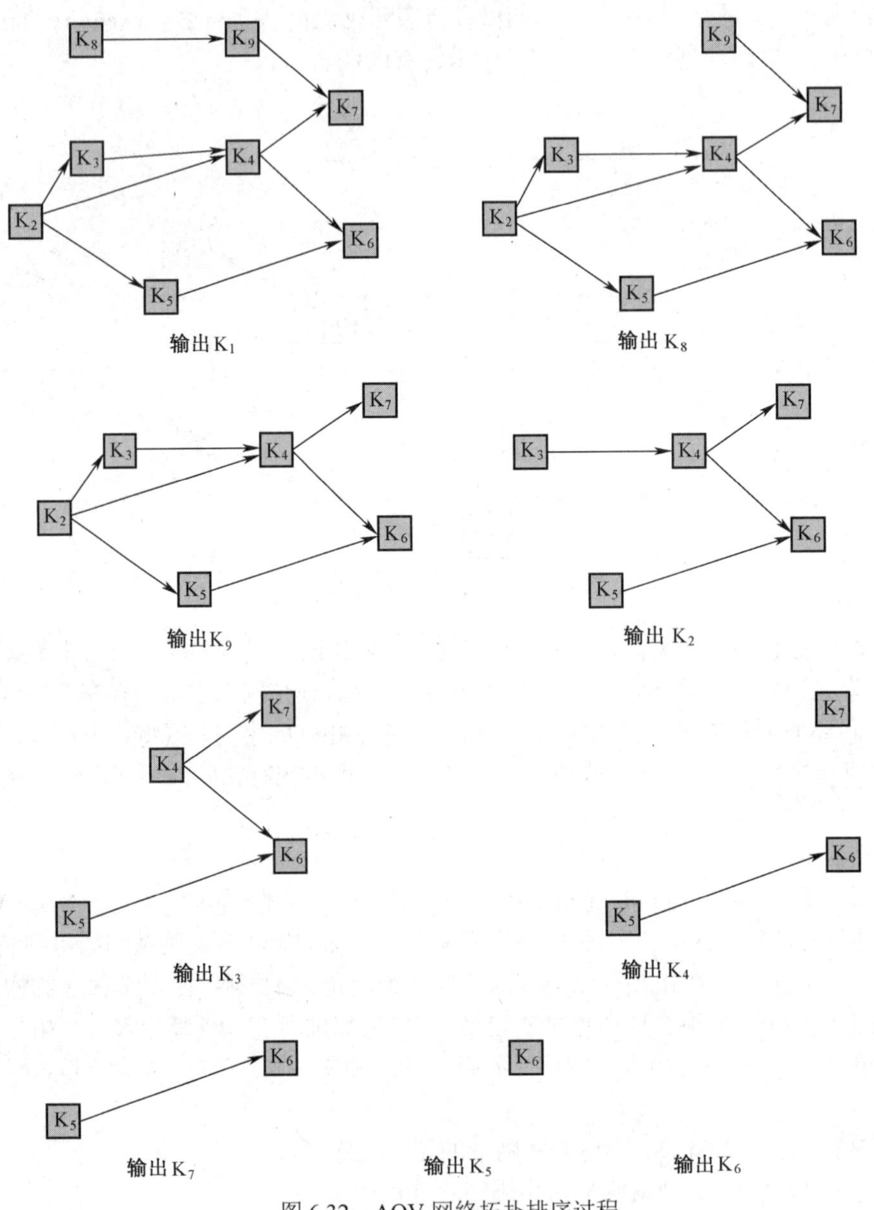

图 6.32　AOV 网络拓扑排序过程

6.6　应用举例

【学习任务】在学习图的基本概念、逻辑表示与存储结构知识的前提下，掌握图的遍历、最小生成树、最短路径和拓扑排序的应用实例和程序实现。

6.6.1 教学计划安排

【问题描述】

每个专业都要制定教学计划。确定每个专业的学习年限，每学年包括两个学期，每学期的时间长度和学分上限均相等，每个专业开设的课程都是确定的，而且课程在开设时间的安排上必须满足先修关系。先修课程有哪些是确定的，可以有任意多门，也可以没有。每门课恰好占一个学期。请参照【例 6.9】设计一个教学计划安排程序。

【算法思想】

利用拓扑排序对课程先后顺序进行分析，邻接表为主要存储结构，栈为辅助存储结构。首先给出课程之间的先后关系如 AOV 网络，然后进行拓扑排序。当有向图中存在环时，无法查找图的拓扑排序；当图中的所有顶点全部输出时，表示对该图排序成功，实现拓扑排序算法时，相应地建立邻接表存储 AOV 网络，为避免重复检查入度为零的顶点，建立一个栈来对入度为零的顶点进行存放。最后根据课程的先后关系输出序列。

【算法实现】

```
import java.io.*;
import java.util.*;
public class Example6_5{
    public static void main(String[] args) throws IOException {
    BufferedReader br=new BufferedReader(new InputStreamReader(System.in));
        System.out.println("************************************");
        System.out.print("                  请输入需安排的课程总数：\n");
        System.out.println("************************************");
        int n=Integer.parseInt(br.readLine());
        System.out.println();
        GraphAOV g=new GraphAOV(n);//创建 AOV 网对象
        while(true){
        System.out.println("************************************");
            System.out.println("            1、请进行课程标号的输入；");
            System.out.println("            2、请输入 AOV 网；");
            System.out.println("            3、执行进行教学计划的安排；");
            System.out.println("            4、结束；");
            System.out.println("            请输入您的选择：");
        System.out.println("************************************");
        int choice=Integer.parseInt(br.readLine());
        System.out.flush();
        int m=1;
        if(choice==1)
    while(m==1)
        {System.out.print("请输入顶点名字：");
          g.insertNode(br.readLine());
          System.out.print("如退出输入，请按数字 0，继续输入请按 1！");
          m=Integer.parseInt(br.readLine());
```

```
            }
        else if(choice==2)
        {m=1;
        while(m==1)
            {
                System.out.print("请输入第一个顶点名字：");
                String node1=br.readLine();
                System.out.print("请输入第二个顶点名字：");
                String node2=br.readLine();
                g.insertEdge(node1,node2);
                System.out.print("如退出输入，请按数字 0，继续输入请按 1！");
                m=Integer.parseInt(br.readLine());}
            }
            else if(choice==3)
            {
                System.out.println();
                System.out.print("进行拓扑排序：");
                g.topoSort();}
                else if(choice==4)
                System.exit(0);}

            }
    }
class GraphNode {           //定义 AOV 网络顶点
    private String name;    //顶点名称
    private int ID;         //顶点序号
    public GraphNode(String name){
        this.name=name;}
    public void setName(String name){
        this.name=name;}
    public String getName(){
        return name;}
    public String toString(){
        return name;}
    public void setID(int num){
        ID=num;}
    public int getID(){
        return ID;}
}
interface AOVGraphADT{                  //接口 AOVGraphADT 用于定义 AOV 网络数据操作
    void insertNode(String name);       //插入结点
    void insertEdge(String node1, String node2);   //插入边
    public void topoSort();             //完成拓扑排序并输出
}
class GraphAOV implements AOVGraphADT{//实现 AOV 网络
    int n; //顶点数
    GraphNode nodeArray[];//顶点集
    int nodeCount; //顶点计数
```

6 模块

```
    private int[][] edgeArray;
    private boolean[] visitedNode;// 存放拓扑排序中顶点是否已经被访问，用逻辑值表示
    private LinkedList queue;//存放拓扑排序的队列
    public GraphAOV(int n){//初始化
    this.n=n;
    nodeArray=new GraphNode[n];
    nodeCount=0;
    edgeArray=new int[n][n];
    visitedNode=new boolean[n];
    queue=new LinkedList();
}
public void insertNode(String nodeName){//插入顶点
    if(nodeCount<n){//判断是否可以插入新的顶点
        nodeCount++;//顶点数计数
        GraphNode temp=new GraphNode(nodeName);
        nodeArray[nodeCount-1]=temp;
        temp.setID(nodeCount-1);
    }else
    {System.out.println("图形顶点数额满，不能再插入新顶点");
    }
}
public int searchNode(String nodeName)//返回顶点在数组中的序号
    { boolean find=false;//初始化 find
        int i=0;
        while(!find&&(i<nodeCount)){
            if(nodeArray[i].getName().equals(nodeName)){
            find=true;}
        else
        i++;
    }
    if(find) return i;
        else return -1;}

public void insertEdge(String node1, String node2){//插入边
    int i=searchNode(node1);
    int j=searchNode(node2);
    if(i!=-1){
        if(j!=-1){
        edgeArray[i][j]=1;}
      else
    System.out.print(node2+"没有插入");
    }
    else
    System.out.print(node1+"没有插入");}

public void topoSort(){//进行拓扑排序
    int i,j,sum;
    int count=0;//统计进队顶点数
```

模块 6

```
    while(count<n)
     {for(j=0;j<n;j++) //查找入度为 0  的顶点
      {sum=0;
       for(i=0;i<n;i++)
           sum+=edgeArray[i][j];
       if(visitedNode[j]==false&&sum==0)//判断入度是否为还没有进队的顶点
           break;}
    queue.add(nodeArray[j]);//将顶点进队
    visitedNode[j]=true;//并做标记
    count++;
    for(int k=0;k<n;k++){//删除该顶点及其关联的边
        if(edgeArray[j][k]!=0)
            edgeArray[j][k]=0;}
        }
    printQueue();}

public void printQueue(){//输出拓扑排序
    System.out.println("AOV 网络拓扑排序序列为：");
    int i=0;
    while(i<queue.size())
    {GraphNode node=(GraphNode)queue.get(i);
         System.out.print(node+",");
     i++;}
    System.out.println();}
}
```

程序运行结果：

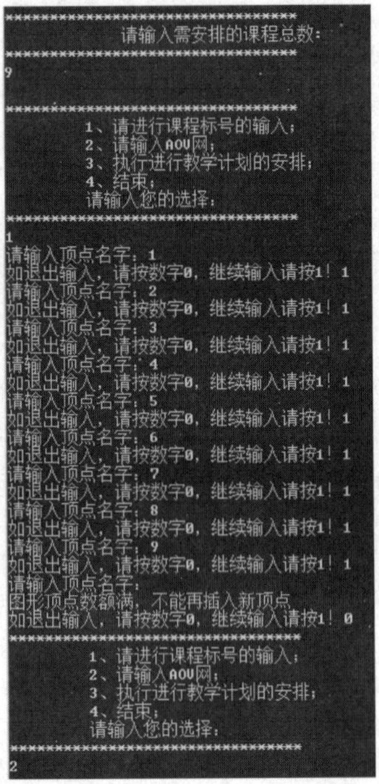

```
**********************************
           请输入需安排的课程总数:
**********************************
9

**********************************
        1、请进行课程标号的输入;
        2、请输入AOV网;
        3、执行进行教学计划的安排;
        4、结束;
        请输入您的选择:
**********************************
1
请输入顶点名字: 1
如退出输入，请按数字0，继续输入请按1! 1
请输入顶点名字: 2
如退出输入，请按数字0，继续输入请按1! 1
请输入顶点名字: 3
如退出输入，请按数字0，继续输入请按1! 1
请输入顶点名字: 4
如退出输入，请按数字0，继续输入请按1! 1
请输入顶点名字: 5
如退出输入，请按数字0，继续输入请按1! 1
请输入顶点名字: 6
如退出输入，请按数字0，继续输入请按1! 1
请输入顶点名字: 7
如退出输入，请按数字0，继续输入请按1! 1
请输入顶点名字: 8
如退出输入，请按数字0，继续输入请按1! 1
请输入顶点名字: 9
如退出输入，请按数字0，继续输入请按1! 1
请输入顶点名字:
图形顶点数额满，不能再插入新顶点
如退出输入，请按数字0，继续输入请按1! 0
**********************************
        1、请进行课程标号的输入;
        2、请输入AOV网;
        3、执行进行教学计划的安排;
        4、结束;
        请输入您的选择:
**********************************
2
```

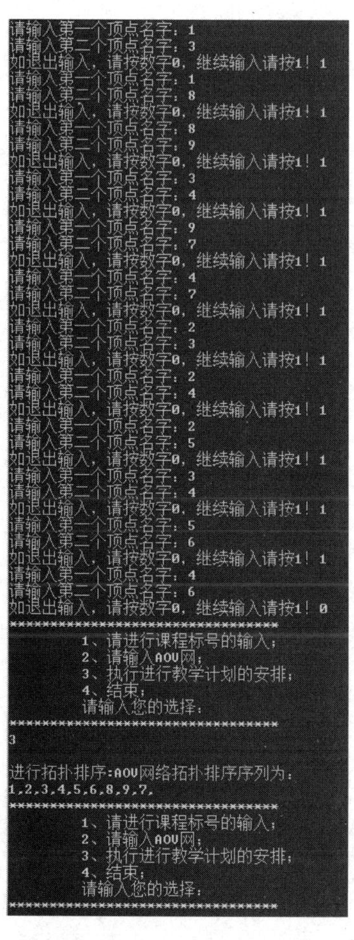

6.6.2　旅游购票方案

【问题描述】

各城市间航班线路及其里程表如表 6.3 所示，游客可以输入起始地点标号，根据起始地点，系统计算出到各目的地的最短里程的购票方案。

表 6.3　各城市之间铁路货运及其里程表（单位：km）

下标	地名	青岛	北京	西安	昆明	哈尔滨	大连	南京	上海
0	青岛				1500		1000		
1	北京						1000	800	900
2	西安						1600		
3	昆明	1500					2000	1900	
4	哈尔滨							1700	

续表

下标	地名	青岛	北京	西安	昆明	哈尔滨	大连	南京	上海
5	大连	1000	1000	1600	2000				1800
6	南京		800		1900	1700			500
7	上海		900				1800	500	

【算法思想】

根据数据结构中的最短路径来实现最佳购票方案。

【算法实现】

```
import java.io.*;
public class Example6_6{
    public static void main(String[] args)throws IOException {
        BufferedReader br=new BufferedReader(new InputStreamReader(System.in));
        int n = 8;
        int[][] cost = { { 0, 9999,9999,1500,9999,1000,9999,9999 },
                        {9999,0, 9999, 9999, 9999,1000,800,900},
                        {9999, 9999,0, 9999, 9999,1600, 9999, 9999},
                        {1500, 9999, 9999,0, 9999,2000,1900, 9999},
                        {9999, 9999, 9999, 9999,0, 9999,1700, 9999,},
                        {1000,1000,1600,2000, 9999,0, 9999,1800},
                        {9999,800, 9999,1900,1700, 9999,0,500},
                        {9999,900, 9999, 9999, 9999,1800,500,0}};
        System.out.print("请输入起始地址的标号：\n");
        System.out.print("1—青岛；2—北京；3—西安；4—昆明；5—哈尔滨；6—大连；7—南京；8—上海；\n");
        int begin=Integer.parseInt(br.readLine());
        dijkstra(cost, n, begin);
    }

    public static void dijkstra(int[][] cost, int n, int begin) {
        int[] dist = new int[n];
        int[] path = new int[n];
        int[] s = new int[n];
        int max = 9999;
        int i, j, k, mindist;
        for (i = 0; i < n; i++) {
            dist[i] = cost[begin][i];
            s[i] = 0;
            if (cost[begin][i] < max)
                path[i] = begin;
            else
                path[i] = -1;
        }
        s[begin] = 1;
```

```
        path[begin] = 0;
        for (i = 0; i < n; i++) {
            mindist = max;
            k = -1;
            for (j = 0; j < n; j++) {
                if (s[j] == 0 && dist[j] < mindist) {
                    k = j;
                    mindist = dist[j];
                }
            }
            if (k != -1) {
                s[k] = 1;
                for (j = 0; j < n; j++)
                    if (s[j] == 0 && cost[k][j] < max
                            && (dist[k] + cost[k][j] < dist[j])) {
                        dist[j] = dist[k] + cost[k][j];
                        path[j] = k;
                    }
            }
        }
        outPathLength(begin, path, dist, s);
    }

    public static void outPathLength(int begin, int path[], int dist[], int s[])
        { int i, pre;
            StringBuffer string = new StringBuffer();
            System.out.print("起始站" + begin);
            System.out.println("到其余各地的最短路径长度及路径序列如下：\n");
            for (i = 0; i < dist.length; i++)
              if (i != begin) {
                System.out.print("起始地"+begin + "到目的地" + i + "：");
                if (s[i] != 0) {
                    pre = i;
                    string.delete(0, string.length());
                    while (pre != begin) {
                        string.append(pre + "        ");
                        pre = path[pre];
                    }
                System.out.print("路径长度为" + dist[i]);
                System.out.print(",路径序列为"+begin+string.reverse()+"\n");
                } else
                    System.out.print("不存在路径！\n");
                }
              System.out.println();
        }
}
```

程序运行结果：

```
请输入起始地址的标号：
1—青岛；2—北京；3—西安；4—昆明；5—哈尔滨；6—大连；7—南京；8—上海；
1
起始站1到其余各地的最短路径长度及路径序列如下：

起始地1到目的地0:路径长度为2000,路径序列为1    5    0
起始地1到目的地2:路径长度为2600,路径序列为1    5    2
起始地1到目的地3:路径长度为2700,路径序列为1    6    3
起始地1到目的地4:路径长度为2500,路径序列为1    6    4
起始地1到目的地5:路径长度为1000,路径序列为1    5
起始地1到目的地6:路径长度为800,路径序列为1    6
起始地1到目的地7:路径长度为900,路径序列为1    7
```

6.7 小结

图是一种复杂的非线性数据结构，具有广泛的应用。本模块主要介绍了图的不同类型、图的存储方式和图的遍历算法。

1．图按不同的分类规则，分为无向图、有向图、完全图、连通图、强连通图、带权图（网）、稀疏图和稠密图等。在图的算法设计中，常用到邻接点、路径、回路、度、连通分量、生成树等。

2．讲述了图的两种常用的存储表示方式：邻接矩阵和邻接表，两者之间的比较如表 6.4 所示。

表 6.4 邻接矩阵和邻接表的比较

比较项目 \ 存储结构		邻接矩阵		邻接表	
		无向图	有向图	无向图	有向图
空间	顶点表结点个数	n	n	n	n
	边结点个数	邻接矩阵对称，可压缩到 $n^2/2$	n^2	e	e
	总结	适合稠密图		适合稀疏图	
时间	求某个顶点 v_i 的度	扫描邻接矩阵中序号 i 对应的一行，O(1)	求出度：扫描矩阵的一行，O(n)；求入度：扫描矩阵的一列，O(n)	扫描 v_i 的边表，最坏情况 O(n)	求出度：扫描 v_i 的边表，最坏情况 O(n)；求入度：按顶点表顺序扫描所有边表，O(n+e)
	求边的数目	扫描邻接矩阵，$O(n^2)$		按顶点表顺序扫描所有边表，O(n+2e)	按顶点表顺序扫描所有边表，O(n+e)
	判定边 (v_i,v_j) 是否存在	直接检查邻接矩阵 A[i][j]元素的值，O(1)		扫描 v_i 的边表，最坏情况 O(n)	

3．图的遍历算法是实现图的其他运算的基础，图的遍历方法有两种：深度优先搜索遍历

和广度优先搜索遍历。深度优先搜索遍历类似于树的先序遍历，借助于栈结构来实现（递归）；广度优先搜索遍历类似于树的层次遍历，借助于队列结构来实现。两种遍历方法的不同之处仅仅在于对顶点访问的顺序不同，所以时间复杂度相同。当用邻接矩阵存储时，时间复杂度均为 $O(n^2)$，用邻接表存储时，时间复杂度均为 O(n+e)。

4．图的很多算法与实际应用密切相关，比较常用的算法包括构造最小生成树算法、求解最短路径算法、拓扑排序和求解关键路径算法。

（1）构造最小生成树算法有 Prim 算法和 Kruskal 算法，两者都能达到同一目的。但前者算法思想的核心是归并点，时间复杂度是 $O(n^2)$，适用于稠密图；后者是归并边，时间复杂度是 $O(\log_2 e)$，适用于稀疏图。

（2）最短路径算法：一种是 Dijkstra 算法，即求从某个源点到其余各顶点的最短路径，求解过程是按路径长度递增的次序产生最短路径，时间复杂度是 $O(n^2)$。

（3）拓扑排序是有向无环图的应用。拓扑排序是基于用顶点表示活动的有向图，即 AOV 网络。对于不存在环的有向图，图中所有顶点一定能够排成一个线性序列，即拓扑序列，拓扑序列是不唯一的。用邻接表表示图，拓扑排序的时间复杂度为 O(n+e)。

学习完本模块后，要求掌握图的基本概念和术语，掌握图的两种存储表示，明确其特点和适用场合，熟练掌握图的两种遍历算法，熟练掌握图在实际应用中的主要算法：最小生成树算法、最短路径算法、拓扑排序算法。

6.8 知识巩固

6.8.1 理论知识

一、判断题

1．树中的结点和图中的顶点就是指数据结构中的数据元素。（　）
2．在 n 个结点的无向图中，若边数大于 n-1，则该图必是连通图。（　）
3．任何无向图都存在生成树。（　）
4．有 e 条边的无向图，在邻接表中有 e 个结点。（　）
5．有向图中顶点 V 的度等于其邻接矩阵中第 V 行中的 1 的个数。（　）
6．强连通图的各顶点间均可达。（　）
7．强连通分量是无向图的极大强连通子图。（　）
8．连通分量指的是有向图中的极大连通子图。（　）
9．邻接多重表是无向图和有向图的链式存储结构。（　）
10．十字链表是无向图的一种存储结构。（　）
11．无向图的邻接矩阵可用一维数组存储。（　）

12．用邻接矩阵法存储一个图所需的存储单元数目与图的边数有关。（　）

13．有 n 个顶点的无向图，采用邻接矩阵表示，图中的边数等于邻接矩阵中非零元素之和的一半。（　）

14．有向图的邻接矩阵是对称的。（　）

15．无向图的邻接矩阵一定是对称矩阵，有向图的邻接矩阵一定是非对称矩阵。（　）

16．邻接矩阵适用于有向图和无向图的存储，但不能存储带权的有向图和无向图，而只能使用邻接表存储形式来存储带权图。（　）

17．用邻接矩阵存储一个图时，在不考虑压缩存储的情况下，所占用的存储空间大小与图中结点个数有关，而与图的边数无关。（　）

18．一个有向图的邻接表和逆邻接表中结点的个数可能不等。（　）

19．需要借助于一个队列来实现 DFS 算法。（　）

20．广度遍历生成树描述了从起点到各顶点的最短路径。（　）

二、填空题

1．对一组记录（54，38，96，23，15，72，60，45，83）进行直接插入排序，当把第 7 个记录 60 插入到有序表时，为寻找插入位置需比较________次。

2．若一个图的边集为{(A,B),(A,C),(B,D),(C,F),(D,E),(D,F)}，则从顶点 A 开始对该图进行广度优先搜索遍历，得到的顶点序列可能为________。

3．若一个图的边集为{<1,2>,<1,4>,<2,5>,<3,1>,<3,5>,<4,3>}，则从顶点 1 开始对该图进行深度优先搜索遍历，得到的顶点序列可能为________。

4．为了实现图的广度优先搜索遍历，除了一个标识数组标志图中已访问的结点外，还需________存放被访问的结点以实现遍历。

5．画出图 6.33 所示无向图的广度优先搜索遍历生成树________和深度优先搜索遍历生成树________。

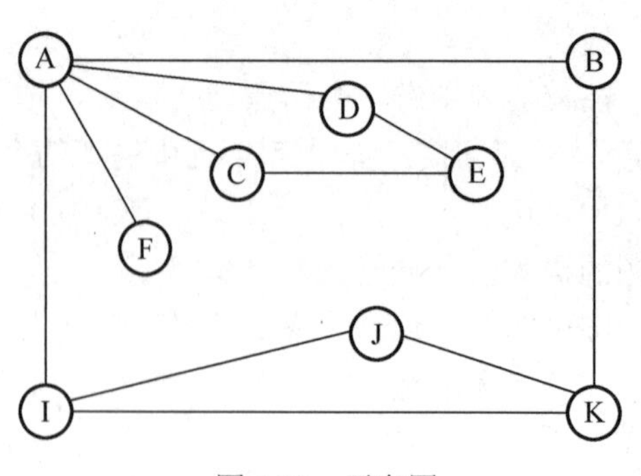

图 6.33　无向图

6．构造连通网最小生成树的两个典型算法是________、________。

7．求图的最小生成树有两种算法，________算法适合于求稀疏图的最小生成树。

8．Prim（普里姆）算法适用于求________的网的最小生成树；Kruskal（克鲁斯卡尔）算法适用于求________的网的最小生成树。

9．克鲁斯卡尔算法的时间复杂度为________，它对________图较为适合。

10．对于含 N 个顶点 E 条边的无向连通图，利用 Prim 算法生成最小代价生成树的时间复杂度为________，利用 Kruskal 算法生成最小代价生成树的时间复杂度为________。

三、应用题

1．设一个有向图 G=(V,E)，其中 V={v_1, v_2, v_3, v_4}，E={<v_1, v_4>,<v_2, v_1>,<v_2, v_3>,<v_4, v_1>,<v_4, v_2>}。请画出该有向图，并求出每个顶点的入度和出度，画出相应的邻接矩阵、邻接表。

2．分别求出图 6.34 中从 v_2 出发按深度优先搜索和广度优先搜索算法遍历得到的顶点序列。（假设图的存储结构采用邻接矩阵表示）

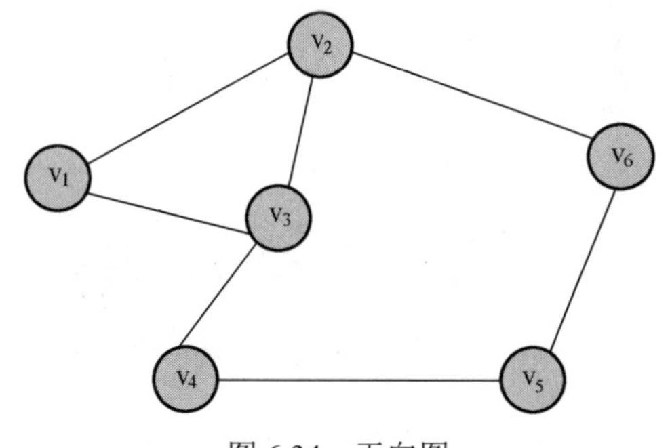

图 6.34 无向图

3．已知一个有向图的邻接表如图 6.35 所示，请根据深度优先搜索算法求从顶点 v_1 出发遍历得到的顶点序列。

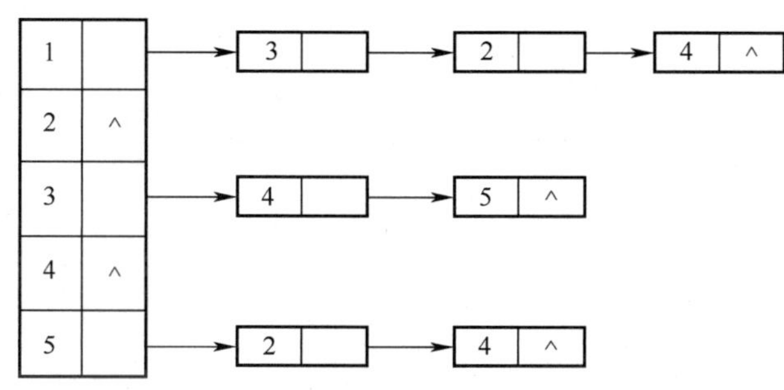

图 6.35 有向图的邻接表

4．分别用普里姆和克鲁斯卡尔算法构造图 6.36 所示的网络的最小生成树。

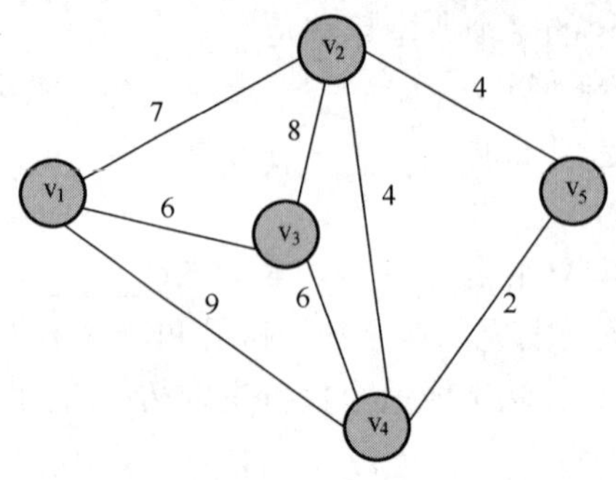

图 6.36　无向带权图

5．求出图 6.37 从顶点 v_1 到其他各顶点之间的最短路径。

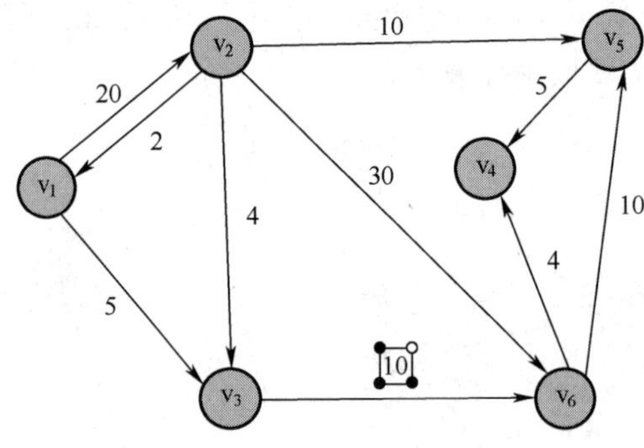

图 6.37　有向带权图

6．画出图 6.38 所示的 AOV 网络所有可能的拓扑有序序列。并指出应用拓扑排序法求得的是哪一个序列（选用邻接表作为存储结构）？

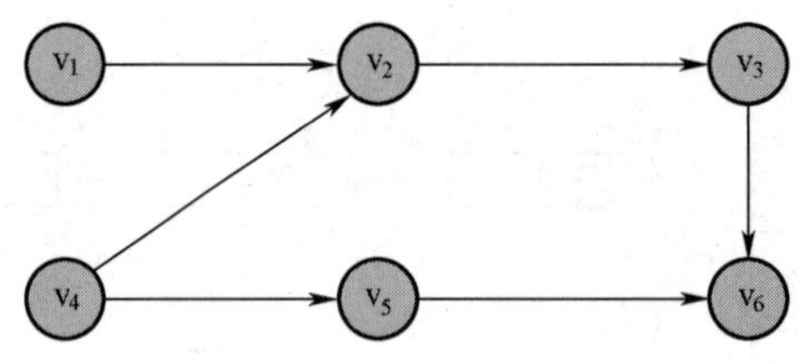

图 6.38　AOV 网络

6.8.2　真题在线

一、选择题

1．已知有向图 G=(V,E)，其中 $V=\{v_1,v_2,v_3,v_4,v_5,v_6,v_7\}$，$E=\{<v_1,v_2>,<v_1,v_3>,<v_1,v_4>,<v_2,v_5>,$

$<v_3,v_5>,<v_3,v_6>,<v_4,v_6>,<v_5,v_7>,<v_6,v_7>\}$，G 的拓扑序列是（　　）。（北京航空航天大学 2000）

A．$v_1,v_3,v_4,v_6,v_2,v_5,v_7$　　B．$v_1,v_3,v_2,v_6,v_4,v_5,v_7$

C．$v_1,v_3,v_4,v_5,v_2,v_6,v_7$　　D．$v_1,v_2,v_5,v_3,v_4,v_6,v_7$

2．若一个有向图的邻接距阵中，主对角线以下的元素均为零，则该图的拓扑有序序列（　　）。（中国科技大学 2006）

A．存在　　B．不存在

3．一个有向无环图的拓扑排序序列（　　）是唯一的。（北京邮电大学 2001）

A．一定　　B．不一定

4．下列关于 AOE 网络的叙述中，不正确的是（　　）。（北方交通大学 2009）

A．关键活动不按期完成就会影响整个工程的完成时间

B．任何一个关键活动提前完成，那么整个工程将会提前完成

C．所有的关键活动提前完成，那么整个工程将会提前完成

D．某些关键活动提前完成，那么整个工程将会提前完成

5．下图中给出由 7 个顶点组成的无向图。从顶点 1 出发，①：对它进行深度优先搜索遍历得到的序列是（　　）。②：进行广度优先搜索遍历得到的顶点序列是（　　）。（中科院软件所 2009）

①A．1354267　　B．1347652　　C．1534276　　D．1247653

E．以上答案均不正确

②A．1534267　　B．1726453　　C．l354276　　D．1247653

E．以上答案均不正确

6．下面结构中最适于表示稀疏无向图的是（　　），适于表示稀疏有向图的是（　　）。（北京工业大学 2001）

A．邻接矩阵　　B．逆邻接表　　C．邻接多重表　　D．十字链表

E．邻接表

二、填空题

1．对于一个具有 n 个顶点 e 条边的无向图的邻接表表示，其表头向量大小为________，邻接表的边结点个数为________。（青岛大学 2002）

2．遍历图的过程实质上是________，广度优先搜索遍历图的时间复杂度为________；深度优先搜索遍历图的时间复杂度为________，两者不同之处在于________，反映在数据结构上的差别是________。（厦门大学 2009）

3．已知一无向图 G=(V,E)，其中 V={a,b,c,d,e }，E={(a,b),(a,d),(a,c),(d,c),(b,e)}，现用某一种图遍历方法从顶点 a 开始遍历图，得到的序列为 abecd，则采用的是________遍历方法。（南京理工大学 2006）

4．一无向图 G(V,E)，其中 V(G)={1,2,3,4,5,6,7}，E(G)={(1,2),(1,3),(2,4),(2,5),(3,6),(3,7),

(6,7),(5,1)}，对该图从顶点 3 开始进行遍历，去掉遍历中未走过的边，得一生成树 G′(V,E′)，V(G′)=V(G)，E(G′)={(1,3),(3,6),(7,3),(1,2),(1,5),(2,4)}，则采用的遍历方法是________。（南京理工大学 2007）

6.8.3 实训任务

【实训任务 1】求图 6.39 所示无向网络图的最小生成树。

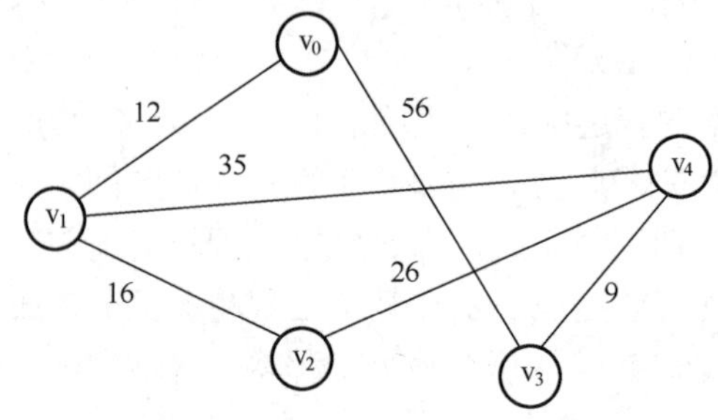

图 6.39 无向网络图

【问题描述】

有两个顺序表 A 和 B，其元素均按从小到大的升序排列，编写一个算法将它们合并成一个顺序表 C，要求 C 的元素也是按从小到大的升序排列。

【实训任务 2】分析采用的遍历方法是哪一种？

【问题描述】

已知一无向图 G=(V,E)，其中 V={a,b,c,d,e}，E={(a,b),(a,d),(a,c),(d,c),(b,e)}，现用某一种遍历方法从顶点 a 开始遍历图，得到的序列为 abecd。

7 排序

主要内容

- 介绍最常用的插入排序、希尔排序、冒泡排序、快速排序、直接选择排序、堆排序、归并排序及基数排序的算法思路和算法实现。
- 通过排序实例分析算法，以及算法具体的实现方法。

学习目标

重点：

- 掌握排序的基本概念及排序过程。

难点：

- 掌握各种排序算法的基本思想与排序过程的实现及应用。

排序（sorting）又称分类，是计算机程序设计中的一个重要操作，即把一批任意序列的数据（或记录），重新按关键字排列成有序序列。通过排序可以提高数据的直观性，并为以后的查询提供方便、提高查找效率。排序的应用领域十分广泛，如图书馆、医院病历、电话簿、档案等都离不开排序。

7.1 实例引入

【学习任务】通过实例初步了解排序的特征，从感性上认识排序及其简单操作。

【实例 1】模拟 54 张扑克牌的洗牌、发牌（分成 4 组，每组 12 张，底牌为 6 张），并为每一组扑克牌排序。

【实例 2】有如表 7.1 所示的学生成绩信息，试编写一个管理系统，按总成绩进行排序。

表 7.1　学生成绩信息

姓名	学号	计算机基础	Java 语言程序设计	计算机网络技术	总成绩
李紫阳	01	99	100	99	298
胡瑞轩	02	90	89	95	274
李岳霖	03	89	88	92	269
田蕊	04	78	67	91	236
张亮	05	91	76	92	259

表 7.1 中的每列列名都可以作为排序的关键字，可以用学号升序或降序排序，也可以以某一门成绩升序或降序排序，这些排序操作都要通过某种算法来实现，从而在实际的软件应用系统中达到按要求排序的目的。

7.2　排序基本概念

【学习任务】理解排序的定义，熟练掌握排序的相关概念。

1. 排序的定义

排序是把一组无序的数据元素或记录按照关键字值递增（或递减）的顺序重新排列的过程。如果排序依据的是主关键字，排序的结果将是唯一的。

假设含 n 个记录的序列 R 为$\{R_1,R_2,\ldots,R_n\}$，其相应的关键字序列 K 为$\{k_1,k_2,\ldots,k_n\}$，这些关键字相互之间可以进行比较，即它们之间存在着这样一个关系：

$$K_1 \leqslant K_2 \leqslant \ldots \leqslant K_n$$

排序就是按照上述关系将记录序列 R 重新排列成如下序列的过程：

$$\{R_1,R_2,\ldots,R_n\}$$

2. 内部排序与外部排序

根据在排序过程中是否将待排序的所有数据元素全部存放在内存中，可将排序方法分为内部排序和外部排序两大类。内部排序是指在排序的整个过程中，将待排序的所有数据元素全部存放在内存中，并且在内存中调整元素之间的相对次序；外部排序是指由于待排序的数据元素个数太多，不能同时存放在内存中，而需要将一部分数据元素存放在内存中，另一部分数据元素存放在外设上，整个排序过程需要在内外存之间多次交换数据才能得到排序的结果。本模块只讨论常用的内部排序方法。

3. 排序算法的稳定性

如果在待排序的记录序列中有多个相同关键字值的数据元素，经过排序后，这些数据元素的相对次序保持不变，则称这种排序方法是稳定的；反之，若具有相同关键字的数据元素之间的相对次序发生变化，则称这种排序方法是不稳定的。

例如，假定待排序的记录序列中有两个记录 r(i)和 r(j)，它们的关键字值相等，即 r(i).key= r(j).key。在排序之前，记录 r(i)排在 r(j)前面。在排序之后，对象 r(i)仍在对象 r(j)的前面，则称这个排序方法是稳定的；否则称这个排序方法是不稳定的。

4. 排序算法的效率评价

排序算法的效率主要从时间效率和空间效率两个角度考虑。排序算法的时间效率主要指在数据量规模一定的条件下，算法执行所消耗的平均时间。对于排序操作，时间主要消耗在关键字之间的比较和数据元素的移动上，因此可以认为高效率的排序算法应该是比较次数和数据元素的移动次数尽可能少。排序算法的空间效率主要指执行算法所需要的辅助存储空间，辅助存储空间是指在数据量规模一定的条件下，除了存放待排序数据元素占用的存储空间之外，执行算法所需要的其他存储空间。理想的空间效率是算法执行期间所需要的辅助空间与待排序的数据量无关。

5. 内部排序的基本思路

内部排序的过程是一个逐步扩大记录的有序序列长度的过程，基于不同的“扩大”有序序列长度的方法，内部排序方法大致可分为插入排序、交换排序、选择排序、归并排序和基数排序五类。

6. 待排序记录序列的存储结构

待排序记录序列可以用顺序存储结构和链式存储结构表示。在本模块中我们将待排序的记录序列用顺序存储结构表示，即用一维数组实现。

7.3 插入排序

【学习任务】理解插入排序的基本思想，掌握插入排序的算法及程序实现。

插入排序（insert sorting）的基本思想：每步将一个待排序的对象按其排序码大小插入到前面已经排好序的一组对象的适当位置上，直到待排序对象全部插入为止。

本节主要介绍直接插入排序和希尔排序两种插入排序方法。

7.3.1 直接插入排序

算法描述：直接插入排序（straight insertion sort）是一种简单的排序方法。基本思想是逐个处理待排序的记录，将其与前面已经排好序的子序中的记录进行比较，确定要插入的位置，并将记录插入到子序中。具体步骤如下：

（1）把第一个记录看成是已经排好序的子序，这时子序中只有一个记录；

（2）从第二个记录起到最后一个记录，依次将其和前面子序中的记录进行比较，确定记录插入的位置；

（3）将记录插入到子序中，子序记录个数加 1，直至子序长度和原来待排序列长度一致时结束。

【例 7.1】已知一组记录的初始序序为{42,20,17,13,28,14}，请用直接插入排序法按从小到大的顺序排序。

实例分析：

直接插入排序过程如图 7.1 所示。

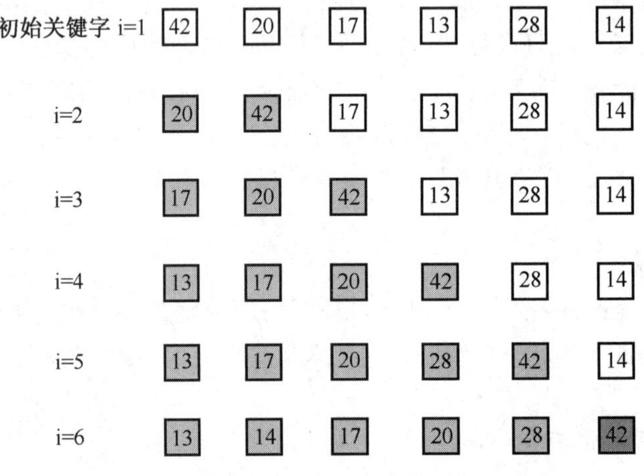

图 7.1　直接插入排序示例

算法实现：

```
public class Example7_1
{    public static void main(String[] args)
        {int[] data=new int[]{42,20,17,13,28,14};
         System.out.print("排序前：");
         for(int i=0;i<data.length;i++)
             System.out.print(data[i]+" ");
         insertSort(data);
         System.out.print("\n 排序后：");
         for(int i=0;i<data.length;i++)
             System.out.print(data[i]+" ");
}
public static void insertSort(int[] a)
{ int temp,i,j;
    for(i=1;i<a.length;i++)
      { temp=a[i];
        for(j=i-1;j>=0;j--)
        if(temp<a[j])
            a[j+1]=a[j];
            else break;
```

```
            a[j+1]=temp;
        }
    }
}
```

程序运行结果：

```
排序前：42 20 17 13 28 14
排序后：13 14 17 20 28 42
```

算法分析：

（1）设待排序对象个数为 n，则该算法的主程序执行 n-1 趟。

（2）排序码比较次数和对象移动次数与对象排序码的初始排列有关。

（3）在最好的情况下，排序前对象已按排序码从小到大的顺序有序排列，每趟只需与前面有序对象序列的最后一个对象比较 1 次，总的排序码比较次数为 n-1，不需要移动记录。直接插入排序的时间复杂度为 $O(n^2)$。

（4）在最坏的情况下，待排对象按关键字非递增有序排列（逆序）时，第 i 趟第 i+1 个对象必须与前面 i 个对象都做排序码比较，并且每做 1 次比较就要做 1 次数据移动，总比较次数为(n+2)(n-1)/2 次，总移动次数为(n+4)(n-1)/2。

（5）在其他情况下，排序码比较次数和对象移动次数平均约为 $n^2/4$。因此，直接插入排序的时间复杂度为 $O(n^2)$。

（6）直接插入排序是一种稳定的排序方法，适用于记录个数较少的场合。

7.3.2 希尔排序

算法描述：希尔排序又称为缩小增量排序，其基本思路是将待排序的记录划分成几组，从而减少参与直接插入排序的数据量，当经过几次分组排序后，记录的序列已经基本有序，这时再对所有的记录实施直接插入排序。

具体步骤：假设待排序的记录有 n 个，先取整数 d<n，例如取 d=n/2，将所有距离为 d 的记录构成一组，从而将整个待排序记录序列分割成 d 个子序列，即：

{R(1),R(1+d),R(1+2d),…,R(1+kd)}

{R(2),R(2+d),R(2+2d),…,R(2+kd)}

……

{R(d),R(2d),R(3d),…,R(kd),R((k+1)d)}

对每个子序列分别进行直接插入排序，然后再缩小间隔 d，例如，取 d=d/2，重复上面的分组，再对每个子序列分别进行直接插入排序，直到最后取 d=1，再将所有记录放在一组进行一次直接插入排序，最终将所有记录排列成按关键字有序的序列。

【例 7.2】已知某班的英语成绩为{82,72,86,99,96,80,90,76,88}，试用希尔排序法对成绩从低到高进行排序。

实例分析：首先分别让每个记录参与相应子序列的排序，若分为 d 组，前 d 个记录就应该分别构成由一个记录组成的有序序列，从 d+1 个记录开始，逐一将每个记录 R(i)插入到相应组的有序序列中，其算法可以按图 7.2 所示的过程实现。

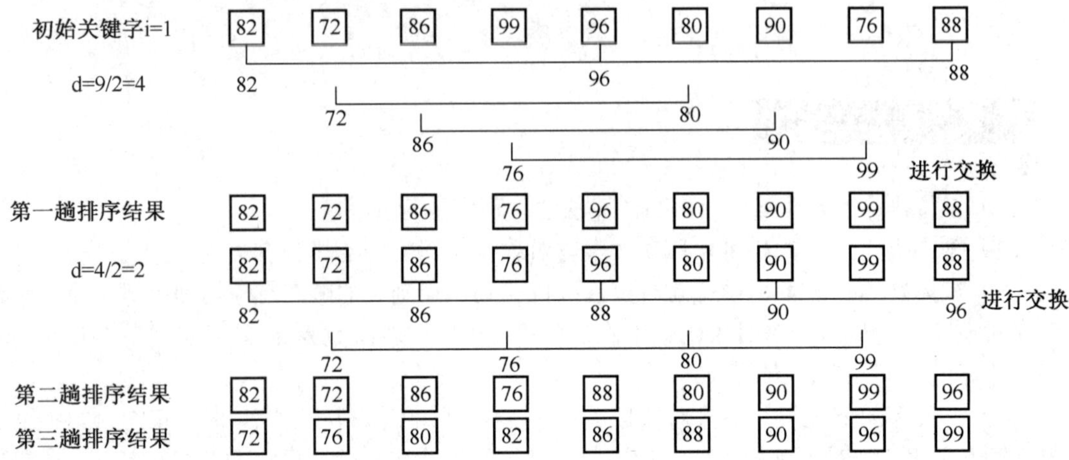

图 7.2　希尔排序过程

算法实现：

```
public class Example7_2
{   public static void main(String[] args)
     {int[] data=new int[]{82,72,86,99,96,80,90,76,88};
      System.out.print("排序前：");
      for(int i=0;i<data.length;i++)
          System.out.print(data[i]+" ");
       ShellSort(data);
      System.out.print("\n 排序后：");
      for(int i=0;i<data.length;i++)
       System.out.print(data[i]+ " ");
}
public static void ShellSort(int[] a)
{     int t,i,p;   //p 是准备进行处理的位置
      int len=a.length;
      int d=len/2;   //初始每个子序列的间隔长度
      while(d!=0)   //间隔>0 时，继续分割，减少间隔
      {  for(i=d;i<len;i++)   //对各集合进行处理
          {t=a[i];   //暂存 a[i]的值，待交换值时用
          p=i-d;   //计算进行处理的位置
          while(t<a[p]&&p>=0&&p<=len)   //进行子序列中数值的比较与交换
          {a[p+d]=a[p];
          p-=d;
          if(p<0||p>len)
              break;
              }
              a[p+d]=t;
              }
```

```
            d/=2;  //进行下次分割的间隔长度，取一半
        }
    }
}
```

程序运行结果：

```
排序前: 82 72 86 99 96 80 90 76 88
排序后: 72 76 80 82 86 88 90 96 99
```

算法分析：

（1）开始时距离 d 的值较大，子序列中的对象较少，排序速度较快；随着排序进行，d 的值逐渐变小，子序列中对象个数逐渐变多，由于前面大多数对象已基本有序，所以排序速度仍然很快。

（2）对特定的待排序对象序列，可以准确地估算排序码的比较次数和对象移动次数。

（3）希尔排序所需的比较次数和移动次数约为 $n^{1.3}$，当 n 趋于无穷时可减少到 $n(\log_2 n)^2$。

（4）希尔排序是一种不稳定的排序方法。

7.4 交换排序

【学习任务】掌握冒泡排序和快速排序的算法思想、代码实现过程及两种排序方法的特点。

交换排序是指在排序过程中，主要通过待排序记录序列中元素间关键字的比较与存储位置的交换来达到排序目的的一类排序方法。在交换的过程中，已经完成交换的记录不再参与下一趟交换，也就是说，在交换排序过程中，后一趟总是比前一趟少一个记录，元素比较的次数也减少 1 次。本节主要介绍冒泡排序和快速排序。

7.4.1 冒泡排序

算法描述：冒泡排序是一种简单的交换排序方法。它的基本思路是对所有相邻记录的关键字进行比较，如果是逆序，则将其交换，最终达到有序化。

以升序排列为例，其排序过程为：

（1）将第 n 个记录的关键字和第 n-1 个记录的关键字进行比较，若为逆序则将两个记录交换，若为正序则保持原序。

（2）将第 n-1 个记录的关键字和第 n-2 个记录的关键字进行比较，重复上述排序过程。

（3）上述（1）和（2）步的排序过程称为第一趟冒泡排序，其结果使得关键字最小的记录被安置到第 1 个记录的位置上；

（4）进行第 2 趟冒泡排序，从第 n 个记录开始至第 2 个记录进行同样的操作，其结果是使得关键字次小的记录被安置到第 2 个记录的位置上；

依此类推，第 i 趟冒泡排序是从第 n 个记录到第 i 个记录之间依次进行比较和交换。设有

n 个关键字，经过 n-1 趟比较和交换，就使得 n 个记录的关键字从小到大、自上而下的排好序了，整个过程就像气泡一个个地往上冒，故称为冒泡排序。

【例 7.3】已知某班的英语成绩为{82,72,86,99,96,80,90,76,88}，试用冒泡排序法按升序进行排序。

实例分析：

冒泡排序过程如图 7.3 所示。

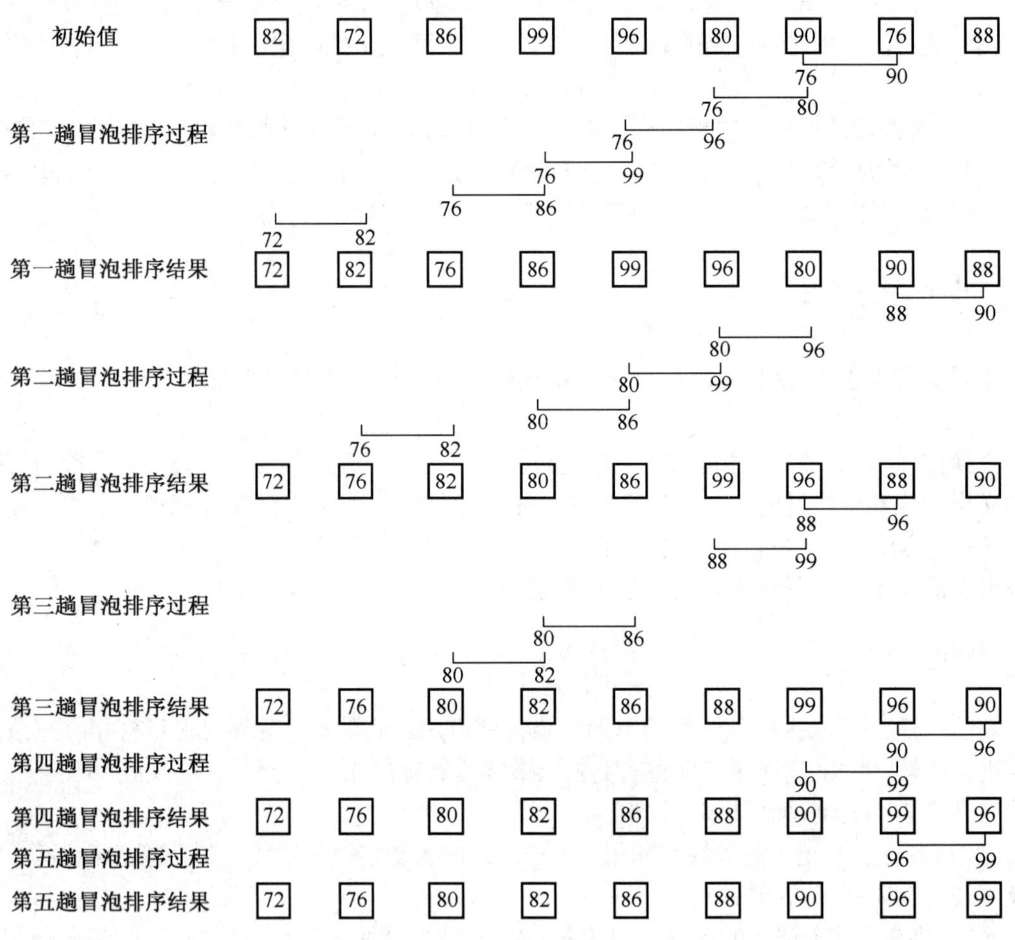

图 7.3　冒泡排序过程

算法实现：

```
public class Example7_3
{    public static void main(String[] args)
     {int[] data=new int[]{82,72,86,99,96,80,90,76,88};
      System.out.print("排序前：");
```

```
            for(int i=0;i<data.length;i++)
                System.out.print(data[i]+" ");
             bubbleSort(data);
            System.out.print("\n 排序后： ");
            for(int i=0;i<data.length;i++)
             System.out.print(data[i]+" ");
    }
    public static void bubbleSort(int[] a)
    {     int temp,i,j;
          for(i=0;i<a.length-1;i++)
          {    for(j=i+1;j<a.length;j++)
               {if(a[i]>a[j]) //第 i 个元素比其后的大，将较小的数值交换到第 i 个位置
                  {temp=a[i];
                  a[i]=a[j];
                  a[j]=temp;}
                     }
               }
          }
    }
```

程序运行结果：

```
排序前：42  20  17  13  28  14
排序后：13  14  17  20  28  42
```

算法分析：

（1）第 i 趟对待排序对象序列 a[i-1],a[i],…,a[n-1]进行排序，结果将该序列中排序码最小的对象交换到序列的第一个位置，其他对象也都向排序的最终位置移动。

（2）最多做 n-1 趟冒泡就能把所有对象排好序。

（3）在对象的初始序列已经按排序码从小到大排好序时，此算法只执行一趟冒泡，做 n-1 次排序码比较，不移动对象。这是最好的情形。

（4）最坏的情形是算法执行 n-1 趟冒泡，第 i 趟（$1 \leqslant i < n$）做 n-i 次排序码比较，执行 n-i 次对象交换。这样在最坏情形下总的排序码比较次数 KCN 和对象移动次数 RMN 为：

$$\mathrm{KCN} = \sum_{i=1}^{n-1}(n-i) = \frac{1}{2}n(n-1)$$

$$\mathrm{RMN} = 3\sum_{i=1}^{n-1}(n-i) = \frac{3}{2}n(n-1)$$

（5）冒泡排序是一个稳定的排序方法。

（6）时间复杂度为 $O(n^2)$。

7.4.2 快速排序

由于冒泡排序算法是以相邻元素进行比较和交换的，因此，若一个元素离其最终位置较远，则需要执行较多次数的比较和移动操作。是否可以改变一下比较的方式，使比较和移动操

作更少一些？快速排序算法即是对冒泡排序算法的一种改进。

算法描述：首先选定一个元素作为中间元素，然后将表中所有元素与该中间元素相比较，将表中比中间元素小的元素调到表的前面，比中间元素大的元素调到后面，再将中间元素放在这两部分之间作为分界点，由此而得到一个划分。然后再对左右两部分分别进行快速排序，即对得到的两个子表再采用相同的方式来划分和排序，直到每个子表仅有一个元素或为空表为止，此时便得到一个有序表。

也就是说，快速排序算法通过一趟排序操作将待排序序列划分成左右两部分，使得左边任意元素不大于右边任意元素，然后再分别对左右两部分进行（同样的）排序，直至整个数据表有序为止。由此可见，对数据表进行划分是快速排序算法的关键。

【例 7.4】已知某班的英语成绩为{82,72,86,99,96,80,90,76,88}，试用快速排序法从低到高进行排序。

实例分析：为实现划分，首先需要解决“中间元素”的选择。作为参考点的中间元素的选择没有特别的规定，可有多种选择方法，如选择第一个元素、中间的某个元素、最后一个元素或其他元素等。较典型的方法是选择第一个元素，本实例采用的就是选择第一个元素作为中间元素的方法。

对给定的中间元素实现划分时，需要解决的难题有按什么次序比较各元素；当发现“小（或大）”的元素要往前（后）面放置时，具体放在什么位置。下面讨论划分的具体实现（假设 s、t 分别为该表的第一个和最后一个元素的下标）。

（1）由于中间元素所占的空间有可能要被其他元素占用，因此，可先保存该中间元素到其他位置以腾出空间，执行语句“x=A[s];”。

（2）这样一来，前面便有一个空位置（用整型变量 i 指示），此时可以从表的最后往前搜索一个比中间元素小的元素，并将其放置到前面的这个空位上。

（3）此时，后面便出现一个空位置（用整型变量 j 指示），可从表的最前面开始往后搜索一个比中间元素大的元素，并将其放置到后面的这个位置上。

重复步骤（2）、（3），直到两边搜索的空位重合（即 i=j），此时说明在该空位的前面没有了比中间元素大的元素，后面没有了比中间元素小的元素，因而可将中间元素放在该空位中。

由此可知，这种方法是按照由两头向中间交替逼近的次序进行的。具体排序步骤如图 7.4 所示。

算法实现：

```
public class Example7_4
{   public static void main(String[] args)
      {int[] data=new int[]{82,72,86,99,96,80,90,76,88};
       System.out.print("排序前：");
       for(int i=0;i<data.length;i++)
       System.out.print(data[i]+" ");
       quickSort(data,0,data.length-1);
       System.out.print("\n 排序后：");
```

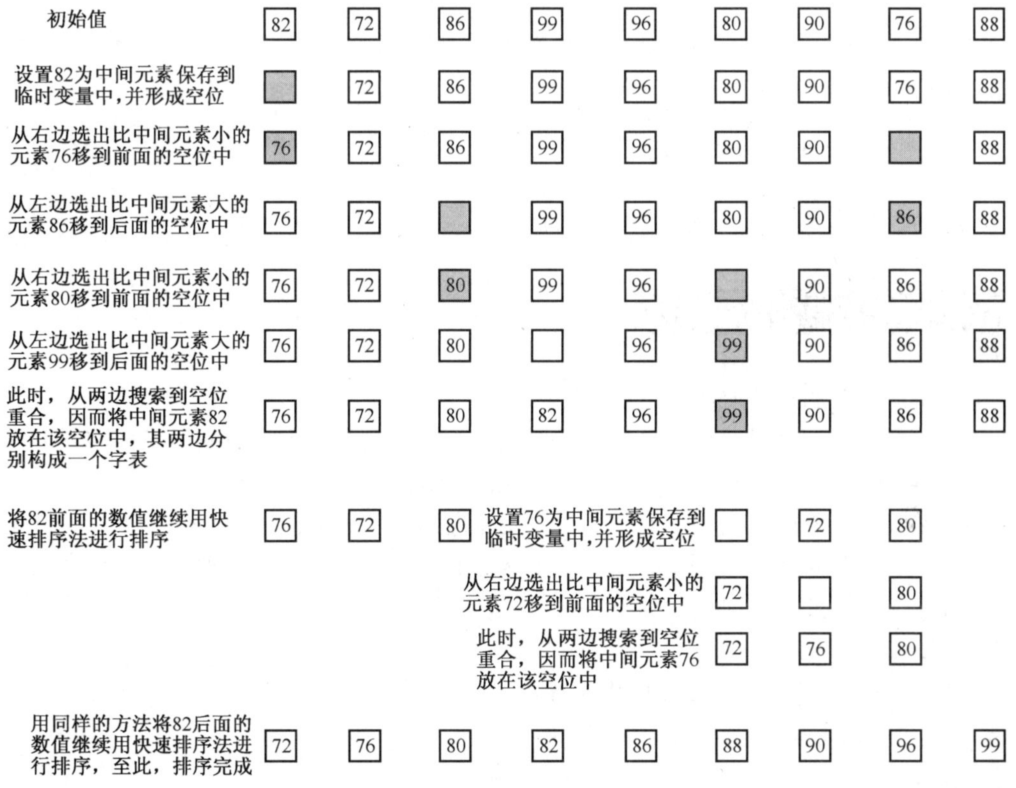

初始值
82 72 86 99 96 80 90 76 88
设置82为中间元素保存到临时变量中，并形成空位
72 86 99 96 80 90 76 88
从右边选出比中间元素小的元素76移到前面的空位中
76 72 86 99 96 80 90 88
从左边选出比中间元素大的元素86移到后面的空位中
76 72 99 96 80 90 86 88
从右边选出比中间元素小的元素80移到前面的空位中
76 72 80 99 96 90 86 88
从左边选出比中间元素大的元素99移到后面的空位中
76 72 80 96 99 90 86 88
此时，从两边搜索到空位重合，因而将中间元素82放在该空位中，其两边分别构成一个字表
76 72 80 82 96 99 90 86 88
将82前面的数值继续用快速排序法进行排序
76 72 80
设置76为中间元素保存到临时变量中，并形成空位
72 80
从右边选出比中间元素小的元素72移到前面的空位中
72 80
此时，从两边搜索到空位重合，因而将中间元素76放在该空位中
72 76 80
用同样的方法将82后面的数值继续用快速排序法进行排序，至此，排序完成
72 76 80 82 86 88 90 96 99

图 7.4　快速排序示例

```
        for(int i=0;i<data.length;i++)
        System.out.print(data[i]+" ");
  }
  public static void quickSort(int a[],int low,int high)
  {int i,j,x;
     if(low<high) //结束递归的条件
        {i=low;
         j=high;
         x=a[i];
     while(i<j)
        {while(i<j&&a[j]>x)
           j--;//从右到左找第一个小于 x 的数
        if(i<j)
       { a[i]=a[j];
        i++;
       }
         while(i<j&&a[i]<x)
         i++;//从左到右找第一个大于 x 的数
         if(i<j)
         { a[j]=a[i];
```

```
                j--;
            }
        }
        a[i]=x; //完成交换
        quickSort(a,low,i-1);//递归，计算左边子序列
        quickSort(a,i+1,high); //递归，计算右边子序列
    }
  }
}
```

程序运行结果：

```
排序前：82 72 86 99 96 80 90 76 88
排序后：72 76 80 82 86 88 90 96 99
```

算法分析：

（1）快速排序的次数取决于递归树的高度。

（2）如果每次划分对一个对象定位后，该对象的左侧子序列与右侧子序列的长度相同，则下一步将是对两个长度减半的子序列进行排序，这是最理想的情况。

（3）在 n 个元素的序列中，对一个对象定位所需时间为 O(n)。若设 t(n)是对 n 个元素的序列进行排序所需的时间，而且每次对一个对象正确定位后，正好把序列划分为长度相等的两个子序列，此时，总的计算时间为：

$T(n)\leqslant cn+2T(n/2)$ // c 是一个常数

$\leqslant cn + 2(cn/2 + 2T(n/4)) = 2cn + 4T(n/4)$

$\leqslant 2cn + 4(cn/4 +2T(n/8)) = 3cn + 8T(n/8)$

………

$\leqslant cn \log_2 n + nT(1) = O(n\log_2 n)$

可以证明，函数快速排序的平均计算时间也是 $O(n\log_2 n)$。实验结果表明：就平均计算时间而言，快速排序是所有内部排序方法中最好的一个。

（4）快速排序是递归的，需要有一个栈存放每层递归调用时的指针和参数。

（5）最大递归调用层次数与递归树的高度一致，理想情况为$\lceil \log_2(n+1) \rceil$。因此，要求存储开销为 $O(\log_2 n)$。

（6）在最坏的情况下，即在待排序对象序列已经按其排序码从小到大排好序的情况下，其递归树成为单支树，每次划分只得到一个比上一次少一个对象的子序列。总的排序码比较次数为：

$$\sum_{i=1}^{n-1}(n-i) = \frac{1}{2}n(n-1) \approx \frac{n^2}{2}$$

（7）快速排序是一种不稳定的排序方法。

7.5 选择排序

【学习任务】理解选择排序算法的基本思想，掌握直接选择排序和堆排序的算法分析和

算法实现方法。

选择排序的基本思想是：在每一趟排序中，在待排序子表中选出关键字最小或最大的元素放在其终端位置上。基于这一思想的排序方法有多种，本节主要分析直接选择排序和堆排序。

7.5.1　直接选择排序

算法描述：直接选择排序是一种简单的排序方法，它的基本步骤是：

（1）在一组对象 V[i]～V[n-1]中选择具有最小关键码的对象。

（2）若具有最小关键字的对象不是这组中的第一个对象，则将它与这组中的第一个对象对调。

（3）剔除具有最小关键字的对象，将剩下的对象重复步骤（1）、（2），直到剩余对象只有一个为止。

【例 7.5】已知某班的英语成绩为{82,72,86,99,96,80,90,76,88}，试用直接选择排序法从低到高进行排序。

实例分析：

直接选择排序的步骤如图 7.5 所示。

初始序列	82	72	86	99	96	80	90	76	88
i=0，将最小值与i=0位置上的值进行对调	72	82	86	99	96	80	90	76	88
i=1，将最小值与i=1位置上的值进行对调	72	76	86	99	96	80	90	82	88
i=2，将最小值与i=2位置上的值进行对调	72	76	80	99	96	86	90	82	88
i=3，将最小值与i=3位置上的值进行对调	72	76	80	82	96	86	90	99	88
i=4，将最小值与i=4位置上的值进行对调	72	76	80	82	86	96	90	99	88
i=5，将最小值与i=5位置上的值进行对调	72	76	80	82	86	88	90	99	96
i=6，将最小值与i=6位置上的值进行对调	72	76	80	82	86	88	90	99	96
i=7，将最小值与i=7位置上的值进行对调	72	76	80	82	86	88	90	96	99

图 7.5　直接选择排序

算法实现：

```
public class Example7_5
{   public static void main(String[] args)
      {int[] data=new int[]{82,72,86,99,96,80,90,76,88};
       System.out.print("排序前：");
```

```
            for(int i=0;i<data.length;i++)
                System.out.print(data[i]+ " ");
            selectSort(data);
            System.out.print("\n 排序后：");
            for(int i=0;i<data.length;i++)
                System.out.print(data[i]+ " ");
    }
    public static void selectSort(int[] a)
    {int index,temp,i,j;
      for(i=0;i<a.length-1;i++)
        {index=i; //选择具有最小关键字的对象
            for(j=i+1;j<a.length;j++)
            {   if(a[j]<a[index])
                index=j; //当前具有最小关键字的对象
                }
            temp=a[index]; //对换到第 i 个位置
                a[index]=a[i];
                a[i]=temp;
                }
      }
}
```

程序运行结果：

```
排序前：82 72 86 99 96 80 90 76 88
排序后：72 76 80 82 86 88 90 96 99
```

算法分析：

（1）直接选择排序的比较次数 KCN 与对象的初始排列无关。设整个待排序对象序列有 n 个对象，则第 i 趟选择具有最小关键字对象所需的比较次数总是 n-i-1 次，则总的排序码比较次数为：

$$KCN = \sum_{i=0}^{n-2}(n-i-1) = \frac{n(n-1)}{2}$$

（2）对象的移动次数与对象序列的初始排列有关。当这组对象的初始状态是按其排序码从小到大有序排列的时候，对象的移动次数最少，RMN = 0。

（3）最坏情况是每一趟都要进行交换，总的对象移动次数为 RMN = 3(n-1)。

（4）直接选择排序是一种不稳定的排序方法。

7.5.2　堆排序

算法描述：直接选择排序算法需要进行多次的比较操作，并且其中包含了多次重复性比较。堆排序（heap sort）是对直接选择排序的改进。堆排序是基于完全二叉树的选择排序，在排序过程中，将待排序序列看成是一棵完全二叉树的顺序存储结构，利用完全二叉树中双亲结点以及孩子结点之间的内在关系来选择最小（或最大）元素。

堆的定义：具有 n 个元素的待排序序列$\{R_1,R_2,\ldots,R_n\}$，其关键字序列为$\{K_1,K_2,\ldots,K_n\}$，当

且仅当满足下列条件之一时，该序列才被称为堆。

（1）$K_i \leqslant K_{2i}(2i \leqslant n)$，且 $K_i \leqslant K_{2i+1}$（$2i+1 \leqslant n$）。

（2）$K_i \geqslant K_{2i}(2i \leqslant n)$，且 $K_i \geqslant K_{2i+1}$（$2i+1 \leqslant n$）。

当一个序列满足条件（1）时，称为小根堆，适合从小到大的排序；满足条件（2）时，称为大根堆，适合从大到小的排序。

【例 7.6】已知某班的英语成绩为{82,72,86,99,96,80,90,76,88}，试用堆排序法从低到高进行排序。

实例分析：

堆排序过程分析如下。

（1）对待排序序列{82,72,86,99,96,80,90,76,88}初始建堆，如图 7.6 所示。

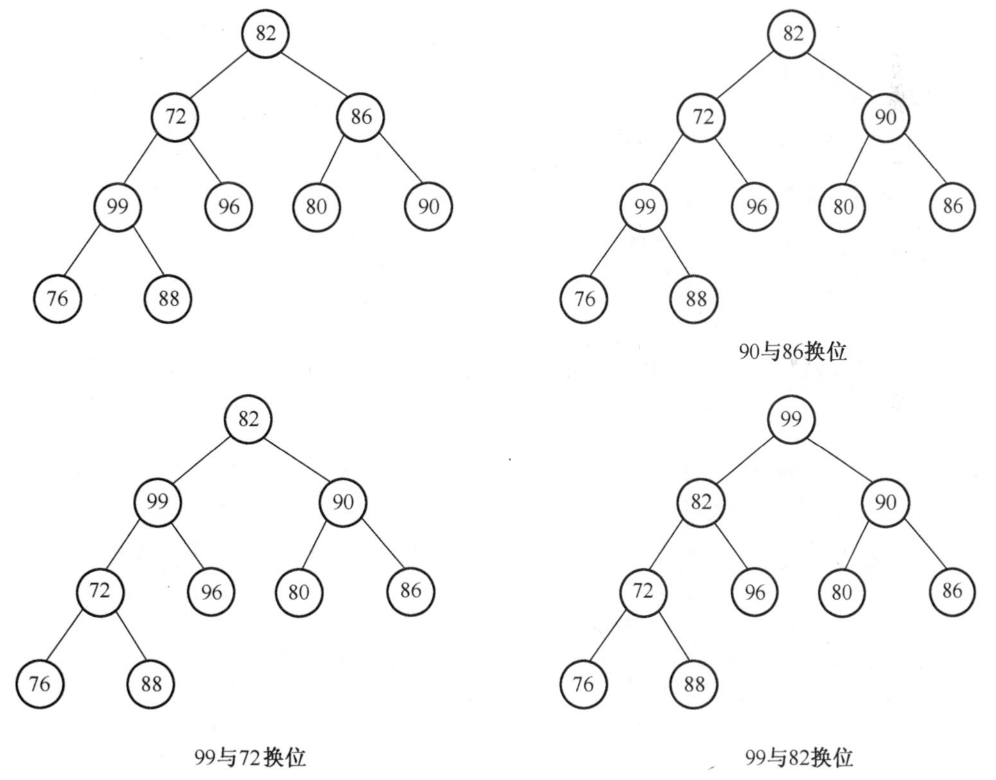

图 7.6 初始建堆过程

（2）堆排序。利用堆及其运算，可以很容易地实现选择排序的思路。堆排序分为两个步骤。

步骤 1，根据初始输入数据，利用堆的调整算法，形成初始堆。

步骤 2，通过一系列的对象交换和重新调整对堆进行排序。输出堆顶元素后用堆中最后一个元素替代，再自上而下调整。调整时堆顶元素和左右子结点比较，若大于左右子结点则和左右子结点中较小的交换，直至为叶子结点。堆排序过程如图 7.7 所示。

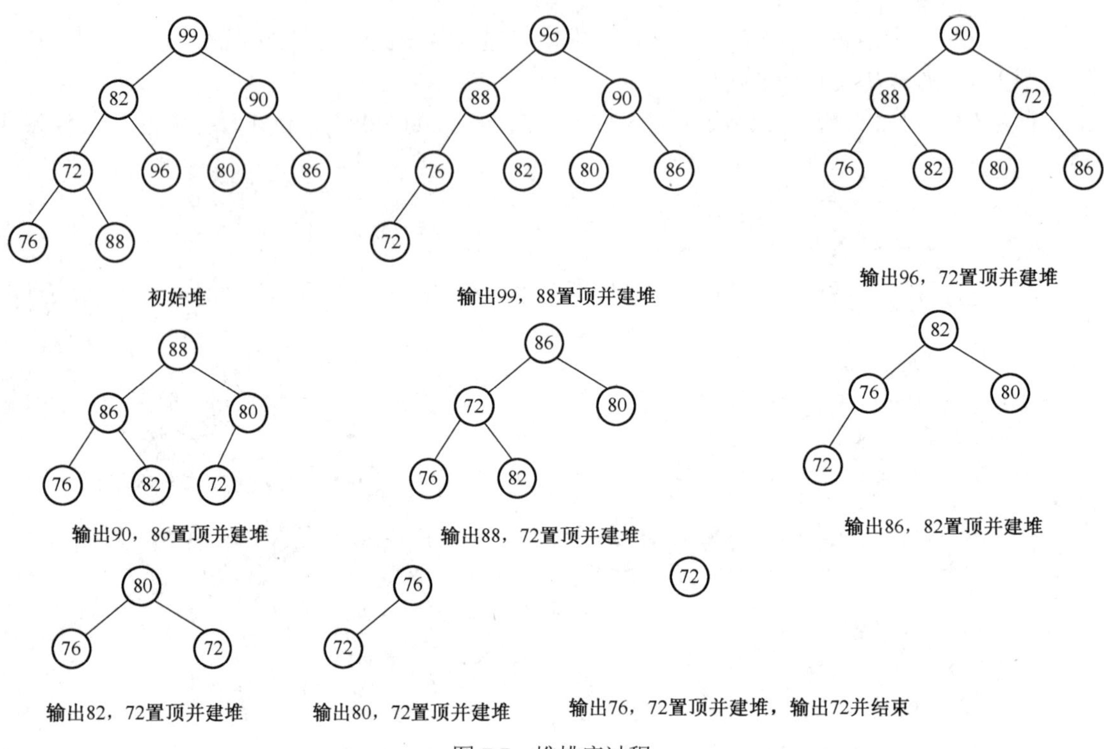

图 7.7　堆排序过程

算法实现：由于堆排序的每一趟都在重复建堆和调整堆结构，因此，堆排序操作是通过建堆、堆的排序和调整来实现的。

```
public class Example7_6
{   public static void main(String[] args)
      {int[] data=new int[]{82,72,86,99,96,80,90,76,88};
       System.out.print("排序前：");
       for(int i=0;i<data.length;i++)
            System.out.print(data[i]+" ");
       HeapSort(data);
       System.out.print("\n 排序后：");
       for(int i=0;i<data.length;i++)
       System.out.print(data[i]+" ");
}
public static void HeapSort(int[] a)
      {int i,temp;
       int n=a.length;
```

```
        for(i=n/2-1;i>=0;i--)   //堆的建立
         createHeap(a,i,a.length);
        for(i=n-1;i>=1;i--)   //堆的排序
         {temp=a[0];a[0]=a[i];a[i]=temp;
         createHeap(a,0,i);}
    }
  public static void createHeap(int[] c,int n,int m)// 堆的调整
       {int j,temp=c[n];
        for(j=2*n+1;j<m;j=2*j+1)
         { if(j+1<m&&c[j]<c[j+1])
            j++;
            if(c[j]<=temp)
             break;
            c[n]=c[j];
            n=j;}
         c[n]=temp;}
  }
```

程序运行结果：

```
排序前: 82 72 86 99 96 80 90 76 88
排序后: 72 76 80 82 86 88 90 96 99
```

算法分析：若设堆中有 n 个结点，且 2k-1≤n≤2k，则对应的完全二叉树有 k 层。在第 i 层上的结点数为 2i（i = 0, 1, …, k-1）。在第一个形成初始堆的 for 循环中对每一个非叶子结点调用了一次堆调整算法 createHeap()，因此该循环所用的计算时间为：

$$2\sum_{i=0}^{k-2}2^{i}(k-i-1)$$

其中，i 是层序号，2i 是第 i 层的最大结点数，(k-i-1)是第 i 层结点能够移动的最大距离。

$$2\sum_{i=0}^{k-2}2^{i}(k-i-1)=2\cdot\sum_{j=0}^{k-1}2^{k-j-1}\cdot j=2\cdot 2^{k-1}\sum_{j=1}^{k-1}\frac{j}{2^{j}}\leqslant 2\cdot n\sum_{j=1}^{k-1}\frac{j}{2^{j}}<4n$$

第二个 for 循环中调用了 n-1 次 createHeap()算法，该循环的计算时间为 $O(n\log_2 n)$。因此，堆排序的时间复杂度为 $O(n\log_2 n)$。

该算法的附加存储空间主要是在第二个 for 循环中用来执行对象交换时所用的一个临时空间。因此，该算法的空间复杂度为 O(1)。

堆排序是一种不稳定的排序方法。

7.6 其他排序

【学习任务】理解归并排序和基数排序的定义及其提高排序效率的思想，掌握排序构造方法和算法实现。

7.6.1 归并排序

算法描述：归并排序（merging sort）就是将两个或两个以上的有序表合并成一个有序表的过程。将两个有序表合并成一个有序表的过程称为二路归并，二路归并最为简单和常用。

归并排序算法的思想：假设初始序列含有 n 个记录，则可看成是 n 个有序的子序列，每个子序列的长度为 1，然后两两归并，得到 n/2 个长度为 2 或 1 的有序子序列；再两两归并，……，如此重复，直至得到一个长度为 n 的有序序列为止。

【例 7.7】已知某班的英语成绩为{82,72,86,99,96,80,90,76,88}，给出用二路归并排序法进行排序的过程。

实例分析：二路归并排序的过程如图 7.8 所示。

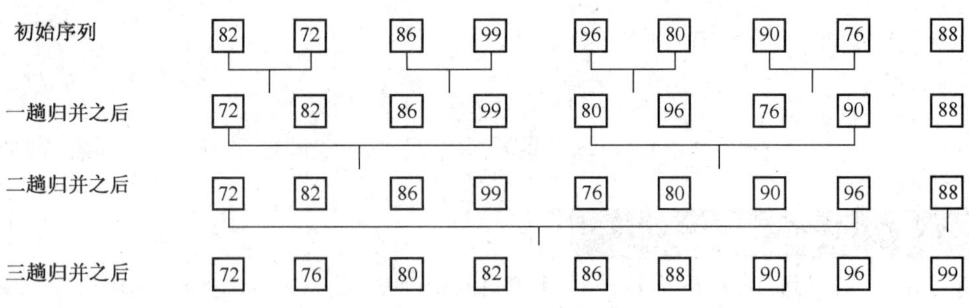

图 7.8　二路归并排序的过程

算法实现：

```
public class Example7_7
  { public static void main(String[] args)
      {int[] data=new int[]{82,72,86,99,96,80,90,76,88};
       int[] data1=new int[9];
        System.out.print("排序前：");
        for(int i=0;i<data.length;i++)
            System.out.print(data[i]+" ");
        int m;
        m=data.length;
        mergeSort(data,data1,m);
        System.out.print("\n 排序后：");
        for(int i=0;i<data.length;i++)
              System.out.print(data[i]+"    ");
      }
      public static void mergeSort(int[]data,int[]data1,int n)//按对象排序码非递减的顺序对表中对象排序
      {int len=1;
       while(len<n)
          {MergePass(data,data1,len);//归并
           len*=2;
           MergePass(data1,data,len);
```

```
            len*=2;}
        }
    public static void MergePass(int[] data,int[] data1,int len)
    {int i=0,n=data.length;
     while(i+2*len-1<=n-1){
        merge(data,data1,i,i+len-1,i+2*len-1);
         i+=2*len;}//循环两两归并
     if(i+len<=n-1)
        merge(data,data1,i,i+len-1,n-1);
     else for(int j=i;j<=n-1;j++)
        data1[j]=data[j];
    }
   public static void merge(int[]data,int[] data1,int left,int mid,int      right)
    { int i = left, j = mid+1, k = left;
       while ( i <= mid && j <= right ) //两两比较将较小的并入
          if ( data[i] <= data[j] )
          {data1[k] = data[i]; i++; k++; }
             else
               { data1[k] = data[j]; j++; k++; }
       while ( i <= mid )
          { data1[k] =data[i]; i++; k++; }//将 mid 前剩余的并入
       while ( j <= right )
        { data1[k] = data[j]; j++; k++; } //将 mid 后剩余的并入
    }
}
```

程序运行结果：

```
排序前：82 72 86 99 96 80 90 76 88
排序后：72 76 80 82 86 88 90 96 99
```

算法分析：

（1）在二路归并排序算法中，算法总的时间复杂度为 $O(n\log_2 n)$。

（2）二路归并排序占用附加存储较多，需要另外一个与原待排序对象数组同样大小的辅助数组。这是此算法的缺点。

（3）归并排序是一种稳定的排序方法。

7.6.2　基数排序

算法描述：基数排序（radix sorting）是和前面所述各类排序方法完全不相同的一种方法。前述各类排序方法都建立在关键字比较的基础上，而基数排序不比较关键字的大小，它是根据关键字中各位的值，通过对待排序记录进行若干趟“分配”与“收集”来实现排序的，是一种借助于多关键字排序的思想对单关键字排序的方法。

1. 多关键字排序

算法描述：一般情况下，假定有 n 个对象的一个序列$\{v_0,v_1,\cdots,v_{n-1}\}$，且每个对象 v_i 中含有 d 个关键字$\{k_i^1,k_i^2,\ldots,k_i^d\}$。如果对于序列中任意两个对象 v_i 和 $v_j(0\leqslant i<j\leqslant n-1)$都满足：

$$(k_i^1,k_i^2,\ldots,k_i^d)<(k_j^1,k_j^2,\ldots,k_j^d)$$

则称序列对关键字$(k^1,k^2,\ldots,k^d)$有序。其中，k^1 称为最高位关键字，k^d 称为最低位关键字。如果关键字是由多个数据项组成的数据项组，则依据它进行排序时就需要利用多关键字排序。实现多关键字排序有两种常用方法，一种方法是最高位优先 MSD（Most Significant Digit first），另一种方法是最低位优先 LSD（Least Significant Digit first）。

方法 1：最高位优先法，即先对最高位关键字 k^1 进行排序，将序列分成若干子序列，每个子序列有相同的 k^1 值；然后让每个子序列对次关键字 k^2 进行排序，又分成若干更小的子序列；依次重复，直至就每个子序列对最低位关键字 k^d 排序；最后将所有子序列依次连接在一起成为一个有序序列。

方法 2：最低位优先法，即从最低位关键字 k^d 起进行排序，然后再对高一位的关键字排序，依次重复，直至对最高位关键字 k^1 排序后便成为一个有序序列。

两种方法的比较：按 MSD 进行排序，必须将序列逐层分割成若干子序列，然后对各子序列分别进行排序；而按 LSD 进行排序时，不必分成子序列，对每个关键字都是整个序列参加排序，但每一趟只能使用稳定的排序方法，也可以通过若干次“分配”和“收集”来实现排序。

【例 7.8】以扑克牌排序为例，分析多关键字排序方式。

实例分析：每张扑克牌有两个“关键字”，花色和面值。其有序关系如下。

花色为♠、♣、♥、♦，面值为 2<3<4<5<6<7<8<9<10<J<Q<K<A。并且“花色”地位高于“面值”，如果我们把 52 张扑克牌按以下次序排序：

♣2<♣3<……<♣A<♦2<♦3<……<♦A<♥2<♥3<……<♥A<♠2<♠3<……<♠A

排序后形成的有序序列叫做字典有序序列。也可以先按面值排序，再按花色排序。

2. 链式基数排序

算法描述：用链表作为存储结构的基数排序。设置 10 个队列，f[i]和 e[i]分别为第 i 个队列的头指针和尾指针，第一趟对最低位关键字（个位）进行分配。改变记录的指针值，将链表中记录分配至 10 个链队列中，每个队列记录的关键字的个位相同。第一趟收集改变所有非空队列的队尾记录的指针域，令其指向下一个非空队列的队头记录，重新将 10 个队列连成一个链表，重复上述两步，进行第二趟、第三趟分配和收集，分别对十位、百位进行分配和收集，最后得到一个有序序列。

【例 7.9】已知某班的英语成绩为{82,72,86,99,96,80,90,76,88}，给出用链式基数排序法进行排序的过程。

实例分析：设置 10 个队列，f[i]和 e[i]分别为第 i 个队列的头指针和尾指针，第一趟对最低位关键字（个位）进行分配，改变记录的指针值，将链表中记录分配至 10 个链队列中，每个队列记录的关键字的个位相同，第一趟收集是改变所有非空队列的队尾记录的指针域，令其指向下一个非空队列的队头记录，重新将 10 个队列链成一个链表，重复上述两步，对十位进行第二趟分配和收集，最后得到一个有序序列如图 7.9 所示。

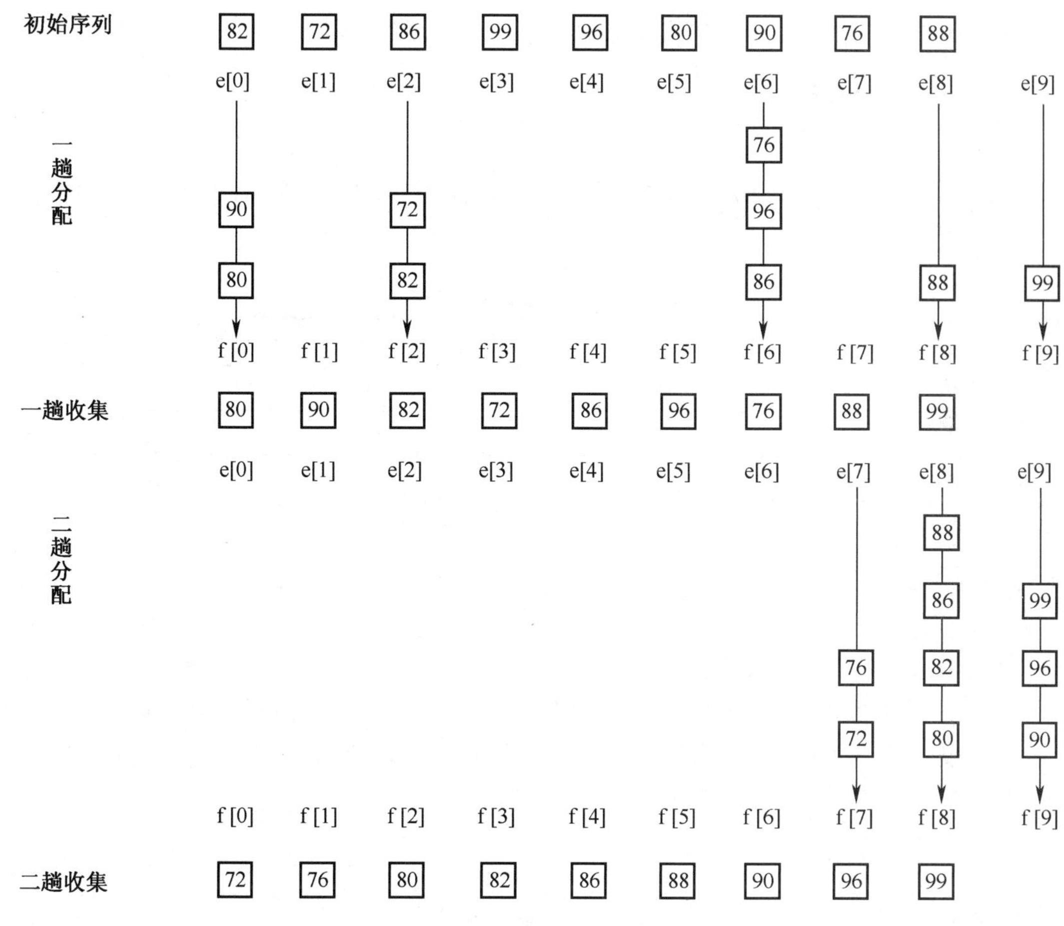

图 7.9　链式基数排序

算法分析：有 n 个待排序记录，其中每个记录含 d 个关键字，每个关键字取值范围为 rd。

（1）每一趟分配的时间复杂度 O(n)，每一趟收集的时间复杂度为 O(rd)，所以进行链式基数排序的时间复杂度为 O(n+rd)；整个排序需要进行 d 趟分配和收集，故整个排序的时间复杂度为 O(d(n+rd))。

（2）在排序的时候，需要 rd 个队列的头指针和尾指针，故算法所需要的辅助空间为 2rd 个。

（3）链式基数排序是稳定的。链式基数排序只适用于字符串和整数这类有明显结构特征的关键字，且适用于 n 较大，d 较小的场合。

7.7 应用举例

【学习任务】在学习了各种排序算法的前提下，掌握各种排序方法的算法实现和程序应用。

7.7.1 学生成绩查询结果排序

【问题描述】

现有 5 位同学的各科成绩及总成绩，如表 7.2 所示，利用排序算法完成学生成绩查询结果排序。

表 7.2 学生成绩查询结果

姓名	学号	计算机基础	Java 语言程序设计	计算机网络技术	总成绩
李紫阳	01	99	100	99	298
胡瑞轩	02	90	89	95	274
李岳霖	03	89	88	92	269
田蕊	04	78	67	91	236
张亮	05	91	76	92	259

【算法思想】

用数组存放 5 位同学的成绩数据，分别声明 max、min、sum 和 ave 变量，表示最大值、最小值、和、平均值，把第一个数组元素的值赋给 max 和 min，然后利用循环依次让 max 和 min 与数组中的每一个元素进行比较，必要时对 max 和 min 进行重新赋值，同时在循环过程中对数组元素进行求和，便于循环结束后求平均值。

【算法实现】

```
import java.io.*;
import java.util.Scanner;
public class example7_8{
public static void main(String[] args)throws IOException
     {int s;
      String name[]={"李紫阳","胡瑞轩","李岳霖","田蕊","张亮"};
      String cour[]={"计算机基础","Java 语言程序设计","计算机网络技术"};
      String num[]={"01","02","03","04","05"};
      int c[][]={{99,100,99},{90,89,95},{89,88,92},{78,67,91},{91,76,92}};
      int cs[]=new int[name.length];
      System.out.print("姓名");
      System.out.print("学号");
      for(int i=0;i<cour.length;i++)
           System.out.print(cour[i]+"    ");
       System.out.print("总分\n");
      for(int i=0;i<name.length;i++)
```

```
        {cs[i]=0;
          for(int j=0;j<cour.length;j++)
            cs[i]+=c[i][j];}
      bubbleSort(cs,name,cour,num,c);}


   public static void bubbleSort(int[] a,String[] name,String[] cour,String[] num,int[][] c)
   { int temp,i,j;
    int n[]={0,1,2,3,4};
    for(i=0;i<a.length-1;i++)
      {   for(j=i+1;j<a.length;j++)
          {if(a[i]>a[j])
            {temp=n[i];
             n[i]=n[j];
             n[j]=temp;
             temp=a[i];
             a[i]=a[j];
             a[j]=temp;}
          }
   }

   for(i=0;i<a.length;i++)
   {int t=n[i];
    System.out.print(name[t]+"\t");
    System.out.print(num[t]+"\t");
    for(j=0;j<cour.length;j++)
    System.out.print(c[t][j]+"\t\t");
    System.out.print(a[i]+"\n");
   }
  }
}
```

程序运行结果：

```
姓名  学号  计算机基础  Java语言程序设计  计算机网络技术    总分
田蕊   04      78            67              91            236
张亮   05      91            76              92            259
李岳霖 03      89            88              92            269
胡瑞轩 02      90            89              95            274
李紫阳 01      99           100              99            298
```

7.7.2 设置高端监视哨

【问题描述】

已知一组记录的初始排列为{42,20,17,13,28,14}，请设置高端监视哨改写直接排序算法，将初始序列按升序排列。

【算法思想】

该算法中，待排序的记录是从 data[1] 开始存放的，而 data[0]起监视哨的作用，在每一趟插入排序前，将待插记录 data[i]复制到 data[0]中。

【算法实现】

```
import java.io.*;
import java.util.*;
public class Example7_9
   {  public static void main(String[] args)throws IOException
      { int[] data=new int[10];
        BufferedReader br=new BufferedReader(new InputStreamReader(System.in));
        int m=1,num=0,i=1;
        while(m==1)
         {System.out.print("\n 请输入数组元素的值：");
          data[i]=Integer.parseInt(br.readLine());
          i++;
          num++;
          System.out.print("如需退出请按“0”键，继续请按“1”键！");
          m=Integer.parseInt(br.readLine());}
        System.out.print("排序前：");
        for(i=1;i<=num;i++)
        System.out.print(data[i]+" ");
        insertSort(data,num);
        System.out.print("\n 排序后：");
        for(i=1;i<=num;i++)
           System.out.print(data[i]+" ");
      }
     public static void insertSort(int[] a,int n)
      { int temp,i,j;
       for(i=1;i<=n;i++)
       {if(a[i]<a[i-1])
        {a[0]=a[i];
         for(j=i-1;a[0]<a[j];--j)
           a[j+1]=a[j];
           a[j+1]=a[0];}
       }
      }
}
```

程序运行结果：

```
请输入数组元素的值：42
如需退出请按“0”键，继续请按“1”键！1

请输入数组元素的值：20
如需退出请按“0”键，继续请按“1”键！1

请输入数组元素的值：17
如需退出请按“0”键，继续请按“1”键！1

请输入数组元素的值：13
如需退出请按“0”键，继续请按“1”键！1

请输入数组元素的值：28
如需退出请按“0”键，继续请按“1”键！1

请输入数组元素的值：14
如需退出请按“0”键，继续请按“1”键！0
排序前：42 20 17 13 28 14
排序后：13 14 17 20 28 42
```

7.8　小结

本模块共介绍了 8 种内部排序方法，比较各种排序方法的比较如表 7.3 所示。

表 7.3　8 种排序方法的比较

排序方法	时间复杂度			空间复杂度	稳定性
	最好情况	最坏情况	平均情况		
直接插入排序	$O(n)$	$O(n^2)$	$O(n^2)$	$O(1)$	稳定
希尔排序	$O(n^{1.3})$	$O(n^2)$	$O(n\log_2 n)\sim O(n^2)$	$O(1)$	不稳定
冒泡排序	$O(n)$	$O(n^{2)}$	$O(n^2)$	$O(1)$	稳定
快速排序	$O(n\log_2 n)$	$O(n^2)$	$O(n\log_2 n)$	$O(n\log_2 n)$	不稳定
直接选择排序	$O(n^2)$	$O(n^2)$	$O(n^2)$	$O(1)$	稳定
堆排序	$O(n\log_2 n)$	$O(n\log_2)n$	$O(n\log_2 n)$	$O(1)$	不稳定
归并排序	$O(n\log_2 n)$	$O(n\log_2)n$	$O(n\log_2 n)$	$O(n)$	稳定
基数排序	$O(d(n+rd))$	$O(d(n+rd))$	$O(d(n+rd))$	$O(n+rd)$	稳定

从表中的时间复杂度的平均情况来看，直接插入排序、冒泡排序和直接选择排序的速度较慢，而其他排序方法的速度较快。从算法实现的角度来看，速度较慢的算法实现过程比较简单，称为简单的排序方法；而速度较快的算法可以看作是对某一排序算法的改进，称为先进的排序方法，但这些算法实现的过程比较复杂。总的来看，各种排序算法各有优缺点，没有哪一种是绝对最优的。在使用时需根据不同情况适当选用，也可将多种方法结合起来使用。选用算法时一般综合考虑以下因素：

（1）待排序的记录个数。

（2）记录本身的大小。

（3）关键字的结构及初始状态。

（4）对排序稳定性的要求。

（5）存储结构。

根据这些因素和表 7.3 所做的比较，可以得出以下几点结论。

（1）当待排序的记录个数 n 较小时，n^2 和 $n\log_2 n$ 的差别不大，可选用简单的排序方法。而当关键字基本有序时，可选用直接插入排序或冒泡排序，排序速度很快，其中直接插入排序最为简单常用、性能最佳。

（2）当 n 较大时，应该选用先进的排序方法。对于先进的排序方法，从平均时间性能而言，快速排序最佳，是目前基于比较的排序方法中最好的方法。但在最坏情况下，即当关键字基本有序时，快速排序的递归深度为 n，时间复杂度为 $O(n^2)$，空间复杂度为 $O(n)$。堆排序和归并排序不会出现快速排序的最坏情况，但归并排序的辅助空间较大。这样，当 n 较大时，具体选用的原则是：

1）当关键字分布随机，稳定性不做要求时，可采用快速排序。

2）当关键字基本有序，稳定性不做要求时，可采用堆排序。

3）当关键字基本有序，内存允许且要求排序稳定时，可采用归并排序。

（3）可以将简单的排序方法和先进的排序方法结合使用。例如，当 n 较大时，可以先将待排序序列划分成若干子序列，分别进行直接插入排序，然后再利用归并排序，将有序子序列合并成一个完整的有序序列。或者在快速排序中，当划分子序列的长度小于某值时，可以转而调用直接插入排序算法。

（4）基数排序的时间复杂度也可写成 O(dn)。因此，它最适用于 n 值很大而关键字较小的序列。若关键字也很大，而序列中大多数记录的“最高位关键字”均不同，则亦可先按“最高位关键字”不同将序列分成若干“小”的子序列，而后进行直接插入排序。但基数排序使用条件有严格的要求：需要知道各级关键字的主次关系和各级关键字的取值范围，即只适用于像整数和字符这类有明显结构特征的关键字，当关键字的取值范围为无穷集合时，则无法使用基数排序。

（5）由于大多数情况下排序是按记录的主关键字进行的，与排序方法是否稳定无关。若排序按记录的次关键字进行，则必须采用稳定的排序方法。一般来说，如果排序过程中的“比较”是在“相邻的两个记录关键字”间进行的，则排序方法是稳定的。稳定性是由方法本身决定的，证明一种排序方法是稳定的，要从算法本身的步骤中加以证明；而证明排序方法是不是稳定的，只需举出一个不稳定的实例来说明即可。

（6）本模块讨论的排序方法中，多数是采用顺序表实现的。若记录本身信息量较大，为避免移动记录耗费大量时间，可采用链式存储结构。比如直接插入排序、归并排序都易于在链表上实现。但像希尔排序、快速排序和堆排序，却难于在链表上实现。

本模块要求掌握与排序相关的基本概念，如：关键字比较次数、数据移动次数、稳定性。深刻理解各种排序方法的基本思想、特点、实现方法及其性能分析，能从时间、空间、稳定性各个方面对各种排序方法作综合比较，并能加以灵活应用。

7.9 知识巩固

7.9.1 理论知识

一、判断题

1．当待排序的元素很大时，为了交换元素的位置，移动元素要占用较多的时间，这是影响时间复杂度的主要因素。（　）

2．内部排序要求数据一定要以顺序方式存储。 （ ）

3．排序算法中的比较次数与初始元素序列的排列无关。 （ ）

4．排序的稳定性是指排序算法中的比较次数保持不变，且算法能够终止。 （ ）

5．在执行某个排序算法的过程中，出现了排序码朝着最终排序序列位置相反方向移动的情况，则该算法是不稳定的。 （ ）

6．直接选择排序算法在最好情况下的时间复杂度为 O(N)。 （ ）

7．二分法插入排序所需比较次数与待排序记录的初始排列状态相关。 （ ）

8．在初始数据表已经有序时，快速排序算法的时间复杂度为 $O(n\log_2 n)$。 （ ）

9．在待排数据基本有序的情况下，快速排序效果最好。 （ ）

10．当待排序记录已经从小到大排序或者已经从大到小排序时，快速排序的执行时间最省。 （ ）

11．快速排序的速度在所有排序方法中最快，而且所需附加空间也最少。 （ ）

12．堆肯定是一棵平衡二叉树。 （ ）

13．堆是满二叉树。 （ ）

14．（101,88,46,70,34,39,45,58,66,10）是堆。 （ ）

15．在用堆排序算法排序时，如果要进行增序排序，则需要采用“大根堆”。 （ ）

16．堆排序是稳定的排序方法。 （ ）

17．归并排序辅助存储为 O(1)。 （ ）

18．在分配排序时，最高位优先分配法比最低位优先分配法简单。 （ ）

19．冒泡排序和快速排序都是基于交换两个逆序元素位置的排序方法，冒泡排序算法的最坏时间复杂度是 $O(n^2)$，而快速排序算法的最坏时间复杂度是 $O(n\log_2 n)$，所以快速排序比冒泡排序算法效率更高。 （ ）

二、填空题

1．若不考虑基数排序，则在排序过程中，主要进行的两种基本操作是关键字的________和记录的________。

2．外部排序的基本操作过程是________和________。

3．不受待排序初始序列的影响，时间复杂度为 $O(n^2)$的排序算法是________，在排序算法的最后一趟开始之前，所有元素都可能不在其最终位置上的排序算法是________。

4．直接插入排序用监视哨的作用是________。

5．对 n 个记录的表 r[1..n]进行简单选择排序，所需进行的关键字间的比较次数为________。

6．设用希尔排序对数组{98,36,-9,0,47,23,1,8,10,7}进行排序，给出的步长（也称增量序列）依次是 4，2，1，则排序需________趟，写出第一趟结束后，数组中数据的排列次序________。

7．从平均时间性能而言，________排序最佳。

8．对于 7 个元素的集合{1,2,3,4,5,6,7}进行快速排序，具有最小比较和交换次数的初始排列次序为________。

9．快速排序在________的情况下最易发挥其长处。

三、选择题

1．某内部排序方法的稳定性是指（　　）。

A．该排序算法不允许有相同的关键字记录

B．该排序算法允许有相同的关键字记录

C．平均时间为 $O(n\log_2 n)$的排序方法

D．以上都不对

2．下面给出的四种排序法中，（　　）排序法是不稳定的排序法。

A．插入　　B．冒泡　　C．二路归并　　D．堆

3．稳定的排序方法是（　　）。

A．直接插入排序和快速排序　　B．折半插入排序和冒泡排序

C．直接选择排序和四路归并排序　　D．树形选择排序和希尔排序

4．若需在 $O(n\log_2 n)$的时间内完成对数组的排序，且要求排序是稳定的，则可选择的排序方法是（　　）。

A．快速排序　　B．堆排序　　C．归并排序　　D．直接插入排序

5．下列内部排序算法中：

A．快速排序　　B．直接插入排序

C．二路归并排序　　D．简单选择排序

E．起泡排序　　F．堆排序

（1）其比较次数与序列初始状态无关的算法是（　　）；

（2）不稳定的排序算法是（　　）；

（3）在初始序列已基本有序（除去 n 个元素中的某 k 个元素后即呈有序，k<<n）的情况下，排序效率最高的算法是（　　）；

（4）排序的平均时间复杂度为 $O(n\log_2 n)$的算法是（　　），为 $O(n^2)$的算法是（　　）。

6．排序趟数与序列的初始状态有关的排序方法是（　　）排序法。

A．插入　　B．选择　　C．冒泡　　D．快速

7．下面给出的四种排序方法中，排序过程中的比较次数与排序方法无关的是（　　）。

A．选择排序法　　B．插入排序法

C．快速排序法　　D．堆积排序法

8．在下列排序算法中，哪一个算法的时间复杂度与初始序列无关（　　）。

A．直接插入排序　　B．冒泡排序

C．快速排序　　D．直接选择排序

9．数据序列(8,9,10,4,5,6,20,1,2)只能是下列排序算法中的（　）的两趟排序后的结果。

A．选择排序　B．冒泡排序　C．插入排序　D．堆排序

10．对一组数据(84,47,25,15,21)排序，数据的排列次序在排序过程中的变化为：（1）84 47 25 15 21，（2）15 47 25 84 21，（3）15 21 25 84 47，（4）15 21 25 47 84，则采用的排序方法是（　）。

A．选择　B．冒泡　C．快速　D．插入

11．对序列{15,9,7,8,20,-1,4}进行排序，进行一趟后数据的排列变为{4,9,-1,8,20,7,15}，则采用的是（　）排序。

A．选择　B．快速　C．希尔　D．冒泡

12．若上题的数据经一趟排序后的排列为{9,15,7,8,20,-1,4}，则采用的是（　）排序。

A．选择　B．堆　C．直接插入　D．冒泡

13．下列序列中，（　）是执行第一趟快速排序后所得的序列。

A．[68,11,18,69]　[23,93,73]　B．[68,11,69,23]　[18,93,73]

C．[93,73]　[68,11,69,23,18]　D．[68,11,69,23,18]　[93,73]

14．有一组数据(15,9,7,8,20,-1,7,4)，用快速排序的划分方法进行一趟划分后数据的排序为（　）（按递增序）。

A．B，C，D 都不对　B．9,7,8,4,-1,7,15,20

C．20,15,8,9,7,-1,4,7　D．9,4,7,8,7,-1,15,20

15．下列排序算法中，在待排序数据已有序时，花费时间反而最多的是（　）排序。

A．冒泡　B．希尔　C．快速　D．堆

16．下列排序算法中，在每一趟都能选出一个元素放到其最终位置上，并且其时间性能受数据初始特性影响的是（　）。

A．直接插入排序　B．快速排序

C．直接选择排序　D．堆排序

17．对初始状态为递增序列的表按递增顺序排序，最省时间的是（　）算法，最费时间的是（　）算法。

A．堆排序　B．快速排序

C．插入排序　D．归并排序

18．就平均性能而言，目前最好的内部排序方法是（　）排序法。

A．冒泡　B．希尔插入　C．交换　D．快速

19．如果只想得到 1000 个元素组成的序列中第 5 个最小元素之前的部分排序的序列，用（　）方法最快。

A．起泡排序　B．快速排列　C．Shell 排序　D．堆排序

E．简单选择排序

四、应用题

1．对于给定的一组记录的关键字：23,13,17,21,30,60,58,28,30,90。试分别写出用下列排序方法对其进行排序时，每一趟排序后的结果：

（1）直接插入排序

（2）希尔排序

（3）冒泡排序

（4）直接选择排序

（5）快速排序

（6）堆排序

（7）归并排序

2．已知某文件的记录关键字集为{50,10,50,40,45,85,80}，选择一种从平均性能而言最佳的排序方法进行排序，且说明其稳定性。。

3．已知一关键码序列为：3,87,12,61,70,97,26,45。试根据堆排序原理，填写完整下列各步骤结果。

建立堆结构：____________。

交换与调整：

（1）87 70 26 61 45 12 3 97;（2）____________________;

（3）61 45 26 3 12 70 87 97;（4）____________________;

（5）26 12 3 45 61 70 87 97;（6）____________________;

（7）3 12 26 45 61 70 87 97。

4．请在（　）内填入正确答案。

排序有各种方法，如插入排序、快速排序、堆排序等。

设一数组中原有数据如下：15,13,20,18,12,60。下面是一组由不同排序方法进行一遍排序后的结果。

（　）排序的结果为：12,13,15,18,20,60。

（　）排序的结果为：13,15,18,12,20,60。

（　）排序的结果为：13,15,20,18,12,60。

（　）排序的结果为：12,13,20,18,15,60。

7.9.2　真题在线

一、选择题

1．快速排序方法在（　）情况下最不利于发挥其长处。（燕山大学 2009）

A．要排序的数据量太大　　B．要排序的数据中含有多个相同值

C．要排序的数据个数为奇数　　　　D．要排序的数据已基本有序

2．在含有 n 个关键字的小根堆（堆顶元素最小）中，关键字最大的记录有可能存储在（　）位置上。（中科院计算所 2000）

A．$\lfloor n/2 \rfloor$　　B．$\lfloor n/2 \rfloor$-1　　C．1　　D．$\lfloor n/2 \rfloor$+2

3．对关键码序列(28,16,32,12,60,2,5,72)快速排序，从小到大一次划分和结果为（　）。（青岛大学 2000）

A．(2,5,12,16),26,(60,32,72)　　　　B．(5,16,2,12),28,(60,32,72)

C．(2,16,12,5),28,(60,32,72)　　　　D．(5,16,2,12),28,(32,60,72)

4．若用冒泡排序对关键字序列{18,16,14,12,10,8}进行从小到大的排序，所需进行的关键字比较总次数是（　）。（北京工商大学 2001）

A．10　　B．15　　C．21　　D．34

5．用直接插入排序方法对下面四个序列进行排序（由小到大），元素比较次数最少的是（　）。（北方交通大学 2010）

A．94,32,40,90,80,46,21,69　　　　B．32,40,21,46,69,94,90,80

C．21,32,46,40,80,69,90,94　　　　D．90,69,80,46,21,32,94,40

6．下列排序算法中，（　）算法可能会出现下面情况：在最后一趟开始之前，所有元素都不在其最终的位置上。（南开大学 2000）（西北大学 2009）

A．堆排序　　B．冒泡排序　　C．快速排序　　D．插入排序

7．如果只想得到 1000 个元素组成的序列中第 5 个最小元素之前的部分排序的序列，用（　）方法最快。（清华大学 1998）

A．起泡排序　　B．快速排列　　C．希尔排序　　D．堆排序

E．简单选择排序

二、填空题

1．下面的排序算法的思想是：第一趟比较将最小的元素放在 r[1]中，最大的元素放在 r[n]中，第二趟比较将次小的放在 r[2]中，将次大的放在 r[n-1]中，…，依次下去，直到待排序列为递增序。（注：<---->代表两个变量的数据交换）。（南京理工大学 2008）

```
void   sort(SqList &r,int n)   {
    i=1;
while(____(1)____)    {
min=max=1;
for (j=i+1;  ____(2)____; ++j)
    {if(____(3)____) min=j; else if(r[j].key>r[max].key)    max=j; }
     if(____(4)____) r[min] <---->r[j];
     if(max!=n-i+1){if (____(5)____) r[min] <----> r[n-i+1]; else (____(6)____); }
     i++;
    }
}//sort
```

2．表插入排序的基本思想是在结点中设一指针字段，插入 R_i 时 R_l 到 R_{i-1} 已经用指针按排序码不减次序链接起夹，这时采用顺序比较的方法找到 R_i 应插入的位置，做链表插入。如此反复，直到把 R_n 插入为止。（山东工业大学 2000）（山东大学 2009）

（1）请完成下列表插入的算法。

1）R[0].link←___(1)___; R[n].link←___(2)___。

2）循环，I 以-1 为步长，从___(3)___到___(4)___执行：

①P← R[0].link; Q←0。

②循环，当 P>0 且___(5)___时，反复执行 Q←P；P←___(6)___。

③R[Q].link←I; R[i].link←P

（2）表插入排序的最大比较次数是___(7)___。

（3）表插入排序的最小比较次数是___(8)___。

（4）记录移动的次数是___(9)___。

（5）需要附加的存储空间是___(10)___。

（6）该排序算法是否是稳定的___(11)___。

7.9.3 实训任务

【实训任务 1】冒泡法对字符串进行排序。

【问题描述】

已知一组记录的初始排列为{Kevin,Dallas,Keke,Jack,Pell,Andrew}，请用冒泡排序方法完成初始序列的升序排列。

【实训任务 2】改写【实例 7.3】利用冒泡排序方法 2 将一个无序数组按从小到大的顺序进行排序。

【问题描述】

已知某班的英语成绩为{82,72,86,99,96,80,90,76,88}，试用冒泡排序方法 2 按升序进行排序。

8 查找

主要内容

- 查找的基本概念。
- 静态查找表：顺序查找、折半查找、分块查找。
- 动态查找表：二叉排序树和平衡二叉树。
- 哈希函数的构造方法和处理哈希冲突的方法。
- 查找方法的应用举例。

学习目标

重点：

- 掌握查找的基本概念，掌握顺序查找和折半查找的方法。
- 掌握二叉排序树的构造和查找方法、平衡二叉树的平衡调整方法。
- 熟练掌握哈希表的构造方法。

难点：

- 掌握各种不同查找方法之间的区别和各自的适用情况。
- 能够按定义计算各种查找方法在等概率情况下查找成功的平均查找长度。

查找是数据处理及其他许多软件系统中最常使用的一种操作。

8.1 实例引入

【学习任务】通过生活实例初步了解查找的特征，从感性上认识查找及其简单操作。

【实例 1】在图书检索系统中，所有的书目都可以用表 8.1 所示的结构存储在计算机中，表的每一行为一个记录，书号为记录的关键字。假设给定的书号是 0314，则查找是成功的，通过查找可以得到该书的书名、作者及出版社等信息。若给定的书号是 0455，则查找不成功。

表 8.1　图书检索系统中的书目

书号	书名	作者	出版社
…	…	…	…
0313	数据结构	李云平	高等教育出版社
0314	Java 程序设计	张扬	机械工业出版社
0315	多媒体技术与应用	梁平	北京师范大学出版社
…	…	…	…
0425	Delphi	张晓东	邮电出版社
…	…	…	…

【实例 2】人口统计中，如果要统计 1～120 岁的人口数量，则可以年龄为关键字进行查找；如果要统计从 1949 年至今出生的人口数量，则可以年份为关键字进行查找。

8.2　查找基本概念

【学习任务】理解查找的定义，熟练掌握查找的相关概念及基本运算。

1. 查找表

查找表（search table）是由同一类型的数据元素（或记录）构成的集合。由于“集合”中的数据元素之间存在着完全松散的关系，因此查找表是一种非常灵便的数据结构，可以利用其他的数据结构来实现，比如线性表、树表及散列表等。

2. 关键字

关键字（key）是数据元素（或记录）中某个数据项的值，用它可以标识一个数据元素（或记录）。若某关键字可以唯一地标识一个记录，则称此关键字为主关键字（对不同的记录，其主关键字均不同）。反之，称用以识别若干记录的关键字为次关键字。当数据元素只有一个数据项时，其关键字即为该数据元素的值。

3. 查找

查找（searching）是根据给定的某个值，在查找表中确定一个关键字等于给定值的记录或数据元素。若表中存在这样的一个记录，则称查找成功，此时查找的结果可给出整个记录的信息，或指示该记录在查找表中的位置；若表中不存在关键字等于给定值的记录，则称查找不成功，此时查找的结果可给出一个“空”记录或“空”指针。

4. 静态查找表

对查找表的查找仅以查询为目的，不改动查找表中的数据。静态查找表一般用顺序表或线性表表示，在不同的表示方法中，实现查找操作的方法也不同。

5. 动态查找表

在查找的过程中同时伴随插入不存在的记录，或删除某个已存在的记录等对查找表有所变更的操作。换句话说，动态查找表的表结构本身是在查找过程中动态生成的，即在创建表时，对于给定值，若表中存在关键字等于给定值的记录，则查找成功返回；否则插入关键字等于给定值的记录。

6. 平均查找长度

为确定记录在查找表中的位置，需和给定值进行比较的关键字个数的期望值，称为查找算法在查找成功时的平均查找长度（Average Search Length，ASL）。对于含有 n 个记录的表，查找成功时的平均查找长度为

$$ASL=\sum_{i=1}^{n} c_i p_i$$

其中，p_i 为查找表中第 i 个记录的概率，且 c_i 为找到表中关键字与给定值相等的第 i 个记录时，和给定值已进行过比较的关键字的个数。显然，c_i 随查找过程不同而不同。由于查找算法的基本运算是关键字之间的比较操作，所以可用平均查找长度来衡量查找算法的性能。

8.3 静态查找表

【学习任务】理解静态查找表的基本概念，掌握静态查找的算法及算法实现。

只做查找操作的查找表为静态查找表。静态查找表一般用顺序表或线性表表示，在不同的表示方式中，实现查找操作的方法也不同。本节主要介绍：顺序查找法、折半查找法、分块查找法。

8.3.1 顺序查找

算法描述：顺序查找（sequential search）是一种最基本且最简单的查找方式。顺序查找从表的一端开始，逐个进行记录关键字值与给定值的比较，若某个记录关键字值与给定值相等，则查找成功；反之，若已查到表的另一端，却仍未找到关键字值与给定值相等的记录，则查找不成功。

【例 8.1】设由数字构成的序列：A={35,1,3,67,69,83}。查找给定的关键字 67 和 97 是否存在于序列中，并给出相应提示。

实例分析：本实例是典型的查找问题，可以将序列 A 用数组表示，将给定数值 X 与序列 A 中的每个元素进行比较，若相等，则表示在 A 序列中能找到关键字，提示查找成功，返回该元素在数组序列中的位置下标，否则提示查找失败。查找过程如图 8.1 和图 8.2 所示。

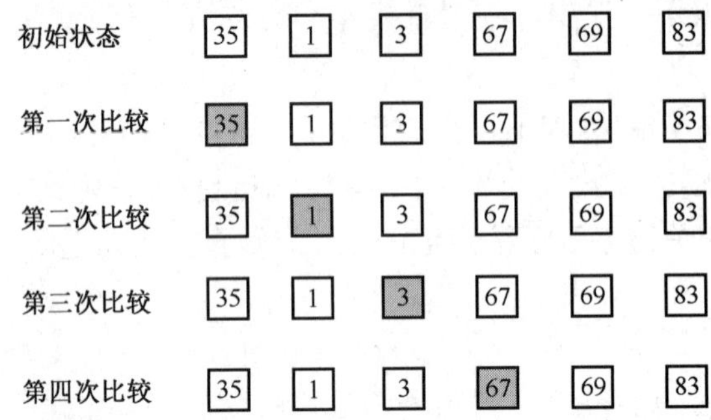

图 8.1　用顺序查找算法在线性表中查找关键字 67 的记录成功，返回 3

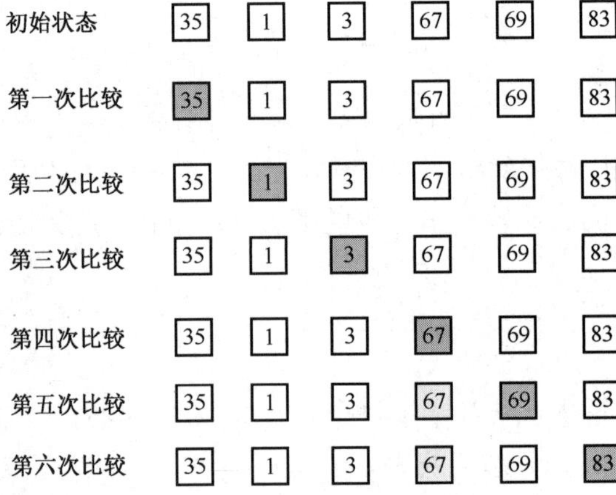

图 8.2　用顺序查找算法在线性表中查找关键字 97 的记录失败，返回-1

算法实现：

因为是无序数组，所以只能使用线性查找方法。找到时中断程序返回结果。对于序列中有多个相同值时，这种查找方法只能根据查找方向找到第一个结果。

```
public class Example8_1
{   public static void main(String[] args)
    {int[] data=new int[]{35,1,3,67,69,83};
     int result=lineSearch(data,67);      //调用查找方法，在数组 data 中查找 67
     System.out.println(result);
     result=lineSearch(data,97);          //调用查找方法，在数组 data 中查找 97
     System.out.println(result);
    }
public static int lineSearch(int[] a,int key)
 {for(int i=0;i<a.length;i++)
    {if(a[i]==key)
      return i;                           //找到返回该数在数组中的位置
     }
```

```
        return -1;                    //找不到返回-1
    }
}
```

程序运行结果：

算法分析：

顺序查找算法的优点是算法简单，适用面广，对表的结构无任何要求。其缺点是执行效率较低，特别是表较长时，不宜采用这种查找方法。

8.3.2　折半查找

算法描述：折半查找（binary search）是对有序表的一种高效线性查找方式，也称为二分法查找。折半查找的过程是，首先确定待查记录所在的范围（区间），然后逐渐缩小范围直至得到查找结果为止。折半查找的静态查找表必须是有序的，即静态查找表中的记录必须按关键字值递增的顺序排列，且为顺序存储结构。

【例 8.2】设由数字构成的序列：A={3,6,15,38,67,69,83}。查找给定的关键字 67 和 97 是否存在于序列中，并给出相应提示。

实例分析：本实例将给定值 key 与中间位置记录的关键字进行比较，若相等则查找成功。若不相等则利用中间位置记录将表对分成前、后两个子表。如果 key 比中间位置记录的关键字小，则下一次只在前一子表中继续查找，否则在后一子表中继续查找。重复前面的步骤，将查找区间不断对分，直到查找成功或者当前的查找区间为空（即查找失败）为止。

实例中分别用 low 和 high 来表示当前查找区间的下界和上界，mid 为区间的中间位置。查找过程如图 8.3 和图 8.4 所示。

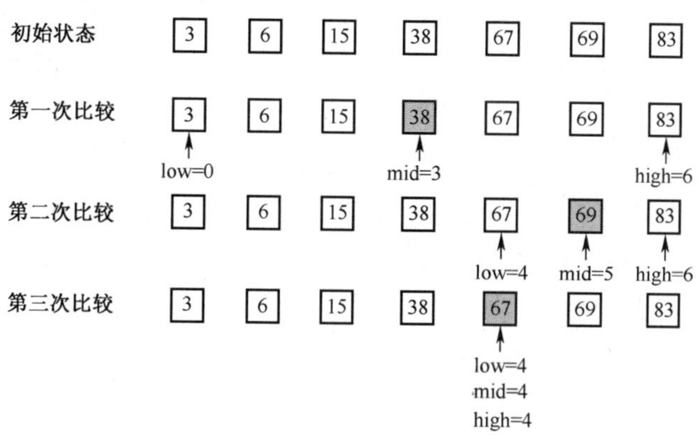

图 8.3　用折半查找算法在线性表中查找关键字 67 的记录成功，返回 4

算法实现：

将数组 a 的 0 和 a.length-1 作为区间的左右边界，然后进行对半查找。

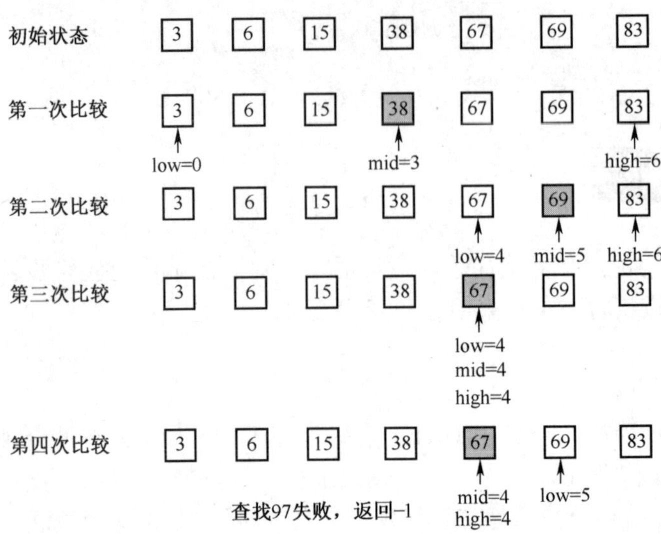

图 8.4　用折半查找算法在线性表中查找关键字 97 的记录

```
public class Example8_2
{    public static void main(String[] args)
     {int[] data=new int[]{3,6,15,38,67,69,83};
      int result=find(data,67);                    //调用查找方法，在数组 data 中查找 67
      System.out.println(result);
       result=find(data,97);                       //调用查找方法，在数组 data 中查找 97
      System.out.println(result);
     }
public static int find(int[] a,int value)          //二分法查找
{int mid,low=0,high=a.length-1;                    //确定左右边界
while(low<=high)                                   //左边界小于右边界，继续查找
{mid=(low+high)/2;
   if(a[mid]<value)
          low=mid+1;                               //数值较大，重定左边界
     else if(a[mid]>value)
        high=mid-1;                                //数值较小，重定右边界
     else
        return mid;                                //查找成功
        }
        return -1;                                 //查找失败
     }
}
```

程序运行结果：

算法分析：

折半查找算法的优点是执行效率比顺序查找高得多。折半查找算法的缺点是只适用于有

序表，且限于顺序存储结构。

8.3.3　分块查找

算法描述：分块查找又称为索引顺序查找，是顺序查找的另一改进方法。分块查找是按照表内记录的某种属性把表分成 n（n>1）个块（子表），并建立一个相应的“索引表”，索引表的每个索引项对应一个块，包括该块内最大的关键字值和块中第一个记录位置的地址指针，且按其关键字或者按块有序排列，即后一个块中所有记录的关键字值都应该比前一个块中所有记录的关键字值大，而在一个块内关键字值的大小可以无序。因此，分块查找的过程可以分为两步：首先在索引表中确定给定值所在的块；其次在这个块中查找给定值。

【例 8.3】设由数字构成的序列：A={8,10,6,9,5,12,20,18,17,13,25,30,27,35,40,32,42,50,48,41}。查找给定的数字 35 是否存在于序列中，并给出相应提示。

实例分析：如图 8.5 所示的表结构中，数据表被划分为 5 块，每个索引项中存放对应块中最大或限定的最大值。第一块中的最大值为 10，第二块中的最大值为 20，第三块中的最大值为 30，第四块中的最大值为 40，第五块中的最大值为 50，如果要查找 35 这个元素，由索引表可知该元素应在第四块中，因而其查找区域为 13～15（由第四块及第五块的两个索引项中的首地址所确定），在这一区域中按简单顺序方式来查找，确定其地址为 13。

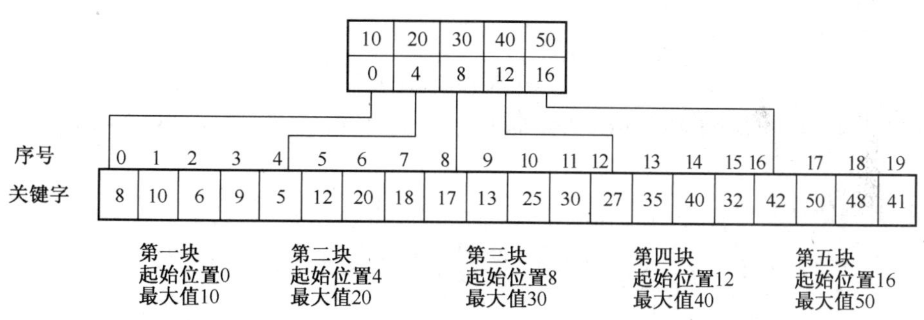

图 8.5　用分块查找算法在线性表中查找关键字 35 的记录

由于索引表是按关键字递增（或递减）排序的，因此，在索引表中查找既可以采用简单顺序方式的查找，也可以采用折半查找，主要取决于索引表的项数。如果项数较多，适合采用折半查找，否则，采用顺序查找就可以了。而块内元素无序，则只能采用顺序查找。

算法实现：

```
public class Example8_3
{   public static void main(String[] args)
    {int[] data=new int[]{8,10,6,9,5,12,20,18,17,13,25,30,27,35,40,32,42,50,48,41};
     int[] maxKey=new int[]{10,20,30,40,50};
     int[] begin=new int[]{0,4,8,12,16};
     int result=Search(data,maxKey,begin,35);     //调用查找方法，在数组 data 中查找 35
     System.out.println(result);
```

```
    }
    public static int Search(int data[] ,int maxKey[],int begin[],int key)              //分块查找
    {int i;
    for(i=0;i<maxKey.length;i++)              //在最大关键字索引表中查找 key 所在的块
        if(key<=maxKey[i]) break;             //找到块序号 i，跳出循环继续在块中查找
    if(i==maxKey.length) return -1;           //key 不属于任何块，查找失败，返回-1
        int end;                              //存放块的结束地址（下标）
        if(i==maxKey.length-1)
        end=data.length-1;    //块为最后一个块，块结束下标为 data 表的最后一个元素下标
      else
        end=begin[i+1]-1;                     //块不是最后一个块，获得块的结束下标
    for(int j=begin[i];j<=end;j++)            //在块内查找 key
      if(key==data[j]) return j;              //查找成功，返回 key 在 data 表中的下标
    return -1;                                //key 不在块内，查找失败，返回-1
    }
}
```

程序运行结果：

```
13
```

算法分析：

分块查找实际上进行了两次查找，其中包括查找索引表及在块中查找元素。其中 L_b 表示查找索引表确定所在块的平均查找长度，L_w 表示在块中查找元素的平均查找长度，则分块查找的平均查找长度表示为：

$$ASL_{bs}=L_{b}+L_{w}$$

假设将表长为 n 的表平均分成 b 块，每块含 s 个记录，并假设表中每个记录的查找概率相等，则

（1）用顺序查找确定所在块：

$$ASL_{bs}=\frac{1}{b}\sum_{j=1}^{b}j+\frac{1}{s}\sum_{i=1}^{s}i=\frac{b+1}{2}+\frac{s+1}{2}=\frac{1}{2}\left(\frac{n}{s}+s\right)+1$$

（2）用折半查找确定所在块：

$$ASL_{bs}\approx\log_2\left(\frac{n}{s}+1\right)+\frac{s}{2}$$

8.4 动态查找表

【学习任务】理解动态查找表的基本概念，掌握动态查找算法的及算法实现。

上节所介绍的各种查找表有个共同的特点，就是查找表的结构在查找过程中不发生变化，因此称为静态查找表。本节将介绍另一种查找表，称为动态查找表。动态查找表的特点是：查找表的结构在查找过程中要发生变化，即对于给定值 K，若表中存在其关键字等于 K 的记录，则查找成功，否则插入关键字等于 K 的记录。动态查找表可以在查找过程中动态地生成，即

从初始状态的空表开始，在查找过程中逐渐形成一个较完整的查找表。

8.4.1 二叉排序树

算法描述：二叉排序树（Binary Sort Tree，BST）是一种常用的动态查找表，其表结构在查找过程中动态地生成。即如果查找成功，则返回相应的信息；如果查找不成功，则要建立一个新的结点，并插入到查找表的适当位置。二叉排序树要么是一棵空树，要么是具有下列性质的二叉树：

（1）若它的左子树不空，则左子树上所有结点的值均小于它的根结点的值。

（2）若它的右子树不空，则右子树上所有结点的值均大于或等于它的根结点的值。

（3）它的左右子树都是二叉树。

【例 8.4】设有如下数字构成的关键字值序列：{52,23,3,92,73,9,121,29,6,20}。查找给定的数字 73 和 170 是否存在于序列中，并建立二叉排序树完成查找过程。

算法分析：

（1）建立二叉排序树

根据二叉排序树的性质，将第一个元素作为根结点，其余元素和根结点元素进行比较，若比它小，则进入左子树，否则进入右子树，以此类推，完成二叉排序树的建立，如图 8.6 所示。

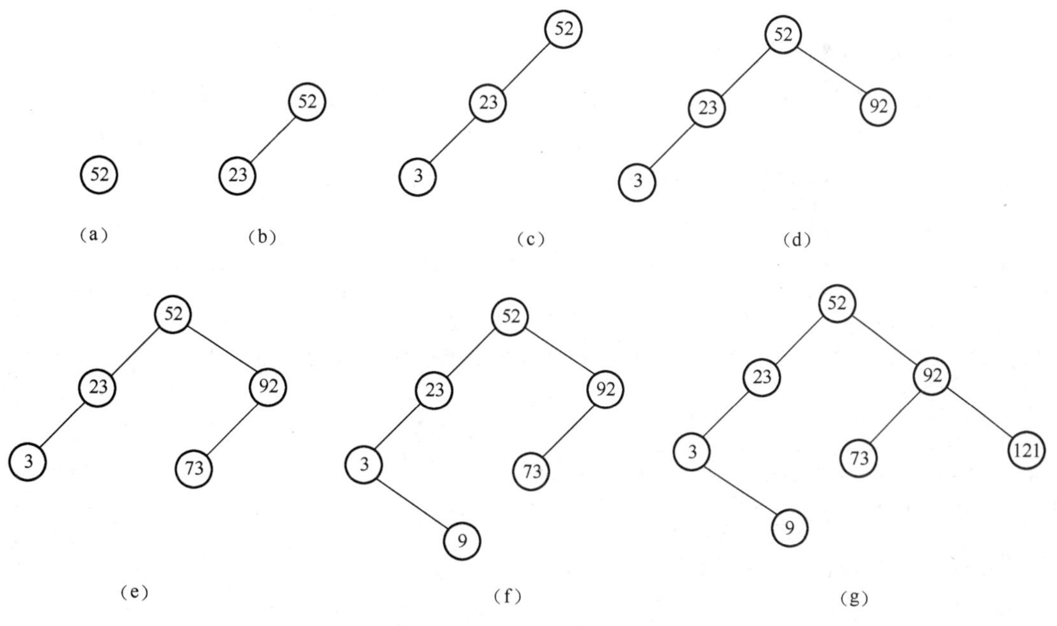

图 8.6 二叉排序树的建立

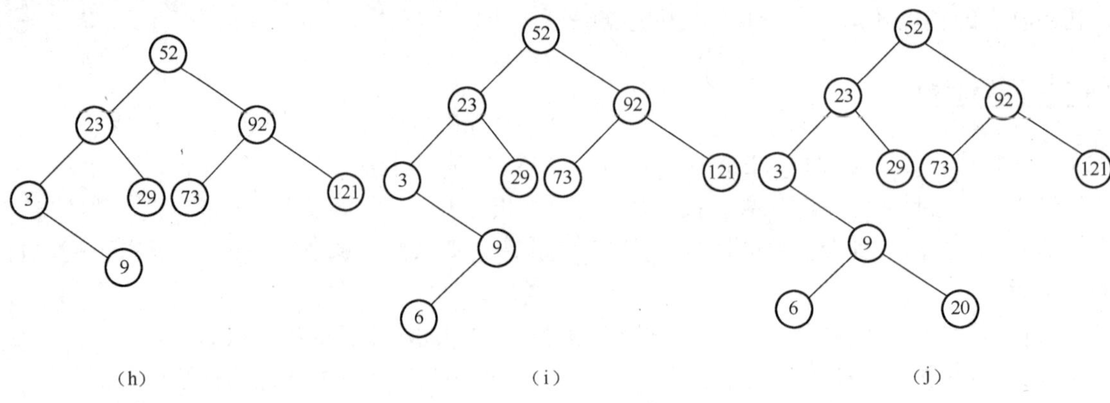

图 8.6　二叉排序树的建立（续图）

（2）查找过程

在按照上述过程所建立的二叉树中，预查找 73 和 170 这两个数是否在这个序列中，即判断这两个数是否在图 8.6 所示的二叉排序树中出现，其过程如下。

查找 73 的过程：

- 将 key=73 和根结点比较（73>52），查找在右子树中进行；
- 将 key=73 和右子树根结点比较（73<92），查找在结点 92 的左子树中进行；
- 将 key=73 和结点 92 的左子树比较（73=73），查找成功。

查找 170 的过程：

- 将 key=170 和根结点比较（170>52），查找在右子树中进行；
- 将 key=170 和右子树根结点比较（170>92），查找在结点 92 的右子树中进行；
- 将 key=170 和结点 92 的右子树比较（170>121），查找在结点 121 的右子树中进行；
- 而此时，结点 121 已经没有右子树了，因此，查找失败。

算法实现：

```
import java.util.*;
public class Example8_4{
  public static void main(String args[])throws IOException
    { BufferedReader br=new BufferedReader(new InputStreamReader(System.in));
      //二叉排序树结点关键字序列
      int key[]={52,23,3,92,73,9,121,29,6,20};
      BSTreeNode root=new BSTreeNode(key[0]);//创建二叉排序树根结点
      BSTree t=new BSTree(root);//创建一棵二叉排序树
      t.creatBSTree(key);
      System.out.println("建立二叉排序树成功！\n");
      System.out.println("中序遍历二叉树的序列为：");
      t.traverseInOrder(root);
      System.out.println();
      System.out.println("请输入要查找结点的关键字（整数）！");
      int keyValue=Integer.parseInt(br.readLine());
```

```
        BSTreeNode node=t.search(root,keyValue);
         if(node==null)
            System.out.println("不存在关键字"+ keyValue +"的结点！");
          else
          System.out.println("找到关键字"+ keyValue +"的结点！");
    }
}
class BSTreeNode                            //定义二叉排序树的结点
{   private int value;                      //定义二叉排序树结点关键字
    private BSTreeNode rChild;              //定义结点右孩子
    private BSTreeNode lChild;              //定义结点左孩子
    public BSTreeNode(){                    //构造器
        rChild=null;
        lChild=null;
        value=0;}
    public BSTreeNode(int value){           //构造器，用给定的关键字构造结点
          rChild=null;
          lChild=null;
          this.value=value;}
    public void setRChild(BSTreeNode node){
          rChild=node;}
    public void setLChild(BSTreeNode node){
          lChild=node;}
    public BSTreeNode getRChild(){
          return rChild;}
    public BSTreeNode getLChild(){
          return lChild;}
    public String toString(){
            return (value+" ");}
    public int getValue(){
    return value;}
}
interface BSTreeADT{
    void creatBSTree(int value[]);          //用一组已给定的关键字值构造二叉排序树
    BSTreeNode search(BSTreeNode node,int key);
    //在二叉排序树中查找关键字的结点，若查找成功，则返回结点，否则返回 null
    int insert(BSTreeNode node,int key);
    void traverseInOrder(BSTreeNode node);//中序遍历二叉排序树
}
class BSTree implements BSTreeADT                 //二叉排序树类
   {  private BSTreeNode root;                    //二叉排序树根结点
      public BSTree()                             //构造器，可创建二叉排序树对象
   {  this.root=null;}
      public BSTree(BSTreeNode root)              //构造器，可创建二叉排序树对象
   {  this.root=root;}
      public void setRoot(BSTreeNode root)        //设置根结点
     {    this.root=root;}
      public BSTreeNode getRoot()                 //获取根结点
     {return root;}
     public void creatBSTree(int value[])         //用给定的关键字序列构造一棵二叉排序树
```

```
     {      int n=value.length;
     int i;
     for(i=0;i<n;i++)
     insert(root,value[i]);}                          //插入一个给定关键字的结点到树中

public int insert(BSTreeNode root,int key){//在二叉树中插入关键字，创建二叉树
   BSTreeNode newnode=new BSTreeNode(key);//创建要插入的结点
   if(root==null)
    this.root=newnode;
   BSTreeNode current=root,parsent=null;
   while(current!=null)                      //确定要插入的位置
   {if(current.getValue()==key)          //判断该结点是否存在
    return 0;
    parsent=current;
if(current.getValue()>key)
    current=current.getLChild();         //在左子树中查找结点
  else
  current=current.getRChild();}          //在右子树中查找结点
if(key<parsent.getValue())               //插入结点
parsent.setLChild(newnode);
else
parsent.setRChild(newnode);
return 1;}

public BSTreeNode search(BSTreeNode root,int key)
//在二叉排序树中按关键字查找结点，找到后返回该结点
{     BSTreeNode    current=root;
while(current!=null&&current.getValue()!=key)
{if(current.getValue()<key)
current=current.getRChild();
else
current=current.getLChild();/
}
    return current;
}
public void traverseInOrder(BSTreeNode node)//中序遍历二叉树（递归）
{BSTreeNode current=node;
   if(current!=null)
{ traverseInOrder(current.getLChild());//访问左子树
   System.out.print(current+",");//访问根结点
traverseInOrder(current.getRChild());}}//访问右子树

}
```

程序运行结果：

```
建立二叉排序树成功!

中序遍历二叉树的序列为：
3 ,6 ,9 ,20 ,23 ,29 ,52 ,73 ,92 ,121 ,
请输入要查找结点的关键字（整数）!
73
找到关键字73的结点!
```

算法分析：

就平均时间性能而言，二叉排序树上的查找和折半查找差不多。但就表的维护而言，二叉排序树更为有效，因为链式存储结构无须移动记录，只需要修改其相应的指针即可完成结点的插入和删除操作。

二叉排序树的最坏的时间复杂度是 O(n)，最好的时间复杂度为 $O(\log_2 n)$。

8.4.2 平衡二叉树

算法描述：为了使二叉排序树的平均查找长度更小，需要让各结点的深度尽可能地小，因此，树中每个结点的两个子树的高度不要偏差太大，由此出现了平衡二叉树。

平衡二叉树（balance binary tree）又称为 AVL 树，是一棵二叉树，或者为空，或者满足如下性质：

（1）左、右子树高度之差的绝对值不超过 1，如图 8.7 所示。

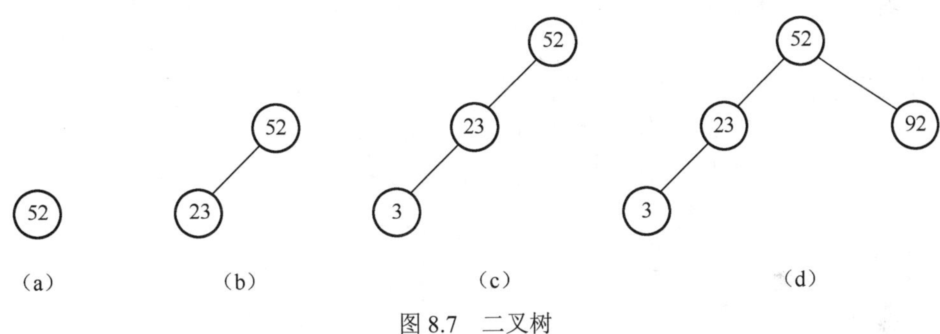

图 8.7 二叉树

图（a）所示为一棵平衡二叉排序树，其左、右子树深度之差的绝对值为 0。

图（b）所示为一棵平衡二叉排序树，其左、右子树深度之差的绝对值为 1。

图（c）所示为一棵非平衡二叉排序树，其左、右子树深度之差的绝对值为 2（超过 1）。

图（d）所示为一棵平衡二叉排序树，以其每个结点为根结点的左、右子树深度之差的绝对值都没超过 1。

（2）左、右子树都是平衡二叉树。

当二叉排序树不能平衡时，将降低查找效率，因此，二叉排序树的平衡是一个关键问题，其平衡操作主要分为两种：

第一种，顺时针旋转型。当二叉树在以某结点为根的子树上，由于插入结点进入左子树而失去平衡时，需要进行顺时针调整。

第二种，逆时针旋转型。当二叉树在以某结点为根的子树上，由于插入结点进入右子树而失去平衡时，需要进行逆时针调整。

当在二叉树的左子树上插入一个左孩子结点使其失去平衡时，以该结点的父结点为支点进行顺时针旋转，使其平衡，如图 8.8 所示。

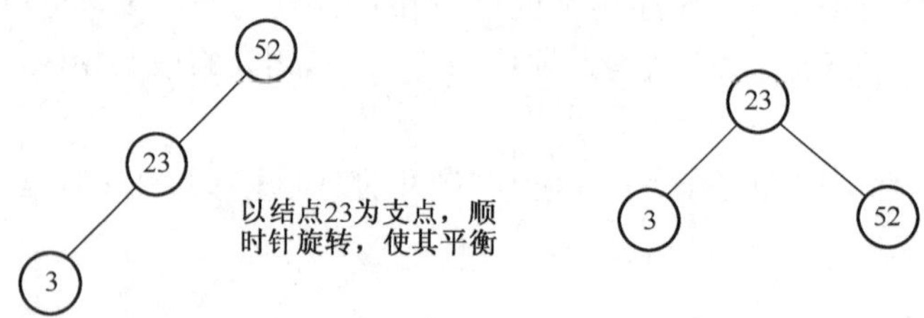

图 8.8　以结点 23 为支点顺时针旋转

当在二叉树的左子树上插入一个右孩子结点使其失去平衡时，以该结点为支点逆时针旋转，使其父结点成为其左孩子结点，然后再以该结点为支点进行顺时针旋转，使其平衡。

当在二叉树的右子树上插入一个右孩子结点使其失去平衡时，以该结点的父结点为支点进行逆时针旋转，使其平衡；当在二叉树的右子树上插入一个左孩子结点使其失去平衡时，以该结点为支点顺时针旋转，使其父结点成为其右孩子结点，然后再以该结点为支点进行逆时针旋转，使其平衡。

【例 8.5】设有如下数字构成的关键字值序列：{52,23,3,32,42}。查找给定的数字 69 是否存在于序列中，并建立平衡二叉排序树完成查找过程。

实例分析：平衡二叉排序树的建立过程见图 8.9。

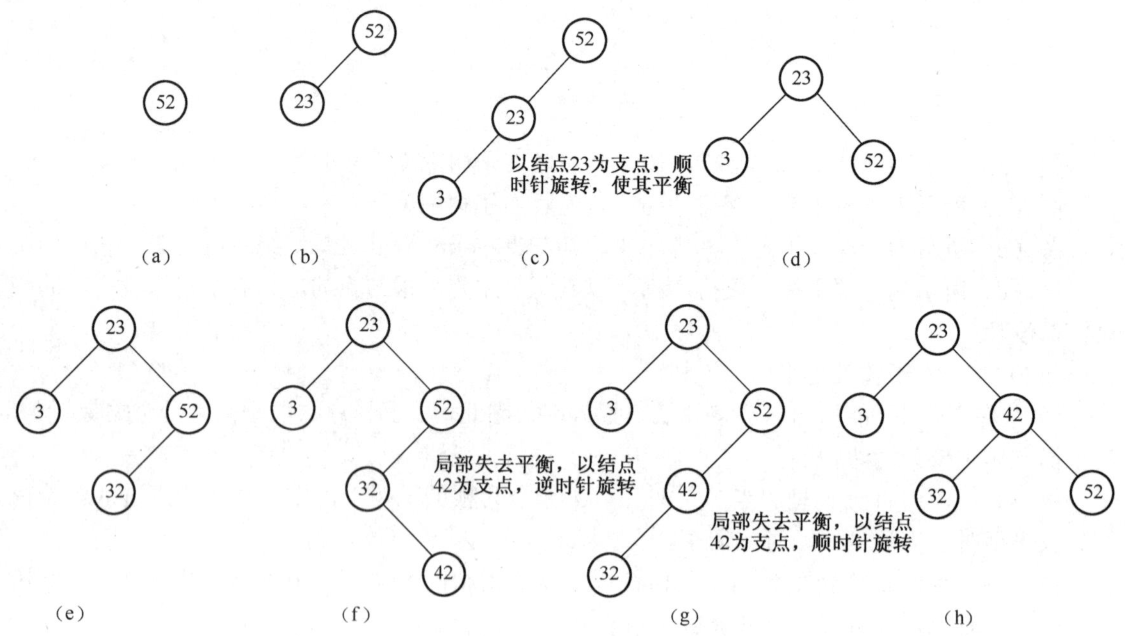

图 8.9　平衡二叉排序树的建立过程

算法分析：平衡二叉排序树构建成功以后，在其上进行元素的查找过程和折半查找类似，其时间复杂度也为 $O(\log_2 n)$。

8.5 哈希表

【学习任务】理解哈希查找的定义及提高查找效率的思想，掌握简单哈希函数的构造方法以及冲突解决方法。

以上所叙述的查找方法都是基于比较进行的，其时间复杂度（查找效率）也随着数据量的增加而增加，为了提高查找效率，可在查找数据与其在内存中的物理位置之间建立对应关系，这种方法称为哈希查找法。

8.5.1 哈希表的基本概念

算法描述：不论是静态查找还是动态查找，都是经过一系列的关键字比较，从查找表中找到关键字值等于某个值的元素（或记录），查找所需时间与比较次数有关。哈希查找又叫散列查找，是利用哈希函数进行查找的过程。基本思想：在记录的存储地址和它的关键字之间建立一个确定的对应关系；不经过比较，一次存取就能得到所查元素。

如果记录的存储位置与其关键字之间存在某种对应关系 H，使每个关键字和一个唯一的存储位置对应，这样在查找时，只需要根据对应关系 H 计算出给定关键字值 k 对应的值 H(k)，就可以得到该记录的存储位置。在记录的关键字与记录的存储地址之间建立的一种对应关系，即为哈希函数。哈希函数是一种映像，是从关键字空间到存储地址空间的一种映像。

可写成，$addr(a_i)=H(k_i)$，其中：a_i 是表中的一个元素，$addr(a_i)$是 a_i 的存储地址，k_i 是 a_i 的关键字。

根据设定的哈希函数 H(k)和所选中的处理冲突的方法，将一组关键字映像到一个有限的、地址连续的地址集（区间）上，并以关键字在地址集中的“像”作为相应记录在表中的存储位置，如此构造所得的查找表称之为“哈希表”。

【例 8.6】假设有一批关键字序列{18,75,60,43,54,90,46}，给定散列函数 H(k)=k%13，存储区的内存地址为 0～15，则可以得到每个关键字的地址为：

H(18)=18%13=5

H(75)=75%13=10

H(60)=60%13=8

H(43)=43%13=4

H(54)=54%13=2

H(90)=90%13=12

H(46)=46%13=7

于是，根据地址可以将上述 7 个关键字的序列存储到一个一维数组 HT（哈希表）中。从表中查找一个元素相当方便，例如查找 60，只需计算出 H(60)=8 即可在哈希表中找到 60。

0	1	2	3	4	5	6	7	8	9	10	11	12	13	14
		54		43	18		46	60		75				90

8.5.2 哈希函数的构造方法

哈希函数的构造方法很多，要构造一个较好的哈希函数，应该选择均匀的、冲突少的构造方法。常用的构造哈希函数的方法有：直接定址法、除留余数法（取模法）、分析法、平均取中法。

1. 直接定址法

算法描述：直接定址法是一种算术公式的方法，它可以采用直接取关键字值或关键字的某个线性函数值作为函数地址。因此该函数在关键字和内存地址之间建立了一一对应关系。

【例 8.7】对关键字序列 A={1,5,9,13,17,…,81}建立哈希函数，并实现 41 和 63 的哈希查找过程。

实例分析：根据题意，在自变量和函数值之间建立一个线性函数 H(k)=a×k+b，可以得到：H(k)=4×a+1。其中 a 是内存地址，H(k)是关键字序列相对应的值，其对应关系如表 8.2 所示。

表 8.2　利用直接定址法构造关键字和内存地址的对应关系表

内存地址	0	1	2	3	4	…	20
关键字	1	5	9	13	17	…	81
对应关系	1=4×0+1	5=4×1+1	9=4×2+1	13=4×3+1	17=4×4+1	…	81=4×20+1

在上述对应关系中，对 y=41 和 y=63 进行查找，其过程如下。

（1）对于 y=41，将其代入公式 y=4×x+1，可得 41=4×x+1，x=10。

结论：数值为 41 的元素在地址为 10 的位置。

（2）对于 y=63，将其代入公式 y=4×x+1，可得 63=4×x+1，x=15.5。

结论：数值为 63 的元素不在该序列中。

算法分析：通过直接定址法可在关键字和内存地址之间建立对应关系，利用对应关系，一次就可得知查找结果是成功还是失败。

直接定址法对建立对应关系的关键字要求比较高，因此，可用直接法的关键字序列比较少。

直接定址法的特点是地址集合和关键字集合的大小相同，即一个关键字对应一个存储地址，因此不会发生冲突，而且构造方法特别简单。但在实际中能使用这种哈希函数的情况很少，这种方法只适用于关键字分布基本连续，且关键字集合较小的情形。

2. 除留余数法

除留余数法（取模法）是将关键字 k 除以一个不大于哈希表长度 m 的正整数 p 所得的余数作为哈希地址的方法。哈希函数的形式如下：

$$H(k)=k \bmod p$$

用该方法产生的哈希函数的好坏取决于 p 值的选取。实践证明，当 p 值小于表长 m 的某个素数时，产生的哈希函数最好。除留余数法是一个简单、有效的哈希函数构造方法。

【例 8.8】 对于给的定关键字序列 A={24,15,19,3,12,27,31,10,39}，利用除留余数法构造哈希函数，并实现 y=31 和 y=18 时的哈希查找过程。

实例分析：根据公式 y=x mod p，当 p 取 11 时，可得 y=x mod 11，其中 x 是关键字序列值，y 是对应的内存地址值，每个关键字对 11 取余的数值如表 8.3 所示。

表 8.3 利用除留余数法构成关键字和余数值的对应关系表

序号	1	2	3	4	5	6	7	8	9
关键字	24	15	19	3	12	27	31	10	39
对应关系	y=x mod 11								
余数	2	4	8	3	1	5	9	10	6

通过对图中的余数进行观察，发现最小值为 1，最大值为 10，因此，可建立一个长度为 11 的数组，将余数与数组下标建立联系，即余数的值与数组元素下标一致，如表 8.4 所示。

表 8.4 余数与数组元素下标的对应关系

内存地址	0	1	2	3	4	5	6	7	8	9	10
关键字		5	1	4	2	6	9		3	7	8

对 y=31 和 y=18 进行查找，其过程如下。

①对于 y=31，利用公式 y=x mod 11 可得 31 mod 11=9，此时，可到数组下标为 9 的数组元素中查找，结果发现，数值为 31 的元素就在该位置，查找成功。

②对于 y=18，利用公式 y=x mod 11 可得 18 mod 11=7，数组下标为 7 的数组元素为空，则判断查找失败，数值为 18 的元素不在该序列中。

总结：除留余数法是哈希查找中经常使用的方法之一，该方法的关键是对数据的分析、余数 p 的选取以及数组空间的设置等。

3. 分析法

上述介绍的方法都是对一些比较简单、有一定规律的数字进行哈希查找，当遇到复杂数据时，需要对数字（或信息）进行分析而得到。

分析法其实没有一定规律，应根据给出信息的特点进行相应方法的选取，下面介绍几种常见的分析法。

（1）余数变形法

在余数法中，并不是所有序列都可以使用。

例如，对于如表 8.4 所示的内存空间，如果不是 0～10，而是 10～20，或者是 7～17，那应该如何处理呢？

这类问题属于余数变形法应该考虑的问题，即当求出一个序列中所有数的余数后，若余数和对应的内存地址之间不是一一对应的关系，就要进行变形。

若表 8.4 对应的余数为 10～20，可将求得的余数除以 2，得到的值与内存地址之间进行对应；若是 7～17，可用原来的余数减去 7，得到的数值与地址对应。

（2）数字分析法

数字分析法是对复杂的、位数比较多的数字进行地址分配的常用方法。

【例 8.9】对于给定的关键字序列 A={9453327,8765414,1075638,5469832,6095746,3265987}，利用数字分析法建立关键字与内存地址之间的关系。。

将这些复杂数字各位之间进行比较：

9　4　5　3　3　2　7
8　7　6　5　4　1　4
1　0　7　5　6　3　8
5　4　6　9　8　3　2
6　0　9　5　7　4　6
3　2　6　5　9　8　7

可知有些位数的数字分布很均匀，可做地址编号用，如每个数从左向右的第 1、5 位都不相同，可做地址编号用，而这些数的第 2、3、4、6、7 位都有重复，其中第 3、4 位重复比较多，不利于做地址编号。而将第 1、5 位进行比较，第 5 位数据比较集中，利于做编号使用，其结果如表 8.5 所示。

表 8.5　利用数字分析法构成的关键字和内存地址的对应关系

内存地址	…	3	4	5	6	7	8	9
关键字		9453327	8765414		1075638	6095746	5469832	3265987

对于数字比较集中的情况，也可选取其任意相同的两位、三位做编号，或者采用平方、开方等方法。数字分析法的方法很多，也很难分类，需要读者多积累经验去解决。

4. 平均取中法

这是一种较常用的哈希函数的构造方法。其构造原则是，先计算出关键字值的平方，然后取它的中间几位作为散列地址编码。例如，序列{11052501，11052502，01110525，02110525}中的 4 个关键字值，若将它们的内部代码自乘，然后取其中间的 3 位作为散列函数的值，则可以得到表 8.6 所示的结果。

表 8.6 平均取中法

关键字	内部代码	内部代码的平方值	Key Mod 997
key1	11052501	122157778355001	778
key2	11052502	122157800460004	800
key3	01110525	001233265775625	265
key4	02110525	004454315775625	315

这种方法是要使关键字内部代码的每一位都在构造过程中起作用；至于取中间的几位和哪几位作为哈希函数的值，视具体情况而定。由于一个数平方后的中间几位数和数的每一位都相关，因此随机分布的关键字得到的散列地址也是随机的。

8.5.3 处理哈希冲突的方法

所谓冲突处理是指一旦发生冲突时，为发生冲突的元素寻找另一个空闲的哈希地址存放该元素。常用的冲突处理方法有：开放地址法、链地址法和溢出法。

1. 开放地址法

算法描述：开放地址法是将哈希表中的空闲地址向冲突处理开放的一种冲突处理方法，即当发生冲突时，在冲突位置的前后附近寻找可以存放元素的空闲单元。显然，使用这种方法解决冲突需要产生一个探测序列，以便沿着此序列来寻找可以存放元素的空闲单元。最简单的探测序列产生方法是线性探测，即当发生冲突时，从发生冲突的存储位置的下一个存储位置开始依次顺序探测空闲单元。线性探测方式可用公式表示为：

$$H_i(k)=(H(k)+d_i)\%m \qquad i=1，2，…，m-1$$

其中，H(k)为哈希函数，m 为表的长度，d_i 为第 i 次探测的地址增量，d_i=i（i=1，2，3，…，m-1）。

此外还有二次探测、伪随机数探测等探测方法。对于二次探测而言，d_i=i（i=1，2，3，…，m-1）；对于伪随机数探测而言，d_i=伪随机数序列。

【例 8.10】设哈希函数为 H(k)=k%9，哈希表为[0:8]，表中已分别有关键字为 20，39，31 的记录，现将第 4 个记录（关键字为 38）插入该哈希表中。

实例分析：

（1）使用线性探测方法来寻找空闲地址。

H(38)=38% 9=2　　第 1 次冲突

H_1=(H(38)+d_1)%9=(2+1)%9=3　　第 2 次冲突

H_2=(H(38)+d_2)%9=(2+2)%9=4　　第 3 次冲突

H_3=(H(38)+d_3)%9=(2+3)%9=5　不冲突

（2）使用二次探测方法来寻找空闲地址。

H(38)=38% 9=2　第 1 次冲突

H_1=(H(38)+d_1)%9=(2+1)%9=3　第 2 次冲突

H_2=(H(38)+d_2)%9=(2+4)%9=6　不冲突

结果如图 8.10 所示。

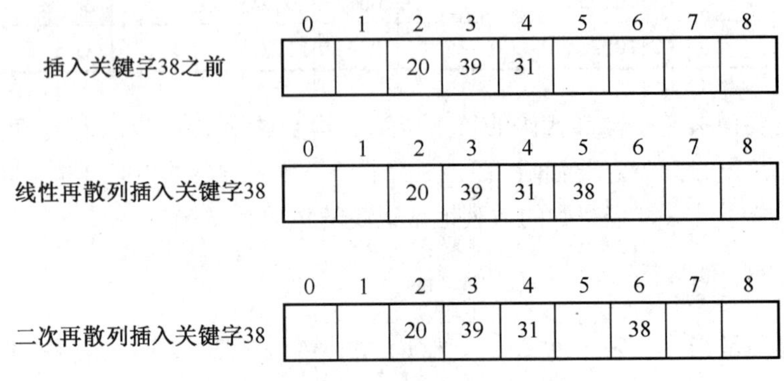

图 8.10　开放地址法

2. 链地址法

链地址法是将所有关键字是同义词的元素或记录链接成一个线性链表，而将其链头链接在由哈希函数确定的哈希地址所指示的存储单元中。

若哈希表范围为[0: m-1]，则定义一个指针数组 Head[0 : m-1]分别存放 m 个链表的头指针，如图 8.11 所示。

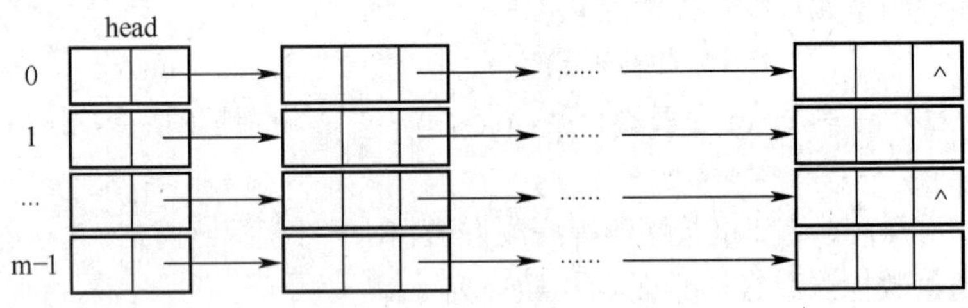

图 8.11　链地址法

【例 8.11】设哈希函数为 H(k)=k%6，哈希表长度为 6，关键字序列为{6,13,15,28,35,12,7,11,19}，试画出采用链地址法处理冲突所对应的哈希表示意图。

实例分析：

H(6)=H(12)=0

H(13)= H(7)= H(9)=1

H(15)=3

H(28)=4

H(35)= H(11)=5

则采用链地址法处理冲突所对应的哈希表如图 8.12 所示。

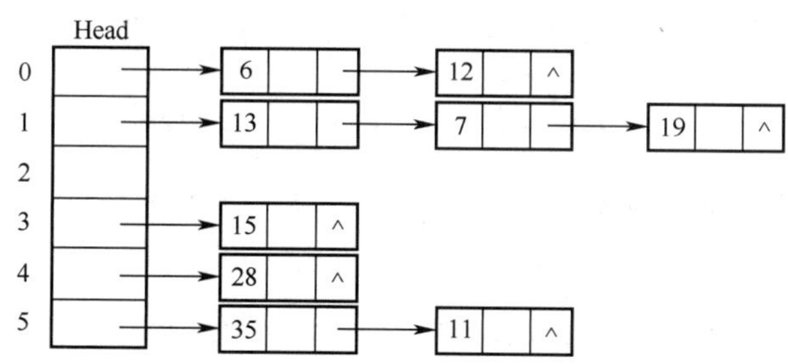

图 8.12　链地址进行冲突处理

8.6　应用举例

【学习任务】学习各种查找的基本方法的执行过程和算法实现，本节将加强查找的应用理解，通过应用实例分析查找的综合应用。

8.6.1　字符串的折半查找

【问题描述】

已知一组记录的初始排列为{Kevin,Dallas,Keke,Jack,Pell,Andrew}，请用二分查找法查找字符串"Pell"。

【算法思想】

字符串数组查找与整数查找的方法基本相同，将数组更换为字符串数组，将字符串的比较改为使用字符串方法 equals()和 compareTo()就可以了。

【算法实现】

```
public class Example8_5{
    public static void main(String[] args)
      {String[]data=new String[]{"Kevin","Dallas","Keke,Jack,Pell,Andrew"};
       int result=find(data," Pell ");
       System.out.println(result);
      }
public static int find(String[] a,String value)
    { int mid,low=0,high=a.length-1;//确定左右边界
       while(low<=high)                    //左边界小于右边界，继续查找
         {mid=(low+high)/2;
          if(a[mid].equals(value))
          return mid;   //查找成功
          else if(a[mid].compareTo(value)<0)
```

```
            low=mid+1; //字符串较大，重定左边界
        else
            high=mid-1;} //字符串较小，重定右边界
        return-1;   //查找失败
        }
}
```

程序运行结果：

```
4
```

8.6.2 学生成绩分段查找统计功能

【问题描述】

计算机应用专业一班共有学生 43 人，根据 2013－2014 第一学期“C++”课程期末成绩，将其划分为 5 档，即 90 以上、80～90 分、70～80 分、60～70 分、60 分以下，每个分数段的人数及成绩统计见表 8.7，请查找是否有得 75 分成绩并给出得此成绩的学生人数。

表 8.7　学生期末成绩统计表

分数段	人数	分数
90 分以上	3	100、95、97
80～90 分	11	81、82、84、89、82、83、88、86、87、80、85
70～80 分	13	78、75、73、70、79、77、76、75、74、72、71、75、79
60～70 分	15	61、64、67、68、69、66、64、62、63、60、65、66、61、62、67
60 分以下	1	45

【算法思想】

将所有学生成绩按照分数段分成若干个组，在组之间建立相应的有序的索引表，查找时，用折半法确定分数段，即确定某个学生成绩所在的组，然后在组内进行查找。

【算法实现】

```
public class Example8_6{
public static void main(String[] args){
int i,count=0;
int[][]score=new int[5][];
score[0]=new int[]{100,95,97};
score[1]=new int[]{81,82,84,89,82,83,88,86,87,80,85};
score[2]=new int[]{78,75,73,70,79,77,76,75,74,72,71,75,79};
score[3]=new int[]{61,64,67,68,69,66,64,62,63,60,65,66,61,62,67};
score[4]=new int[]{45};
int g;
g=getGroup(75);
for(i=0;i<score[g].length;i++)
{if(score[g][i]==75)
{count++;}}
if(count>0)
```

```
System.out.println("得 75 分成绩的学生人数是："+count);
else
System.out.println("很遗憾，没有找到得此成绩的学生！");}


public static int getGroup(int x){
int low,high,mid,flag=0;
low=0;high=4;
x=9-x/10;
if(x<0) x=0;
if(x>4) x=4;
while(low<=high){
mid=(low+high)/2;
if(x<mid)
high=mid-1;
else if(x>mid)
low=mid+1;
else{
flag=mid;
break;}
```

程序运行结果：

```
得75分成绩的学生人数是：3
```

8.7 小结

查找是数据处理中经常使用的一种操作。本模块主要介绍了对查找表的查找，查找表实际上仅仅是一个集合。为了提高查找效率，将查找表组织成不同的数据结构，主要包括三种不同结构的查找表：线性表、树表和哈希表。

1．线性表的查找。主要包括顺序查找和折半查找，两者之间的比较如表 8.8 所示。

表 8.8 顺序查找和折半查找的比较

比较项目 \ 查找	顺序查找	折半查找
查找时间复杂度	O(n)	$O(\log_2 n)$
特点	算法简单，对表结构无任何要求，但查找效率较低	对表结构要求较高，查找效率较高
适用情况	任何线性表	有序的顺序表

2．树表的查找。树表的结构主要包括二叉排序树、平衡二叉树。

（1）二叉排序树的查找过程与折半查找过程类似，二者之间的比较如表 8.9 所示。

（2）二叉排序树在形态均匀时性能最好，而形态为单支树时其查找性能则退化为与顺序查找相同。因此，二叉排序树最好是一棵平衡二叉树。

表 8.9　二叉排序树的查找过程与折半查找过程的比较

查找方法 比较项目	折半查找	二叉排序树的查找
查找时间复杂度	$O(\log_2 n)$	$O(\log_2 n)$
特点	数据结构采用有序的顺序表，插入和删除操作需移动大量元素	数据结构采用树的二叉链表表示，插入和删除操作无需移动元素，只需修改指针
适用情况	没有插入和删除的静态查找表	经常做插入和删除的动态查找表

3．哈希函数

哈希表也属于线性结构，但它和线性表的查找有着本质的区别，它不是以关键字比较为基础进行查找的，而是通过一种哈希函数把记录的关键字和它在表中的内存地址对应起来构造的哈希表，不仅平均查找长度和记录总数无关，而且可以通过调节装填因子，把平均查找长度控制在所需的范围内。

哈希查找法主要研究两方面的问题：如何构造哈希函数，以及如何处理冲突。

（1）构造哈希函数的方法很多，除留余数法是最常用的构造哈希函数的方法。它不仅可以对关键字直接取模，也可在折叠、平均取中等运算之后取模。

（2）处理冲突的方法通常分为两大类，开放地址法和链地址法，两者之间的差别类似于顺序表和单链表的差别，两者的比较详见表 8.10。

表 8.10　开放地址法和链地址法的比较

处理方法 比较项目		开放地址法	链地址法
空间		无指针域，存储效率较高	附加指针域，存储效率较低
时间	查找	有二次聚集现象，查找效率较低	无二次聚集现象，查找效率较高
	插入、删除	不易实现	易于实现
适用情况		表的大小固定，适于表长无变化的情况	终点动态生成，适于表长经常变化的情况

8.8　知识巩固

8.8.1　理论知识

一、判断题

1．哈希函数中平均取中法最好。　　　　　　　　　　　　（　　）

2. 哈希表的平均查找长度与处理冲突的方法无关。 ( )

3. 哈希表的结点中只包含数据元素自身的信息，不包含任何指针。 ( )

4. 查找相同结点的效率折半查找总比顺序查找高。 ( )

5. 用向量和单链表表示的有序表均可使用折半查找方法来提高查找速度。 ( )

6. 在索引顺序表中，实现分块查找，在等概率查找情况下，其平均查找长度不仅与表中元素个数有关，而且与每块中元素个数有关。 ( )

7. 顺序查找法适用于存储结构为顺序或链接存储的线性表。 ( )

8. 折半查找法的查找速度一定比顺序查找法快。 ( )

9. 就平均查找长度而言，分块查找最小，折半查找次之，顺序查找最大。 ( )

10. 对无序表用二分法查找比顺序查找快。 ( )

11. 对大小均为 n 的有序表和无序表分别进行顺序查找，在等概率查找的情况下，对于查找成功，它们的平均查找长度是相同的，而对于查找失败，它们的平均查找长度是不同的。 ( )

12. 最佳二叉树是平衡二叉树。 ( )

13. 在查找树（二叉树排序树）中插入一个新结点，总是插入到叶子结点下面。 ( )

14. 完全二叉树肯定是平衡二叉树。 ( )

15. 对一棵二叉排序树按前序方法遍历得出的结点序列是从小到大的序列。 ( )

16. 二叉树中除叶子结点外，任一结点 X，其左子树根结点的值小于该结点的值；其右子树根结点的值大于该结点的值，则此二叉树一定是二叉排序树。 ( )

17. 有 n 个数存放在一维数组 A[1..n]中，在进行顺序查找时，这 n 个数的排列有序或无序其平均查找长度不同。 ( )

18. N 个结点的二叉排序树有多种，其中树高最小的二叉排序树是最佳的。 ( )

19. 在任意一棵非空二叉排序树中，删除某结点后又将其插入，则所得二叉排序树与原二叉排序树相同。 ( )

20. 设 T 为一棵平衡树，在其中插入一个结点 n，然后立即删除该结点后得到 T1，则 T 与 T1 必定相同。 ( )

二、填空题

1. 顺序查找 n 个元素的顺序表，若查找成功，则比较关键字的次数最多为________次；当使用监视哨时，若查找失败，则比较关键字的次数为________。

2. 在顺序表(8,11,15,19,25,26,30,33,42,48,50)中，用折半查找法查找关键字值 20，需做的关键字比较次数为________。

3. 在有序表 A[1..12]中，采用折半查找算法查找等于 A[12]的元素，所比较的元素下标依次为________。

4．在有序表 A[1..20]中，按折半查找的方法进行查找，查找长度为 4 的元素的下标从小到大依次是________。

5．哈希表是通过将关键字按选定的________和________，把结点按关键字转换为地址进行存储的线性表。哈希方法的关键是________和________。一个好的哈希函数其转换地址应尽可能________，而且函数运算应尽可能________。

6．平衡二叉树又称________，其定义是________。

7．对于长度为 255 的表，采用分块查找，每块的最佳长度为________。

8．如果按关键字值递增的顺序依次将关键字值插入到二叉排序树中，则对这样的二叉排序树进行检索时，平均比较次数为________。

9．________法构造的哈希函数肯定不会发生冲突。

10．可以唯一地标识一个记录的关键字称为________。

11．已知二叉排序树的左右子树均不为空，则________上所有结点的值均小于它的根结点值，________上所有结点的值均大于它的根结点的值。

12．对线性表进行二分查找时，要求线性表必须________。

13．对于具有 144 个记录的文件，若采用分块查找法，且每块长度为 8，则平均查找长度为________。

三、选择题

1．若查找每个记录的概率均等，则在具有 n 个记录的连续顺序文件中采用顺序查找法查找一个记录，其平均查找长度 ASL 为（　）。

A．(n-1)/2　　B．n/2　　C．(n+1)/2　　D．n

2．对 N 个元素的表做顺序查找时，若查找每个元素的概率相同，则平均查找长度为（　）。

A．(N+1)/2　　B．N/2　　C．N　　D．[(1+N)N]/2

3．适用于折半查找的表的存储方式及元素排列要求为（　）。

A．链接方式存储，元素无序　　B．链接方式存储，元素有序

C．顺序方式存储，元素无序　　D．顺序方式存储，元素有序

4．当采用分快查找时，数据的组织方式为（　）。

A．数据分成若干块，每块内数据有序

B．数据分成若干块，每块内数据不必有序，但块间必须有序，每块内最大（或最小）的数据组成索引块

C．数据分成若干块，每块内数据有序，每块内最大（或最小）的数据组成索引块

D．数据分成若干块，每块（除最后一块外）中数据个数需相同

5．(1）二叉查找树的查找效率与二叉树的（　）有关，(2）在（　）时其查找效率最低。

(1）A．高度　　B．结点的多少　　C．树型　　D．结点的位置

(2）A．结点太多　　B．完全二叉树　　C．呈单枝树　　D．结点太复杂。

6．分别以下列序列构造二叉排序树，与用其他三个序列所构造的结果不同的是（　　）。

A．(100,80, 90, 60, 120,110,130)　　B．(100,120,110,130,80, 60, 90)

C．(100,60, 80, 90, 120,110,130)　　D．(100,80, 60, 90, 120,130,110)

7．下面关于哈希查找的说法正确的是（　　）。

A．哈希函数构造的越复杂越好，因为这样随机性好，冲突小

B．除留余数法是所有哈希函数中最好的

C．不存在特别好与坏的哈希函数，要视情况而定

D．若需在哈希表中删去一个元素，不管用何种方法解决冲突都只要简单地将该元素删去即可

8．将 10 个元素散列到 100000 个单元的哈希表中，则（　　）产生冲突。

A．一定会　　B．一定不会　　C．仍可能会

9．如果要求一个线性表既能较快的查找，又能适应动态变化要求，则可采用（　　）查找法。

A．分快　　B．顺序　　C．折半　　D．基于属性

四、应用题

1．设有一个有序文件，其中各记录的关键字为：{1,2,3,4,5,6,7,8,9,10,11,12,13,14,15}。当用折半查找算法查找关键字 3,8,19 时，其比较次数为多少？

2．已知一组元素(46,25,78,62,12,37,70,29)，画出按元素排序输入生成的一棵二叉排序树。

3．生成图 8.13 所示二叉排序树的关键字的初始排列有很多种，请写出其中的 5 种。

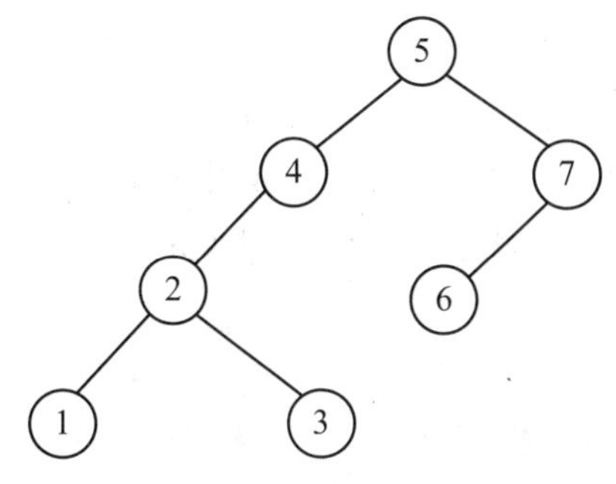

图 8.13　二叉排序树

4．试画出从空树开始，由字符序列(t,d,e,s,u,g,b,j,a,k,r,i)构成的二叉平衡树，并为每一次的平衡处理指明旋转类型。

5．用序列(46,88,45,39,70,58,101,10,66,34)建立一个二叉排序树，画出该树，并求在等概率情况下查找成功的平均查找长度。

6．设哈希表的地址范围为 0～17，哈希函数为：H (K)=K mod 16, K 为关键字，用线性探

测再散列法处理冲突，输入关键字序列(10,24,32,17,31,30,46,47,40,63,49)构造出哈希表，试回答下列问题：

（1）画出哈希表示意图。

（2）若查找关键字 63，需要依次与哪些关键字比较？

（3）若查找关键字 60，需要依次与哪些关键字比较？

（4）假定每个关键字的查找概率相等，求查找成功时的平均查找长度。

8.8.2 真题在线

一、选择题

1. 设有一组记录的关键字为{19,14,23,1,68,20,84,27,55,11,10,79}，用链地址法构造散列表，散列函数为 H(key)=key mod 13，散列地址为 1 的链中有（　　）个记录。（南京理工大学 2007）

A．1　　B．2　　C．3　　D．4

2．既希望较快的查找又便于线性表动态变化的查找方法是（　　）。（北方交通大学 2000）

A．顺序查找　　B．折半查找

C．索引顺序查找　　D．哈希法查找

3．（1）要进行顺序查找，则线性表（　　）；（2）要进行折半查找，则线性表（　　）；（3）若表中元素个数为 n，则顺序查找的平均比较次数为（　　）；（4）折半查找的平均比较次数为（　　）。（北方交通大学 1999）

（1）（2）：

A．必须以顺序方式存储

B．必须以链式方式存储

C．既可以以顺序方式存储，也可以链式方式存储

D．必须以顺序方式存储，且数据已按递增或递减顺序排好

E．必须以链式方式存储，且数据已按递增或递减的次序排好

（3）（4）：

A．n　　B．n/2　　C．n×n　　D．n×n/2

E．$\log_2 n$　　F．$n\log_2 n$　　G．(n+1)/2　　H．$\log_2(n+1)$

4．（1）在等概率情况下，线性表的顺序查找的平均查找长度 ASL 为（　　）；（2）有序表的折半查找的 ASL 为（　　）；（3）对静态树表，在最坏情况下，ASL 为（　　）；（4）而当它是一棵平衡树时，ASL 为（　　）；（5）在平衡树上删除一个结点后可以通过旋转使其平衡，在最坏情况下需（　　）次旋转。（上海海运学院 1999）

A．$O(1)$　　B．$O(\log_2 n)$　　C．$O((\log_2 n)^2)$　　D．$O(n\log_2 n)$

E．$O(n)$

5．下面关于二分查找的叙述正确的是（　　）。（南京理工大学 1996）

A．表必须有序，表可以顺序方式存储，也可以链表方式存储

B．表必须有序，而且只能从小到大排列

C．表必须有序且表中数据必须是整型，实型或字符型

D．表必须有序，且表只能以顺序方式存储

二、填空题

1．查找是非数值程序设计的一个重要技术问题，基本上分成＿（1）＿查找，＿（2）＿查找和＿（3）＿查找。处理哈希冲突的方法有＿（4）＿、＿（5）＿、＿（6）＿和＿（7）＿。（华北计算机系统工程研究所 2009）

2．动态查找表和静态查找表的主要区别在于前者包含有＿＿＿＿和＿＿＿＿运算，而后者不包含这两种运算。（厦门大学 2001）

3．分块检索中，若索引表和各块内均用顺序查找，则有 900 个元素的线性表分成＿＿＿＿块最好：若分成 25 块，其平均查找长度为＿＿＿＿。（北京工业大学 2009）

4．执行顺序查找时，存储方式可以是＿（1）＿，二分法查找时，要求线性表＿（2）＿，分块查找时要求线性表＿（3）＿，而散列表的查找，要求线性表的存储方式是＿（4）＿。（山东大学 2008）

8.8.3 实训任务

【实训任务 1】使用递归方法实现折半查找（方法 1）。

【问题描述】

现有一组数据{2,5,16,19,23,26,32}，请利用递归实现折半查找完成对数据 26 的查找，找到后，返回数值所在的下标值，未找到返回数值“-1”。

【实训任务 2】使用递归方法实现折半查找（方法 2）

【问题描述】

现有一组数据{2,5,16,19,23,26,32}，请利用递归方法实现二分查找完成对数据 26 的查找，找到后，返回数值所在的下标值，未找到返回数值“-1”。

知识巩固参考答案

模块 1　绪论

1.7.1　理论知识

一、填空题

1．集合、线性、层次（树）、网状（图）
2．物理存储方式
3．数据的逻辑结构、数据的存储（物理）结构、数据的运算集合
4．正确、可读、健壮、高效低耗
5．数学模型

二、选择题

1．C　　2．C　　3．A　　4．C　　5．B

三、简答题

1．数据：指能够被计算机识别、存储和加工处理的信息载体。

数据元素：是数据的基本单位，在某些情况下，数据元素也称为元素、结点、顶点、记录。数据元素有时可以由若干数据项组成。

数据类型：是一个值的集合以及在这些值上定义的一组操作的总称。通常数据类型可以看作是程序设计语言中已实现的数据结构。

数据结构：指数据之间的相互关系，即数据的组织形式，一般包括数据的逻辑结构、存储结构和数据的运算三个方面的内容。

逻辑结构：指数据元素之间的逻辑关系。

存储结构：指数据元素及其关系在计算机存储器内的表示。

2．逻辑结构是指数据对象中数据元素之间的逻辑关系，可分为线性结构和非线性结构。

存储结构是指数据的逻辑结构在计算机中的存储形式，主要存储结构有顺序存储和链式存储。

数据的逻辑结构是从逻辑关系上描述数据的，与数据的存储无关，是独立于计算机的。

一种逻辑结构在计算机里可以用不同的存储结构实现。

3．常用的存储结构有四种。

顺序存储结构：它是把逻辑上相邻的结点存储在物理位置相邻的存储单元里，结点间的逻辑关系由存储单元的邻接关系来体现，通常借助程序语言的数组描述。

链接存储结构：它不要求逻辑上相邻的结点在物理位置上亦相邻，结点间的逻辑关系由附加的指针字段表示，通常借助于程序语言的指针类型描述。

索引存储结构：除建立存储结点信息外，还建立附加的索引表来标识结点的地址。组成索引表的索引项由结点的关键字和地址组成。若每个结点在索引表中都有一个索引项，则该索引表称为稠密索引（dense index）。若一组结点在索引表中只对应一个索引项，则该索引表称为稀疏索引（spare index）。

散列存储结构：就是根据结点的关键字直接计算出该结点的存储地址。

4．算法的时间复杂度不仅与问题的规模相关，还与输入实例中的初始状态有关。但在最坏的情况下，其时间复杂度就只与求解问题的规模相关。我们在讨论时间复杂度时，一般就是以最坏情况下的时间复杂度为准的。

1.7.2 实训任务

【实训任务 1】试举一个数据结构的例子，叙述其逻辑结构、存储结构、运算三个方面的内容。

参考例子：有一张学生体检情况登记表，记录了一个班的学生的身高、体重等各项体检信息。在这张登记表中，每个学生的各项体检信息排在一行上，这个表就是一个数据结构。每个记录（有姓名、学号、身高和体重等字段）就是一个结点，对于整个表来说，只有一个开始结点（它的前面无记录）和一个终端结点（它的后面无记录），其他的结点则各有一个也只有一个直接前趋和直接后继（它的前面和后面均有且只有一个记录）。这几个关系就确定了这个表的逻辑结构是线性结构。

这个表中的数据如何存储到计算机里，并且如何表示数据元素之间的关系呢？即用一片连续的内存单元来存放这些记录（如用数组表示）还是随机存放各结点数据再用指针进行链接呢？这就是存储结构的问题。

在这个表的某种存储结构的基础上，可实现对表中的记录进行查询、修改、删除等操作。对这个表可以进行哪些操作以及如何实现这些操作就是数据的运算问题了。

【实训任务 2】设 n 为正整数，利用大 O 记号，将下列程序段的执行时间表示为 n 的函数。

```
(1) int i=1,k=0;
    while(i<n){
      k=k+5*i;
      i++;
    }
```

```
（2）int i=0,k=0;
     do{
        k=k+10*i;
        i++;
       }
     while(i<n);
```

（1）由以上列出的各语句的频度，可得该程序段的时间消耗为 T(n)=1+1+n+(n-1)+(n-1)=3n，可表示为 T(n)=O(n)。

（2）由以上列出的各语句的频度，可得该程序段的时间消耗为 T(n)=1+1+n+n+n+n=4n+2，可表示为 T(n)=O(n)。

模块 2　线性表

2.7.1　理论知识

一、判断题

1．×　2．×　3．√　4．√　5．×　6．√　7．×　8．×
9．×　10．×　11．×　12．×　13．√　14．√　15．×　16．√
17．√　18．√　19．×　20．×

二、填空题

1．链式　　2．直接前驱，直接后继
3．循环　　4．数据，指针
5．前驱，后继　　6．head.next!=null
7．删除 p 的后继结点　　8．一定，不一定
9．s.next=p.next;p.next=s　　10．n-i+1

三、选择题

1．A　2．D　3．B　4．B　5．A　6．C　7．D　8．A
9．B　10．D

2.7.2　真题在线

一、选择题

1．C　2．B　3．D　4．C　5．B　6．C　7．B　8．A

二、填空题

1. n　　2. 1

2.7.3 实训任务

【实训任务 1】顺序表的连接。

【问题描述】

有两个顺序表 A 和 B，其元素均按从小到大的升序排列，编写一个算法将它们合并成一个顺序表 C，要求 C 的元素也是按从小到大的升序排列。

【算法思想】

依次扫描通过 A 和 B 的元素，比较当前的元素的值，将较小值的元素赋给 C，直到一个线性表扫描完毕，然后将未完的那个顺序表中余下的部分赋给 C。C 的容量大于 A、B 两个线性表相加的长度即可。

【算法实现】

```
public class Combinate {
    void merge(int[] a, int[] b) {
        int i, j, k;
        i = 0;
        j = 0;
        k = 0;
        int alength = a.length;
        int blength = b.length;
        int clength = alength + blength;
        int[] c = new int[clength];
        while (i < alength && j < blength)
            if (a[i] < b[j])
                c[k++] = a[i++];
            else
                c[k++] = b[j++];
        while (i < alength)
            c[k++] = a[i++];
        while (j < blength)
            c[k++] = b[j++];
        System.out.println();
        System.out.print("排序好的是：");
        for (int l = 0; l < clength; l++)
            System.out.print(" " + c[l]);
    }

    public static void main(String[] args) {
        Combinate a1 = new Combinate();
```

```
            int[] a = { 1, 5, 8, 10 };
            int[] b = { 3, 5, 9 };
            System.out.print("a 数组：");
            for (int i = 0; i < a.length; i++)
                System.out.print(" " + a[i]);
            System.out.println();
            System.out.print("b 数组：");
            for (int j = 0; j < b.length; j++)
                System.out.print(" " + b[j]);
            a1.merge(a, b);
        }
}
```

【运行结果】

```
a 数组： 1 5 8 10
b 数组： 3 6 9
排序好的是： 1 3 5 6 8 9 10
```

【实训任务 2】字符串的逆转算法。

【问题描述】

假设有如下字符串“SMILE”，利用单链表存储该字符串，并实现将其逆转，即原字符串变为“ELIMS”

【算法思想】

根据单链表的插入和删除操作，其实现过程可以以 H1 为基础，将其第 1 个元素 S 作为单链表的末尾元素插入进来（这个过程实际已经完成）；将第 2 个元素 T 从原来的 H1 中删除，然后插入到以 H1 为头，S 为尾的单链表中去；然后按照这个过程依次将 U、D、Y 从原来的链表中删除，依次插入到原链表的首部，这样就实现了逆转。

【算法实现】

```
class LinkCharNode {      // 单链表结点类，定义链表中的数据元素
    // 属性定义
    private char data = '\0';
    private LinkCharNode next = null;
    // 成员方法
    public void setData(char data) {
        this.data = data;
    }
    public void setNext(LinkCharNode next) {
        this.next = next;
    }
    public char getData() {
        return (this.data);
    }
    public LinkCharNode getNext() {
        return (this.next);
```

```
    }
}

class LinkCharTable {      // 链表类，实现相应的操作
    private LinkCharNode head = null;
    private int counts = 0;
    public LinkCharNode getHead() {
        return head;
    }
    public void insert(char d) {
        if (head == null) {
            head = new LinkCharNode();
        }
        LinkCharNode n = new LinkCharNode();// 定义新的链表结点，并将数据赋给新结点
        n.setData（d）;
        if (head.getNext() == null) { // 如果头结点的后继无结点，注意头结点中无数据
            head.setNext(n);
        } else {
            n.setNext(head.getNext()); // 如果头结点的后继结点存在
            head.setNext(n);
        }
        counts++; // 结点总数增加
    }
    public void delete(char d) {
        if (head == null) {
            System.out.println("链表中无数据!");
            return;
        }
        LinkCharNode p = head;
        LinkCharNode n = head.getNext();
        while (n != null) {
            if (n.getData() == d) {
                p.setNext(n.getNext());
            }
            p = n;
            n = n.getNext();
        }
    }
    public void print() {
        LinkCharNode n = head.getNext();
        int iCounter = 1; // 输出的字符个数
        while (n != null) {
            System.out.print(n.getData() + " ");
            n = n.getNext();
            iCounter++;
        }
```

```
                System.out.println();
        }
        public int size() {
                return this.counts;
        }
}

public class Combinate {      //使用链表，实现字符串的逆转
        public Combinate() {
        }
        public static void main(String[] args) {
                LinkCharTable linkTable = new LinkCharTable();
                linkTable.insert('E');
                linkTable.insert('L');
                linkTable.insert('I');
                linkTable.insert('M');
                linkTable.insert('S');
                linkTable.print();
                reverse(linkTable);
                linkTable.print();
        }
        public static void reverse(LinkCharTable lct) {
                LinkCharNode n = lct.getHead().getNext();
                while (n != null) {
                        char ch = n.getData();
                        lct.delete(ch);
                        lct.insert(ch);
                        n = n.getNext();
                }
        }
}
```

【运行结果】

```
S M I L E
E L I M S
```

模块 3　栈和队列

3.6.1　理论知识

一、判断题

1．√　2．×　3．×　4．√　5．×　6．√　7．×　8．√
9．√　10．×

二、填空题

1．栈顶
2．top=-1
3．null
4．0，n-1
5．队列，队尾，队头
6．O(n)
7．17
8．D

三、选择题

1．B　2．C　3．D　4．D　5．B　6．C　7．C　8．A
9．D　10．D

3.6.2 真题在线

一、选择题

1．C　2．B　3．D　4．B　5．B　6．D　7．AC　8．C
9．A　10．D　11．A　12．B　13．A　14．B　15．C　16．C
17．D　18．B　19．A　20．B　21．D　22．A　23．B　24．A
25．C　26．D　27．A　28．C　29．B　30．D　31．B　32．B
33．D

二、填空题

1．线性结构
2．A,B,C,D,E,F,5,4,3,2,1
3．15
4．1DCBA2345
5．顺序

3.6.3 实训任务

【实训任务 1】利用栈实现递归函数计算

【问题描述】

递归是指在一个函数、过程或者数据结构定义的内部，直接（或间接）出现了对自身的调用。在数学中，许多概念和函数都是用递归形式定义的，利用递归方法可使问题的描述和求解变得简洁和清晰。栈非常重要的一个应用是在程序设计语言中实现递归过程。

【算法思想】

递归算法的设计步骤。

第一步：将规模较大的原问题分解为一个或多个规模较小、但具有类似于原问题特性的子问题，即较大的问题递归地用较小的子问题来描述，解原问题的方法同样可用来解这些子问

题。（**递归步骤**）

第二步：确定一个或多个无须分解、可直接求解的最小子问题。（**递归的终止条件**）

例如，设 $f(n) = n!$（$n \geq 0$），则求 $f(n)$ 可以递归地定义为：

$$f(n) = \begin{cases} 1 & n = 0 \quad \text{//递归终止条件} \\ n \times f(n\text{-}1) & n > 0 \quad \text{//递归步骤} \end{cases}$$

根据定义可以很简单地写出相应的递归函数：

```
public long fac(int n){
        if(n = = 0)
                return 1;
        else{
                return fac(n-1) * n;
        }
}
```

递归函数都有一个终止递归的条件（如上例 n=0），称为递归出口，达到出口时，将不再继续递归下去。

递归函数的调用类似于多层函数的嵌套调用，只是调用者和被调用者是同一个函数而已。在每次调用时系统将属于各个递归层次的信息组成一个称为“现场信息”的数据记录，这个记录中包含着本层调用的一些参数、返回地址、局部变量的值等。在递归调用时，先将这些现场信息保存在系统设置的“专用栈”（系统栈）中。每递归调用一次，就为这次调用在栈顶存入一个现场信息记录，一旦本次调用结束，则将栈顶现场信息出栈，恢复到 CPU 中，以便返回上次调用的断点继续执行。

下面以求 3！为例说明执行调用时工作栈中的状况。为了方便说明，将求阶乘程序修改如下。

主函数：

```
public static void main(String[] args) {
        int n=3;
        long f = fac(n);            //调用求阶乘函数
        R1:                         //主函数调用时的断点位置，调用返回时，从此处继续执行
        System.out.println(n+"的阶乘为：" + fac);   //输出 n 的阶乘的值
}
```

求阶乘函数：

```
public static long fac(int n){
        int f;
        if(n = = 0)
                f=1;
        else{
                f=fac(n-1) * n;
        }
        R2:                         //递归调用处的断点
        return f;
}
```

其中 R1 为主函数调用 fact 时返回断点地址，R2 为 fact 函数中递归调用 fact(n-1)时返回断点地址。每层调用的现场信息如表 3.1 所示，程序的执行过程如图 3.1 所示。

表 3.1　递归工作栈示意图

调用层次	参数变化	返回值	返回地址
fact(0)	0	1	R2
fact(1)	1	1*fac(0)	R2
fact(2)	2	2*fac(1)	R2
fact(3)	3	3*fac(2)	R1

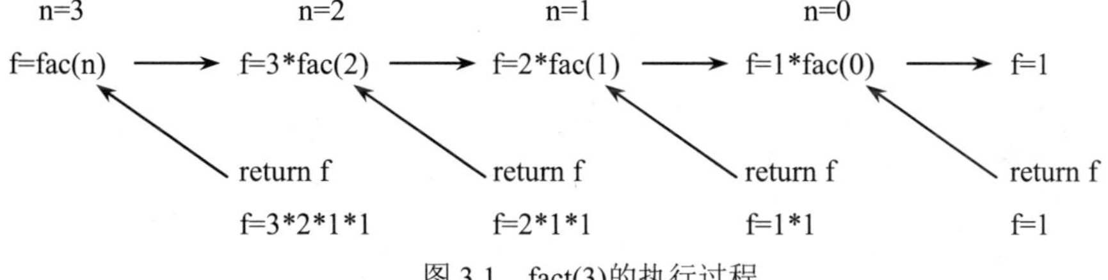

图 3.1　fact(3)的执行过程

【实训任务 2】打印杨辉三角形。

【问题描述】使用队列数据结构打印杨辉三角形

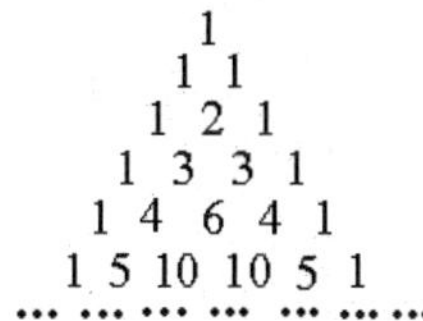

图 3.11　杨辉三角形

【算法思想】

杨辉三角的特征是：除了每一行的第 1 个元素和最后一个元素是 1（当然第一行只有一个 1），其他元素的值是上一行与之相邻的两个元素的和。

下面观察第 5 行和第 6 行数据的构成，除了第一个元素是 1，第 6 行的第 2 个元素是第 5 行第 1 个元素和第 2 个元素相加，而第 6 行的第 3 个元素是第 5 行第 2 个元素和第 3 个元素相加，而第 6 行的第 4 个元素是第 5 行第 3 个元素和第 4 个元素相加，以此类推。也就是说，如果将第 5 行的元素按顺序进入队列，那么生成第 6 行的每个元素时，可以采取将出队列的元素与队头元素相加的方法得到。

【算法实现】

```
import java.util.ArrayDeque;
import java.util.Queue;
```

```
public class YangHuiTri {
    // 输出杨辉三角，通过队列输出，在列队头补充 0 来方便计算，当输出到 0，就表示换一行

    public static void main(String[] args) {
        printYhuiTri(6);
    }

    /* 输出杨辉三角 */
    public static void printYhuiTri(int size) {
        Queue<Integer> queue = new ArrayDeque<Integer>(); /* 初始化一个队列 */
        queue.add(0);
        queue.add(1); /* 初始化一个初始值 */
        int q1, q2; /* 初始化变量 */
        for (int i = 0; i < size; i++) {
            queue.add(0); /* 添加一个 0 在列尾用于计算方便 */
            for (int j = size; j > i; j--) {
                System.out.print(" ");
            } /* 输出几个空格，规范下格式——太多行效果不好 */
            do {
                q1 = queue.poll(); /* 将第一个数出列，并返回值，第一次正好出列队列头 0 */
                q2 = queue.peek(); /* 获取队列头数据，不将数据出列 */
                System.out.print(q2 != 0 ? q2 + " " : ""); /* 打印，当数不是 0 时 */
                queue.add(q1 + q2); /* 将计算的数入列 */
            } while (q2 != 0); /* 当队列头为 0 时，循环结束 */
            System.out.println(); /* 打印一个换行 */
        }
        queue.clear(); /* 清除队列 */
    }
}
```

模块 4　数组、串和广义表

4.7.1　理论知识

一、填空题

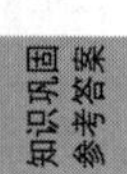

1．顺序

2．338，338

3．线性表

4．原子的深度为 0，空表的深度为 1；(a1,a2,…,an)，a0；最外层包含元素的个数；所含

括号的重数

5．空串是串长为 0 的串，空格串是由空格组成的串

二、选择题

1．A　2．D　3．D　4．C　5．C　6．B　7．A　8．D
9．A　10．C B 11．C

三、简答题

1．（1）440 个　（2）40 个　（3）s+320　（4）s+256
2．深度为 4
3．K1 的构成元素有 K2、K3、K4，其长度为 3，深度为 4
K2 的构成元素有 K5、K6，其长度为 2，深度为 3
K3 的构成元素有 c、d、e，其长度为 3，深度为 1
K4 的构成元素有 K3、f，其长度为 2，深度为 2
K5 的构成元素有 a、K3，其长度为 2，深度为 2
K6 的构成元素有 b、k，其长度为 2，深度为 1
4．三元组表：

	i	j	k
1	1	3	2
2	2	1	3
3	3	3	-1
4	3	4	5

十字链表：略

4.7.2 真题在线

一、选择题

1．A　2．B　3．C　4．D　5．D　6．C

4.7.3 实训任务

【实训任务 1】有两个顺序表 A 和 B，其元素均按从小到大的升序排列，编写一个算法将它们合并成一个顺序表 C，要求 C 的元素也是按从小到大的升序排列。

【问题描述】

使用两个数组存放顺序表 A 和 B，分别将数组中的元素值复制到另一个数组 C 中，C 的

长度应该能容纳 A 和 B 元素个数的总和。使用数组排序方法对 C 数组元素进行排序即可。

【算法思想】

先把这个浮点数分成整数部分和小数部分：提取整数部分很容易，直接将这个浮点数强制类型转换成一个整数即可，这个整数就是浮点数的整数部分；再使用浮点数减去整数将可以得到这个浮点数的小数部分。然后分开处理整数部分和小数部分，其中小数部分的处理比较简单，直接截断到保留 2 位数字，转换成几角几分的字符串。整数部分的处理则稍微复杂一点，但只要我们认真分析不难发现，中国的数字习惯是 4 位一节的，一个 4 位的数字可被转成几千几百几十几，至于后面添加什么单位则不确定，如果这节 4 位数字出现在 1～4 位，则后面添加单位元，如果这节 4 位数字出现在 5～8 位，则后面添加单位万，如果这节 4 位数字出现在 9～12 位，则后面添加单位亿，多于 12 位就暂不考虑了。因此实现这个程序的关键就是把一个 4 位数字字符串转换成一个中文读法。具体程序如下：

【算法实现】

```
public class Num2Rmb
{
private String[] hanArr = {"零" , "壹" , "贰" , "叁" , "肆" , "伍" , "陆" , "柒" , "捌" , "玖"};
private String[] unitArr = {"拾" , "佰" , "仟"};
private String[] divide(double num)
{ //将一个浮点数强制类型转换为 long，即得到它的整数部分
    long zheng = (long)num;
    //浮点数减去整数部分，得到小数部分，小数部分乘以 100 后再取整得到两位小数
    long xiao = Math.round((num - zheng) * 100);
    //下面用了两种方法把整数转换为字符串
    return new String[]{zheng + "", String.valueOf(xiao)};
    }
    /**
    * 把一个四位的数字字符串变成汉字字符串
    * 参数 numStr 指被转换的四位的数字字符串
    * 返回结果为四位的数字字符串被转换成的汉字字符串
    */
    private String toHanStr(String numStr)
    {
     String result = "";
     int numLen = numStr.length();
     //依次遍历数字字符串的每一位数字
     for (int i = 0 ; i < numLen ; i++ )
     {
       //把 char 型数字转换成的 int 型数字，因为它们的 ASCII 码值恰好相差 48
       //因此把 char 型数字减去 48 得到 int 型数字，例如'4'被转换成 4。
       int num = numStr.charAt(i) - 48;
       //如果不是最后一位数字，而且数字不是零，则需要添加单位（仟、佰、拾）
       if ( i != numLen - 1 && num != 0)
```

```
                result += hanArr[num] + unitArr[numLen - 2 - i];
                //否则不要添加单位
                else
                    result += hanArr[num];
            }
            return result;
        }
        public static void main(String[] args)
        {
          Num2Rmb    nr = new    Num2Rmb();
          //测试把一个四位的数字字符串变成汉字字符串
          System.out.println(nr.toHanStr("3718"));
        }
}
```

【运行结果】

```
叁仟柒佰壹拾捌
```

【实训任务 2】实现杨辉三角形的输出。

【问题描述】

杨辉三角形又称帕斯卡三角形，是二项式系数在三角形中的一种几何排列。其形式如下：

```
1
1 1
1 2 1
1 3 3 1
1 4 6 4 1
```

输出其前 10 行的值。

【算法思想】

可以利用二维数组来存储杨辉三角形中元素信息，其运算规律为：a[m][n]=a[m-1][n-1]+a[m-1][n];当 m=n 或者 n=1 时，杨辉三角形的元素 a[m][n]=1；否则，杨辉三角形的元素符合上面的运算规律。其中，m、n 为三角形的行和列，均从 0 开始。具体程序如下：

【算法实现】

```
public class YangHui {
        public static void main(String args[]) {
                int r =10;
                int a[][] = new int[r + 1][];
                for (int i = 0; i <= r; i++)
                        a[i] = new int[i + 1];
                yanghui(a, r);
        }
        static void yanghui(int a[][], int r) {
                for (int i = 0; i <= r; i++)
```

```
                for (int j = 0; j <= a[i].length - 1; j++) {
                    if (i == 0 || j == 0 || j == a[i].length - 1)
                        a[i][j] = 1;
                    else
                        a[i][j] = a[i - 1][j - 1] + a[i - 1][j];
                }
            for (int i = 0; i <= r; i++) {
                for (int j = 0; j <= a[i].length - 1; j++)
                    System.out.print(a[i][j] + " ");
                System.out.println();
            }
        }
    }
```

【运行结果】

```
1
1 1
1 2 1
1 3 3 1
1 4 6 4 1
1 5 10 10 5 1
1 6 15 20 15 6 1
1 7 21 35 35 21 7 1
1 8 28 56 70 56 28 8 1
1 9 36 84 126 126 84 36 9 1
```

模块 5　树和二叉树

5.8.1　理论知识

一、填空题

1．k，$\left(\frac{m^k-1}{m-1}\right)$　　2．12

3．(n-1)　　4．(2^k-1)

5．中、先　　6．中、先

二、选择题

1．C　2．B　3．C　4．B　5．B　6．D　7．D　8．B

9．D　10．A　11．D　12．D

三、应用题

1．8 种。图略。

2．（1）10　（2）450　（3）1

3．根结点为 A，叶结点有 EKLCGMNIJ，分支结点有 BFDH。A 结点的度为 3，B 结点的度为 2，D 结点的度为 4，F 结点的度为 2，H 结点的度为 2，C、E、G、I、J、K、L、M、N 结点的度均为 0。

A 结点的层次是 1，B、C、D 结点的层次是 2，E、F、G、H、I、J 结点的层次是 3，K、L、M、N 结点的层次是 4。

4．先序：ABDGCEFHIJ。（根左右）
　中序：DGBAHEICJF。（左根右）
　后序：GDBHIEJFCA。（左右根）
　层次：ABCDEFGHIJ。

5．（1）

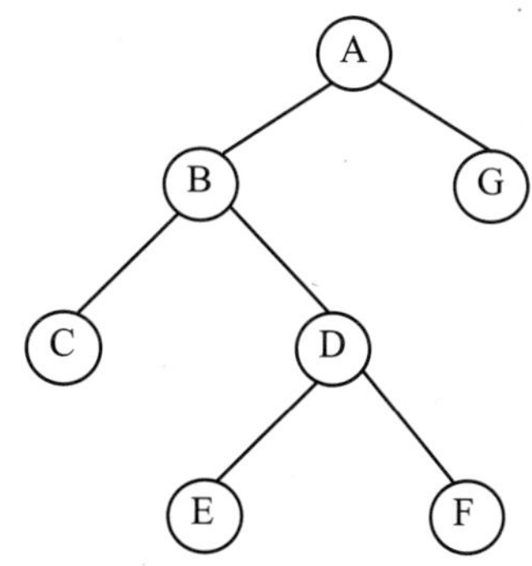

（2）题中后序遍历序列应为 DGHEBFICA

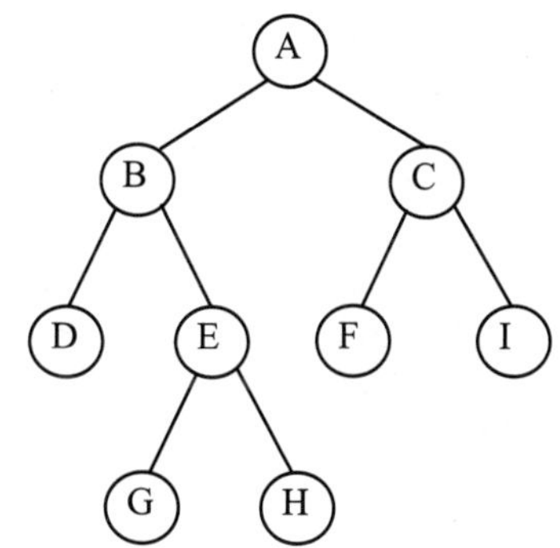

（3）

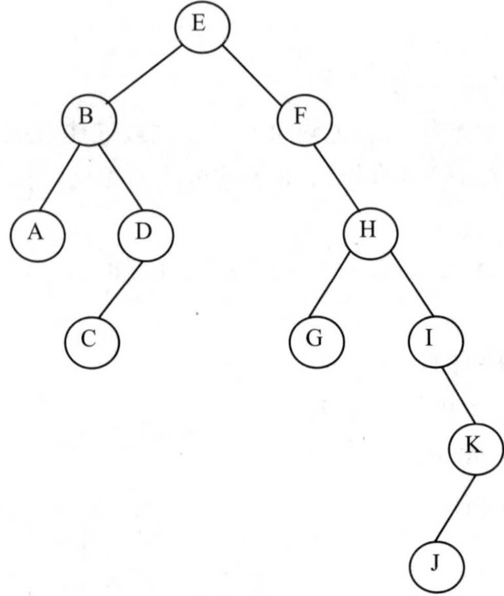

6.

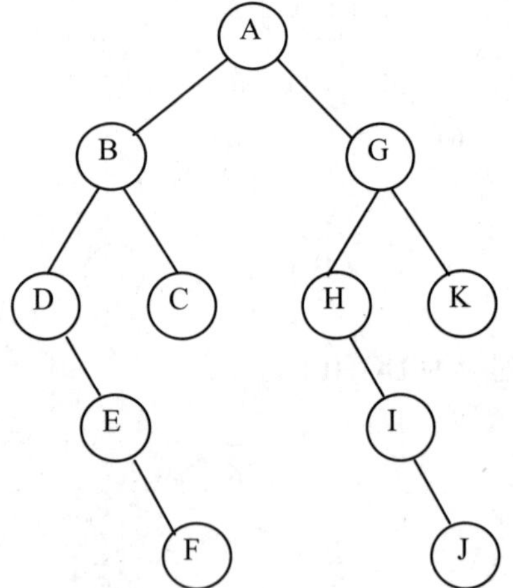

7.（a）

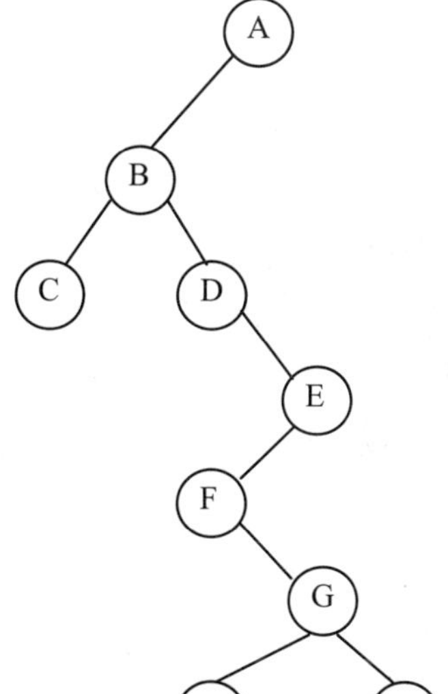

（b）

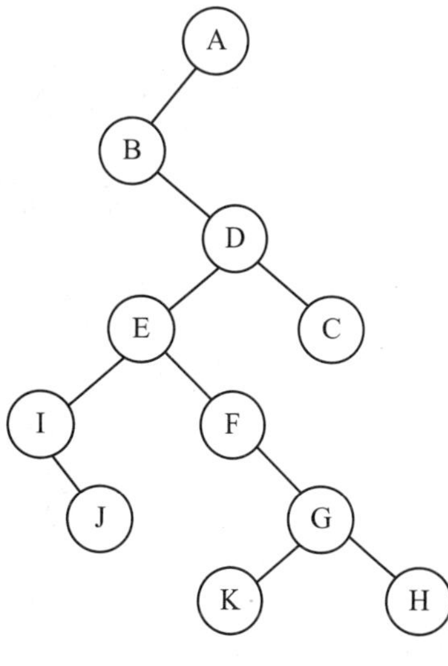

8.

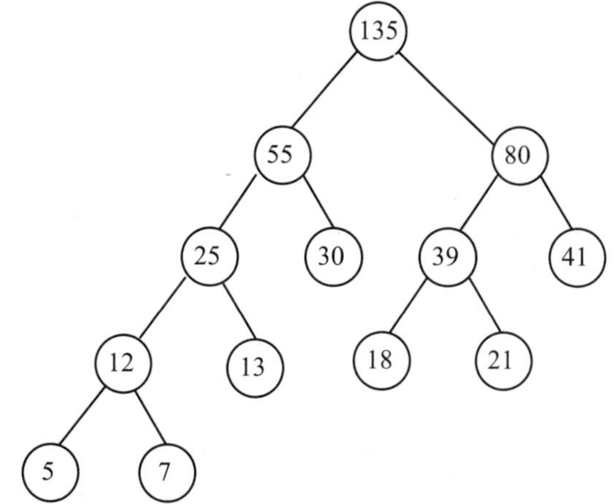

WPL=5×4+7×4+13×3+18×3+21×3+30×2+41×2
=20+28+39+54+63+60+82
=346

9．

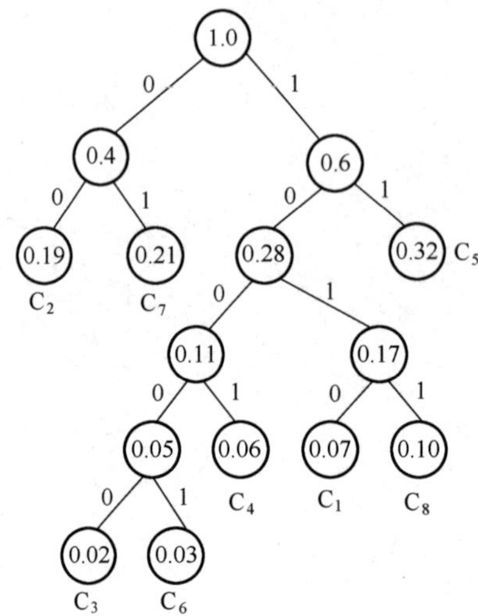

C1：1010	C5：11
C2：00	C6：10001
C3：10000	C7：01
C4：1001	C8：1011

5.8.2 真题在线

一、选择题

1．A　2．A　3．D　4．B　5．A

二、填空题

1．63　　2．前趋结点

5.8.3 实训任务

【实训任务 1】判断两棵二叉树是否相等。

【问题描述】

编写一个程序实现：先建立两棵以二叉链表存储结构表示的二叉树，然后判断这两棵二叉树是否相等并输出测试结果。

【算法思想】

创建三棵二叉树，分别两两比较其结点的值是否相等，从根结点开始到左子树，再到右子树。若比较结果都相同，说明两棵二叉树相等，否则不相等。

【算法实现】

```
public class Exercise5_1 {
public boolean isEqual(BiTreeNode T1, BiTreeNode T2)
{ //判断两棵树是否相等，若相等则返回 true,否则返回 false
  if (T1 == null && T2 == null)// 同时为空
    return true;
  if (T1!=null&&T2!=null) // 同时非空进行比较
    if (T1.getData().equals(T2.getData()))// 根结点数据元素是否相等
      if (isEqual(T1.getLchild(), T2.getLchild())) // 左子树是否相等
        if (isEqual(T1.getRchild(), T2.getRchild()))// 右子树是否相等
          return true;
        return false; }
        //测试主方法
  public static void main(String[] args)
  {// 创建根结点为 T1 的二叉树
  BiTreeNode D1 = new BiTreeNode('D');
  BiTreeNode G1 = new BiTreeNode('G');
  BiTreeNode H1 = new BiTreeNode('H');
  BiTreeNode E1 = new BiTreeNode('E', G1, null);
  BiTreeNode B1 = new BiTreeNode('B', D1, E1);
  BiTreeNode F1 = new BiTreeNode('F', null, H1);
  BiTreeNode C1 = new BiTreeNode('C', F1, null);
  BiTreeNode T1 = new BiTreeNode('A', B1, C1);
  // 创建根结点为 T2 的二叉树
  BiTreeNode D2 = new BiTreeNode('D');
  BiTreeNode G2 = new BiTreeNode('G');
  BiTreeNode H2= new BiTreeNode('H');
  BiTreeNode E2 = new BiTreeNode('E', G2, null);
  BiTreeNode B2 = new BiTreeNode('B', D2, E2);
  BiTreeNode F2 = new BiTreeNode('F', null, H2);
  BiTreeNode C2 = new BiTreeNode('C', F2, null);
  BiTreeNode T2 = new BiTreeNode('A', B2, C2);
  // 创建根结点为 T3 的二叉树
  BiTreeNode E3= new BiTreeNode('E');
  BiTreeNode F3 = new BiTreeNode('F');
  BiTreeNode D3= new BiTreeNode('D',F3,null);
  BiTreeNode B3 = new BiTreeNode('B', null, D3);
  BiTreeNode C3 = new BiTreeNode('C', null, E3);
  BiTreeNode T3 = new BiTreeNode('A', B3, C3);
  Exercise5_1 e = new Exercise5_1();
  if (e.isEqual(T1, T2))
    System.out.println("T1、T2 两棵二叉树相等！");
```

```
    else
      System.out.println("T1、T2 两棵二叉树不相等！");
    if (e.isEqual(T1, T3))
      System.out.println("T1、T3 两棵二叉树相等！");
    else
      System.out.println("T1、T3 两棵二叉树不相等！");
      }
}
```

【运行结果】

```
T1、T2 两棵二叉树相等！
T1、T3 两棵二叉树不相等！
```

【实训任务 2】二叉树的遍历

【问题描述】

编写一个程序实现：先建立一棵以孩子兄弟链表存储结构表示的树，然后输出这棵树的先根遍历序列和后根遍历序列。

【算法思想】

先按照孩子兄弟结构创建一棵树，从根开始，先后调用树的先根遍历和后根遍历算法，并输出结果。

【算法实现】

```
public class Exercise5_2
{ //创建一棵树
 public CSTreeNode createBiTree()
  { CSTreeNode D = new CSTreeNode('D');
    CSTreeNode E = new CSTreeNode('E');
    CSTreeNode C = new CSTreeNode('C', D, E);
    CSTreeNode B = new CSTreeNode('B', null, C);
    CSTreeNode A = new CSTreeNode('A', B, null);
    return A; }
  // 先根遍历树的递归算法
  public void preRootTraverse(CSTreeNode T)
  { // 访问根结点
  if (T != null) {
    System.out.print(T.getData());
    // 访问孩子结点
    preRootTraverse(T.getFirstchild());
    // 访问兄弟结点
    preRootTraverse(T.getNextsibling());
  }
}
// 后根遍历树的递归算法
public void postRootTraverse(CSTreeNode T)
{ if (T != null)
```

知识巩固参考答案

```
        { // 访问孩子结点
          postRootTraverse(T.getFirstchild());
          // 访问根结点
          System.out.print(T.getData());
          // 访问兄弟结点
          postRootTraverse(T.getNextsibling());
          }
        }
      public static void main(String[] args)
      { Exercise5_2 e = new Exercise5_2();
        CSTreeNode root=e.createBiTree();
        // 调试先根遍历
        System.out.println("该树的先根遍历为：");
        e.preRootTraverse(root);
        // 调试后根遍历
        System.out.println("\n 该树的后根遍历为：");
        e.postRootTraverse(root);
      }
    }
```

【运行结果】

```
该树的先根遍历为：
ABCDE
该树的后根遍历为：
BDCEA
```

模块 6　图

6.8.1　理论知识

一、判断题

1．√　2．×　3．×　4．×　5．×　6．√　7．×　8．×
9．×　10．×　11．√　12．×　13．√　14．×　15．×　16．×
17．√　18．×　19．×　20．×

二、填空题

1．3
2．A,C,B,F,D,E
3．1,2,5,4,3
4．队列
5．本题可用邻接表作为存储结构
6．普里姆算法，克鲁斯卡尔算法
7．克鲁斯卡尔算法
8．稠密，稀疏

9．$O(e\log_2 e)$（e 为图中边数），稀疏　　10．$O(n^2)$，$O(e\log_2 e)$

三、应用题

1．

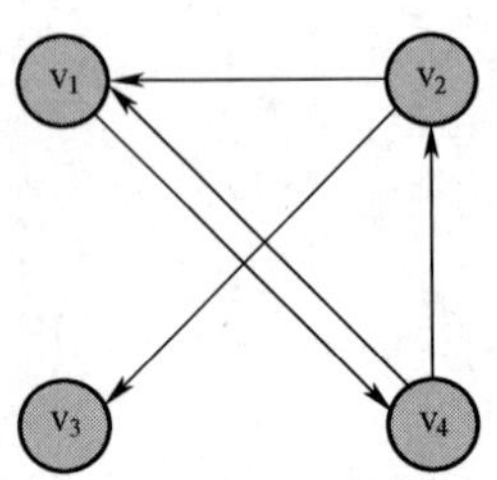

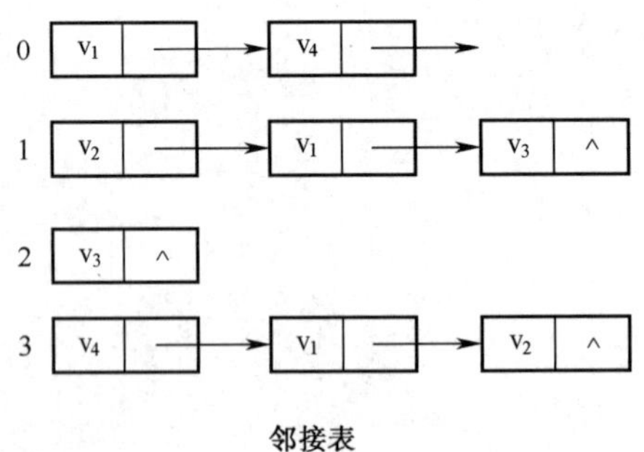

邻接表

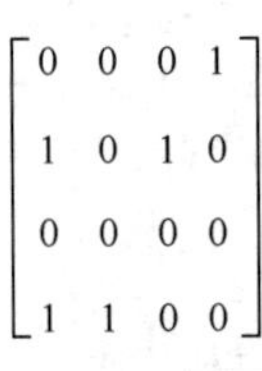

邻接矩阵

2．深度优先搜索遍历：$v_2\ v_1\ v_3\ v_4\ v_5\ v_6$

广度优先搜索遍历：$v_2\ v_1\ v_3\ v_6\ v_4\ v_5$

3．深度优先搜索遍历：1 3 5 2 4

4．略

5．

源点	终点	路径	路径长度	最短路径
v_1	v_2	(v_1,v_2)	10	(v_1,v_2)
	v_3	$(v_1,v_3)(v_1,v_2,v_3)$	5,24	(v_1,v_3)
	v_4	$(v_1,v_3,v_6,v_4)(v_1,v_2,v_3,v_6,v_4)(v_1,v_2,v_6,v_4)$	19,44,54	(v_1,v_3,v_6,v_4)
	v_5	$(v_1,v_2,v_5)(v_1,v_2,v_3,v_6,v_5)$ $(v_1,v_2,v_6,v_5)(v_1,v_3,v_6,v_5)$	30,44,60,25	(v_1,v_3,v_6,v_5)
	v_6	$(v_1,v_2,v_6)(v_1,v_2,v_3,v_6)(v_1,v_3,v_6)$	50,34,15	(v_1,v_3,v_6)

6．$v_1\ v_4\ v_2\ v_5\ v_3\ v_6$

6.8.2 真题在线

一、选择题

1．A

2．A

3．B

4．B

5．C　C

6．C　BDE

二、填空题

1．n　2e

2．（1）查找顶点的邻接点的过程　（2）O(n+e)　（3）O(n+e)
（4）访问顶点的顺序不同　（5）队列和栈

3．深度优先搜索

4．广度优先搜索遍历

6.8.3 实训任务

【实训任务 1】求图 6.39 所示无向网络图的最小生成树。

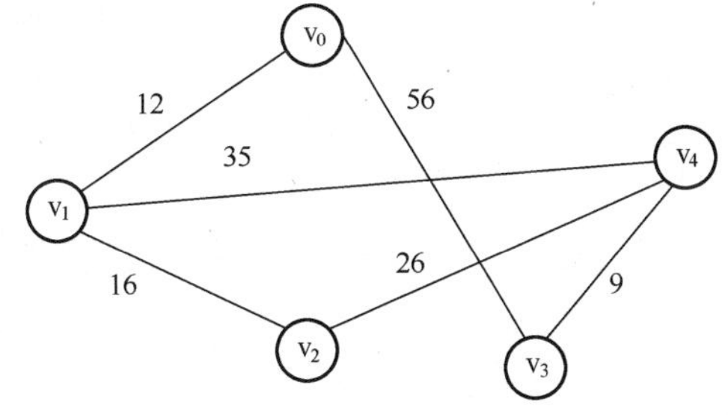

图 6.39　无向网络图

【问题描述】

有两个顺序表 A 和 B，其元素均按从小到大的升序排列，编写一个算法将它们合并成一个顺序表 C，要求 C 的元素也是按从小到大的升序排列。

【算法思想】

依次扫描通过 A 和 B 的元素，比较当前的元素的值，将较小值的元素赋给 C，直到一个线性表扫描完毕，然后将未完的那个顺序表中余下的部分赋给 C。C 的容量大于 A、B 两个线性表相加的长度即可。

【算法实现】

```
import java.io.*;
import java.util.*;
```

```
public class Example6_7{
public static void main(String args[]) throws Exception{
  int n=7;
  WeightedGraph g=new WeightedGraph(n);
  g.insertNode("0");
  g.insertNode("1");
  g.insertNode("2");
  g.insertNode("3");
  g.insertNode("4");
  Edge[] edge={new Edge("0","1",12), new Edge("1","2",16), new Edge("0","3",56), new Edge("2","4",26), new
Edge("3","4",9), new Edge("1","4",35)};
  for(int i=0;i<edge.length;i++)
    {String node1=edge[i].nodeName1;
    String node2=edge[i].nodeName2;
    int w=edge[i].weight;
    g.insertEdge(node1,node2,w);
     }
  System.out.println("\n 普里姆算法构造的无向带权图的最小生成树的边及权值为：");
    g.primMtree(0);
    g.printMtree();
    }}

class GraphNode {
  private String name;   //顶点名称
  private intID;//顶点序号
  public GraphNode(String name){
    this.name=name;}
  public void setName(String name){
    this.name=name;}
  public String getName(){
    return name;}
  public String toString(){
    return name;}
  public void setID(int num){
    ID=num;}
  public int getID(){
    return ID;}
  }
class Edge{
  String nodeName1;
  String nodeName2;
  int weight;
    public Edge(String n1,String n2,int w)
      {nodeName1=n1;
       nodeName2=n2;
        weight=w;}
   }
  interface WeightGraphADT{                //接口 GraphADT 用于定义图的数据操作
    void insertNode(String nodeName);       //插入结点
    void insertEdge(String nodeName1, String nodeName2,int weight);   //插入边
```

```
    void primMtree(int start);
    void printMtree();              //输出最小生成树
  }

  class WeightedGraph implements WeightGraphADT{
    private GraphNode[] nodeArray;   //顶点数组，存放图形的顶点
    private int nodeCount;//顶点计数器
    private int nodeNum;//顶点个数
    private int[][] edgeArray;//图的邻接矩阵，一个二维数组，用于存放边
    final int maxWeight=10000;//表示无穷大的边的权值
    Edge[]msTree;//存放最小生成树的边
    public WeightedGraph(int n){
      nodeNum=n;
      nodeCount=0;
      nodeArray=new GraphNode[nodeNum];
      edgeArray=new int[nodeNum][ nodeNum];
      msTree=new Edge[n];
      for(int i=0;i<nodeNum;i++){
        for(int j=0;j<nodeNum;j++){
        if(i==j)
          edgeArray[i][j]=0;
        else
          edgeArray[i][j]=maxWeight;
        }
      }
   }
  public void insertNode(String nodeName){
    if(nodeCount<nodeNum){
    nodeCount++;
    GraphNode temp=new GraphNode(nodeName);
    nodeArray[nodeCount-1]=temp;
    temp.setID(nodeCount-1);
    }else
      {System.out.println("图形顶点数额满，不能再插入新顶点");
      }
    }
  public int getNodeID(String nodeName){
    boolean find=false;
    int i=0;
    while(!find&&(i<nodeCount)){
      if(nodeArray[i].getName().equals(nodeName))
        find=true;
      else
        i++;
  }
    if(find) return i;
      else return -1;}
  public    void insertEdge(String nodeName1, String nodeName2,int weight){
```

```
    int i=getNodeID(nodeName1);
    int j=getNodeID(nodeName2);
    if(i!=-1){
      if(j!=-1){
      edgeArray[i][j]=weight;edgeArray[j][i]=weight;}
      else
        System.out.println(nodeName2+"没有插入");
      }
    else
      System.out.println(nodeName1+"没有插入");}
  public int getNodeNum(){
    return nodeNum;}
  public GraphNode getNode(int k){
    return nodeArray[k];}
  public void primMtree(int start)
    {int n=nodeNum;
     int lowcost[]=new int[n];
     int closest[]=new int[n];
     msTree=new Edge[n];
     int min,i,j,k=-1;
     for(i=0;i<n;i++)
        {lowcost[i]=edgeArray[start][i];
         closest[i]=start;}
     String nodeName1, nodeName2;
        for(i=1;i<n;i++){
          min=maxWeight;
          for(j=0;j<n;j++)
               if(lowcost[j]!=0&&lowcost[j]<min){
                 min=lowcost[j];
                 k=j;
                 }
        nodeName1=getNode(closest[k]).getName();
        nodeName2=getNode(k).getName();
        msTree[i]=new Edge(nodeName1,nodeName2,min);
        lowcost[k]=0;
        for(j=0;j<n;j++)
            {if(edgeArray[k][j]!=0&&edgeArray[k][j]<lowcost[j])
              {lowcost[j]=edgeArray[k][j];
                closest[j]=k;}
            }
        }
  }
     public void printMtree(){
       for(int i=1;i<msTree.length;i++)
         if(msTree[i]!=null)
       {System.out.print(" 边（"+msTree[i].nodeName1+","+msTree[i].nodeName2+"）");
```

```
            System.out.print("，权值是"+msTree[i].weight+"\n");
        }
    }
}
```

【运行结果】

```
普里姆算法构造的无向带权图的最小生成树的边及权值为:
 边（0,1），权值是12
 边（1,2），权值是16
 边（2,4），权值是26
 边（4,3），权值是9
```

【实训任务 2】分析采用的遍历方法是哪一种？

【问题描述】

已知一无向图 G=(V,E)，其中 V={a,b,c,d,e}，E={(a,b),(a,d),(a,c),(d,c),(b,e)}，现用某一种遍历方法从顶点 a 开始遍历图，得到的序列为 abecd。

【算法思想】

通过分别执行广度优先搜索遍历和深度优先搜索遍历来确定本序列采用的是哪种遍历方式。

【算法实现】

```
import java.io.*;
import java.util.*;
public class Example6_8{
    public static void main(String[] args)throws IOException{
        BufferedReader br=new BufferedReader(new InputStreamReader(System.in));
        System.out.println("**********************************");
        System.out.print("                    请输入图形的顶点数：\n");
        System.out.println("**********************************");
        int n=Integer.parseInt(br.readLine());
        System.out.println();
        Graph g=new Graph(n);
        while(true){
            System.out.println("**********************************");
            System.out.println("            1、插入顶点；");
            System.out.println("            2、插入边；");
            System.out.println("            3、进行 DFS；");
            System.out.println("            4、进行 BFS；");
            System.out.println("            5、结束；");
            System.out.println("            请输入您的选择：");
            System.out.println("**********************************");
            int choice=Integer.parseInt(br.readLine());
            System.out.flush();
            int m=1;
            if(choice==1)
                while(m==1)
                {System.out.print("请输入顶点名字：");
                 g.insertNode(br.readLine());
                 System.out.print("如退出输入，请按数字 0，继续输入请按 1！");
                 m=Integer.parseInt(br.readLine());
```

```
            }
        else if(choice==2)
            {m=1;
             while(m==1)
             {
                System.out.print("请输入第一个顶点名字：");
                String node1=br.readLine();

                System.out.print("请输入第二个顶点名字：");
                String node2=br.readLine();
                g.insertEdge(node1,node2);
                System.out.print("如退出输入，请按数字 0，继续输入请按 1！");
                m=Integer.parseInt(br.readLine());}
             }
          else if(choice==3)
             {System.out.println();
              System.out.print("DFS:");
              g.depthFirstSearch(0);}
     else if(choice==4)
        {System.out.println();
         System.out.print("BFS:");
         g.breadFirstSearch(0);}
          else if(choice==5)
             System.exit(0);}
        }
}
     class GraphNode {
         private String name;   //顶点名称
         private int ID;//顶点序号
         public GraphNode(String name)
            {this.name=name;}
         public void setName(String name)
            {this.name=name;}
         public String getName()
            {return name;}
         public String toString()
            {return name;}
         public void setID(int num)
            {ID=num;}
         public int getID()
            {return ID;}
         }
     interface GraphADT{                //接口 GraphADT 用于定义图的数据操作
     void insertNode(String name);        //插入结点
     void insertEdge(String node1, String node2);  //插入边
     void depthFirstSearch(int startNode);             //深度优先搜索遍历
     }
     class Graph implements GraphADT{
```

```
    private GraphNode[ ] nodeArray;   //顶点数组，存放图形的顶点
    private int nodeCount;//顶点计数器
    private int nodeNum;//顶点个数
    private int[][] edgeArray;//图的邻接矩阵，一个二维数组，用于存放边
    private Boolean[] visitedNode;//在进行遍历时，标识顶点是否已经被访问过
    public Graph(int n){
        nodeNum=n;
        nodeCount=0;
        nodeArray=new GraphNode[nodeNum];
        edgeArray=new int[nodeNum][nodeNum];
        visitedNode=new Boolean[nodeNum];
        for(int i=0;i<nodeNum;i++)
            {visitedNode[i]=false;
        for(int j=0;j<nodeNum;j++)
            edgeArray[i][j]=0;
            }
    }
public void insertNode(String name){
    if(nodeCount<nodeNum){
        nodeCount++;
        GraphNode temp=new GraphNode(name);
        nodeArray[nodeCount-1]=temp;
        temp.setID(nodeCount-1);
    }else
        {System.out.println("图形顶点数额满，不能再插入新顶点");}
    }
public int searchNode(String name)
  { boolean find=false;
    int i=0;
    while(!find&&(i<nodeCount)){
    if(nodeArray[i].getName().equals(name)){
        find=true;}
    else
        i++;
    }
  if(find) return i;
    else return -1;}

public void insertEdge(String node1, String node2){
    int i=searchNode(node1);
    int j=searchNode(node2);
    if(i!=-1){
      if(j!=-1){
          edgeArray[i][j]=1;edgeArray[j][i]=1;}
      else
          System.out.println(node2+"没有插入 ");
```

```
        }
        else
          System.out.println(node2+"没有插入");}

    public void depthFirstSearch(int startNode){
        for(int i=0;i<nodeNum;i++)
        visitedNode[i]=false;
        if((startNode<0)||( startNode>nodeCount))
            System.out.println("invalid node"+startNode);
        else
            depthFirstSearch1(startNode);}

    public void depthFirstSearch1(int startNode){
        int i=0;
        visitedNode[startNode]=true;
        System.out.print(nodeArray[startNode].getName()+"      ");
        while(i<nodeCount)
        {if(!visitedNode[i]&&(i!=startNode)&&(edgeArray[startNode][i]!=0))
            depthFirstSearch1(i);
        i++;}
     }
    public void breadFirstSearch(int startNode){
        LinkedList queue=new LinkedList();
        for(int i=0;i<nodeNum;i++)
            visitedNode[i]=false;
        if((startNode<0)||( startNode>nodeCount))
            System.out.print("invalid node"+startNode);
        else
            {System.out.print(nodeArray[startNode]+"    ");
             visitedNode[startNode]=true;
             queue.addLast(nodeArray[startNode]);
             while(!queue.isEmpty())
                 {GraphNode temp=(GraphNode)queue.removeFirst();
                  int i=0;
                  while(i<nodeCount){
        if((!visitedNode[i])&&(i!=temp.getID())&&(edgeArray[temp.getID()][i]!=0))
            {visitedNode[i]=true;
             System.out.print(nodeArray[i]+"     ");
             queue.addLast(nodeArray[i]);}
             i++;}
        }
            System.out.println();
    }
  }
}
```

知识巩固参考答案

【运行结果】

```
********************************
          请输入图形的顶点数:
********************************
5

********************************
        1、插入顶点;
        2、插入边;
        3、进行DFS;
        4、进行BFS;
        5、结束;
        请输入您的选择:
********************************
1
请输入顶点名字: a
如退出输入, 请按数字0, 继续输入请按1! 1
请输入顶点名字: b
如退出输入, 请按数字0, 继续输入请按1! 1
请输入顶点名字: c
如退出输入, 请按数字0, 继续输入请按1! 1
请输入顶点名字: d
如退出输入, 请按数字0, 继续输入请按1! 1
请输入顶点名字: e
如退出输入, 请按数字0, 继续输入请按1! 0
********************************
        1、插入顶点;
        2、插入边;
        3、进行DFS;
        4、进行BFS;
        5、结束;
        请输入您的选择:
********************************
2
请输入第一个顶点名字: a
请输入第二个顶点名字: b
如退出输入, 请按数字0, 继续输入请按1! 1
请输入第一个顶点名字: a
请输入第二个顶点名字: d
如退出输入, 请按数字0, 继续输入请按1! 1
请输入第一个顶点名字: a
请输入第二个顶点名字: c
如退出输入, 请按数字0, 继续输入请按1! 1
请输入第一个顶点名字: d
请输入第二个顶点名字: c
如退出输入, 请按数字0, 继续输入请按1! 1
请输入第一个顶点名字: b
请输入第二个顶点名字: e
如退出输入, 请按数字0, 继续输入请按1! 0
********************************
        1、插入顶点;
        2、插入边;
        3、进行DFS;
        4、进行BFS;
        5、结束;
        请输入您的选择:
********************************
3

DFS:a    b    e    c    d    **********
        1、插入顶点;
        2、插入边;
        3、进行DFS;
        4、进行BFS;
        5、结束;
        请输入您的选择:
********************************
4

BFS:a  b  c  d  e
********************************
        1、插入顶点;
        2、插入边;
        3、进行DFS;
        4、进行BFS;
        5、结束;
        请输入您的选择:
********************************
```

模块 7　排序

7.9.1　理论知识

一、判断题

1．√　2．×　3．×　4．×　5．×　6．×　7．×　8．×
9．×　10．×　11．×　12．×　13．×　14．√　15．√　16．×
17．×　18．×　19．×

二、填空题

1．比较，移动
2．生成有序归并段（顺串），归并
3．简单选择排序，直接插入排序（最小的元素在最后时）
4．免去查找过程中每一步都要检测整个表是否查找完毕，提高了查找效率
5．n(n-1)/2
6．3，(10,7,-9,0,47,23,1,8,98,36)
7．快速
8．(4,1,3,2,6,5,7)
9．被排序的数据完全无序

三、选择题

1．D　2．D
3．B　4．C
5．（1）DC　（2）ADF　（3）B　（4）acf bde
6．C　7．A
8．D　9．A
10．A　11．C
12．C　13．C
14．A　15．C
16．B　17．（1）C　（2）B
18．D　19．D

四、应用题

1．参见课本例题

2．快速排序

3．建立堆结构：97,87,26,61,70,12,3,45

（2）70,61,26,3,45,12,87,97

（4）45,12,26,3,61,70,87,97

（6）12,3,26,45,61,70,87,97

4．（快速）排序的结果为：12,13,15,18,20,60。

（冒泡）排序的结果为：13,15,18,12,20,60。

（插入）排序的结果为：13,15,20,18,12,60。

（选择）排序的结果为：12,13,20,18,15,60。

7.9.2 真题在线

一、选择题

1．D　2．D　3．B　4．B　5．C　6．D　7．D

二、填空题

1．（1）i<n-i+1　（2）j<=n-i+1　（3）r[j].key<r[min].key　（4）min!=i

（5）max==i　（6）r[max]<-->r[n-i+1]

2．（1）n　（2）0　（3）n-1　（4）1　（5）R[P].keyR[I].key

（6）R[P].link　（7）(n+2)(n-1)/2　（8）n-1　（9）0

（10）O(1)(每个记录增加一个字段)

（11）稳定（请注意 I 的步长为-1）

7.9.3 实训任务

【实训任务 1】冒泡法对字符串进行排序。

【问题描述】

已知一组记录的初始排列为{Kevin,Dallas,Keke,Jack,Pell,Andrew}，请用冒泡排序算法完成初始序列的升序排列。

【算法思想】

字符串排序与数值的排序算法基本相同，将数组更换为字符串数组。

【算法实现】

```
public class Example7_11{
    public static void main(String[] args)
      {String[] data=new String[]{"Kevin","Dallas","Keke","Jack","Pell","Andrew" };
       System.out.println("排序前：");
       for(int i=0;i<data.length;i++)
           System.out.println(data[i]);
       bubbleSort(data);
       System.out.println("\n 排序后：");
       for(int i=0;i<data.length;i++)
           System.out.println(data[i]);
      }
    public static void bubbleSort(String[] a)
      {    String temp;
           int i,j;
           for(i=0;i<a.length-1;i++)
               {for(j=i+1;j<a.length;j++)
                   {if(a[i].compareTo(a[j])>0)
                       {temp=a[i];a[i]=a[j];a[j]=temp;}
                   }
               }
      }
}
```

【运行结果】

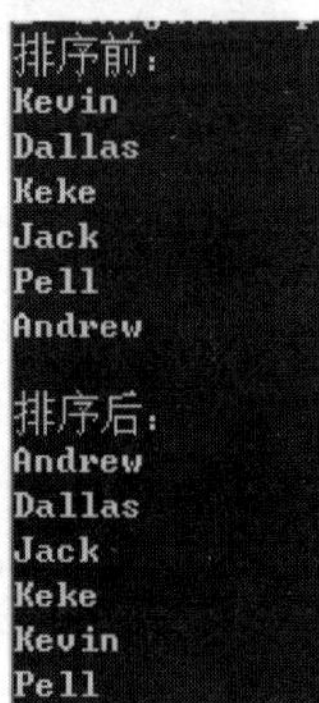

【实训任务 2】改写【实例 5】利用冒泡算法 2 将一个无序数组按从小到大的顺序进行排序。

【问题描述】

已知某班的英语成绩为{82,72,86,99,96,80,90,76,88}，试用冒泡排序方法 2 按升序进行排序。

【算法思想】

根据第二种方法，对相邻的两个数进行比较，程序同样需要两层循环。当数组有 n 个元素时，共需要 n-1 轮比较。设外循环计数变量为 i，i 的变化应该从 0 到 n-1；第 0 轮比较时，两两相邻元素所需要的比较次数为 n-1，第 i 轮比较时，参加比较的元素有 n-i 个，比较次数为

n-i-1，因此内循环计数 j 应该从 0 到 n-i-1，以完成第 j 个元素与相邻的第 j+1 个元素的比较。

【算法实现】

```
public class Example7_12
{   public static void main(String[] args)
        {int[] data=new int[]{82,72,86,99,96,80,90,76,88};
         System.out.print("排序前：");
         for(int i=0;i<data.length;i++)
             System.out.print(data[i]+" ");
          bubbleSort(data);
         System.out.print("\n 排序后：");
         for(int i=0;i<data.length;i++)
          System.out.print(data[i]+" ");
}
public static void bubbleSort2(int[] a)
{   int temp,i,j;
    for(i=0;i<a.length-1;i++)
    {   for(j=0;j<a.length-i-1;j++)
         {if(a[j]>a[j+1])
             {temp=a[j];
              a[j]=a[j+1];
              a[j+1]=temp;}
             }
         }
    }
}
```

【运行结果】

```
排序前：82 72 86 99 96 80 90 76 88
排序后：72 76 80 82 86 88 90 96 99
```

模块 8　查找

8.8.1　理论知识

一、判断题

1．×　2．×　3．×　4．×　5．√　6．√　7．√　8．×
9．×　10．×　11．√　12．√　13．×　14．×　15．×　16．×
17．×　18．√　19．×　20．×

二、填空题

1．n，n+1
2．4

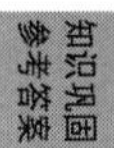

3．6,9,11,12

4．1,3,6,8,11,13,16,19

5．哈希函数　解决冲突的方法 选择好的哈希函数　处理冲突的方法 均匀 简单

6．AVL 树（高度平衡树，高度平衡的二叉排序树）

二叉树中任意结点左子树高度与右子树高度差的绝对值小于等于 1

7．16

8．(n+1)/2

9．直接定址法

10．主关键字

11．左子树、右子树

12．顺序存储，且结点按关键字有序排列

13．14

三、选择题

1．C　2．A　3．D　4．B　5．（1）C　（2）C

6．C　7．C　8．C　9．A

四、应用题

1．查找关键字为 3 时，其比较次数为 4

查找关键字为 8 时，其比较次数为 1

查找关键字为 19 时，其比较次数为 4

2．

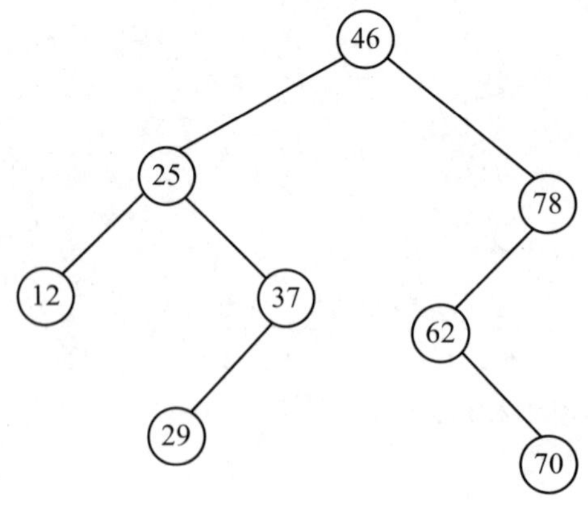

3．略

4．

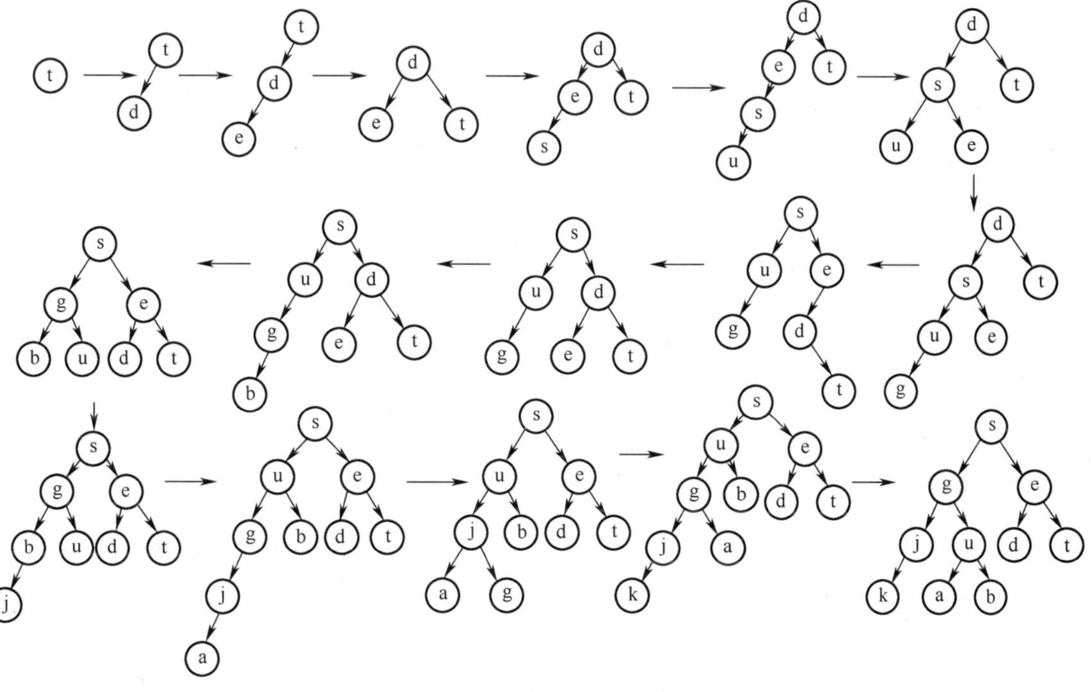

5．(1×1+2×2+3×3+4×2+5×2)/10=3.2

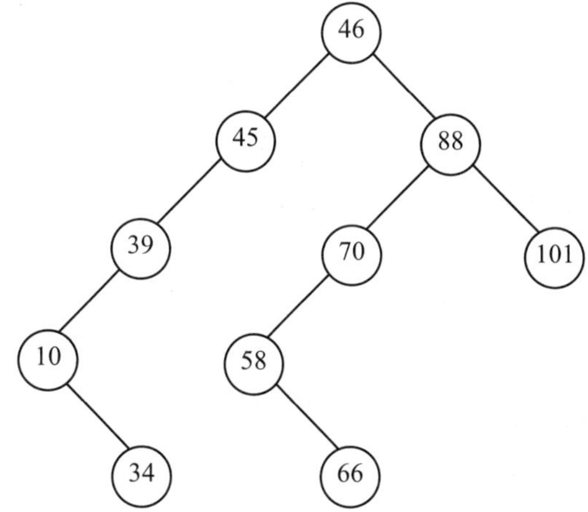

6．（1）

散列地址	0	1	2	3	4	5	6	7	8	9	10	11	12	13	14	15	16	17
关键字	32	17	63	49					24	40	10				30	31	46	47
比较次数	1	1	6	3					1	2	1				1	1	3	3

（2）查找关键字 63，H(K)=63 MOD 16=15，依次与 31,46,47,32,17,63 比较

（3）查找关键字 60，H(K)=60 MOD 16=12，散列地址 12 内为空，查找失败。

（4）ASL_{succ}=23/11

8.8.2 真题在线

一、选择题

1．D

2．C

3．（1）C （2）D （3）G （4）H

4．（1）E （2）B （3）E （4）B （5）B

5．D

二、填空题

1．（1）顺序表 （2）树表 （3）哈希表 （4）开放定址方法 （5）链地址方法 （6）再哈希 （7）建立公共溢出区

2．插入 删除

3．30，31.5（块内顺序查找）

4．（1）顺序存储或链式存储 （2）顺序存储且有序 （3）块内顺序存储，块间有序 （4）散列存储

8.8.3 实训任务

【实训任务 1】使用递归方法实现折半查找（方法 1）。

【问题描述】现有一组数据{2,5,16,19,23,26,32}，请利用递归实现折半查找完成对数据 26 的查找，找到后，返回数值所在的下标值，未找到返回数值“-1”。

【算法思想】

使用递归方法进行二分查找，可以利用对半分割将 n 个元素的序列分解为较小规模的 n/2，重新设定左右边界，将其中的可能的一半作为子序列进行递归。递归的出口有两个，一个是查找到数值，另一个出口是左右界重合，说明查找失败。具体程序如下：

【算法实现】

```
public class Example8_7{
  public static void main(String[] args)
    {int[] data=new int[]{2,5,16,19,23,26,32};
     int result=find(data,26,0,data.length-1);
     System.out.println(result);}
  public static int find(int[] data,int value,int low,int high)
    {   int mid=(low+high)/2;
```

```
        if(low>high)
          return -1;
        if(value==data[mid])
          return mid;
         else if(value<data[mid])
           return find(data,value,low,mid-1);
         else
           return find(data,value,mid+1,high);
    }
}
```

【运行结果】

```
5
```

【实训任务 2】使用递归方法实现折半查找（方法 2）。

【问题描述】

现有一组数据{2,5,16,19,23,26,32}，请利用递归方法实现二分查找完成对数据 26 的查找，找到后，返回数值所在的下标值，未找到返回数值“-1”。

【算法思想】

使用递归方法进行折半查找，先设定序列的左右边界 low 和 high，对以 low 和 high 作为边界的子序列进行查找，然后根据待查值所在的区间重新设定边界，缩小规模，进行递归。递归的出口有两个，一个是查找到数值；另一个出口为查找失败。查找失败的条件有左右边界重合、左右边界的值相同、要查找的值小于左边界或大于右边界。具体程序如下：

【算法实现】

```
public class Example8_8{
   public static void main(String[] args)
    {int[] data=new int[]{2,5,16,19,23,26,32};
     int result=find(data,26,0,data.length-1);
     System.out.println(result);
}
   public static int find(int[] data,int value,int low,int high)
    {    int pos; //目标值的预估位置
        if(low>high||data[low]==data[high]||value<data[0]||value>data[data.length-1])
              return -1;
        pos=(value-data[low])/(data[high]-data[low])*(high-low)+low;
        if(value==data[pos])
           return pos;
         else if(value>data[pos])
           return find(data,value,pos+1,high);
         else
           return find(data,value,low,pos-1);
    }
}
```

【运行结果】

```
5
```